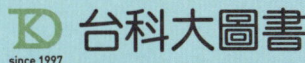

氣壓 Pneumatics Principles and Practice
原理與實務
含氣壓丙級學術科解析

附贈線上氣壓虛擬實習工場教學
與 MOSME 學科題庫

汪冠宏．黃啓彰 編著

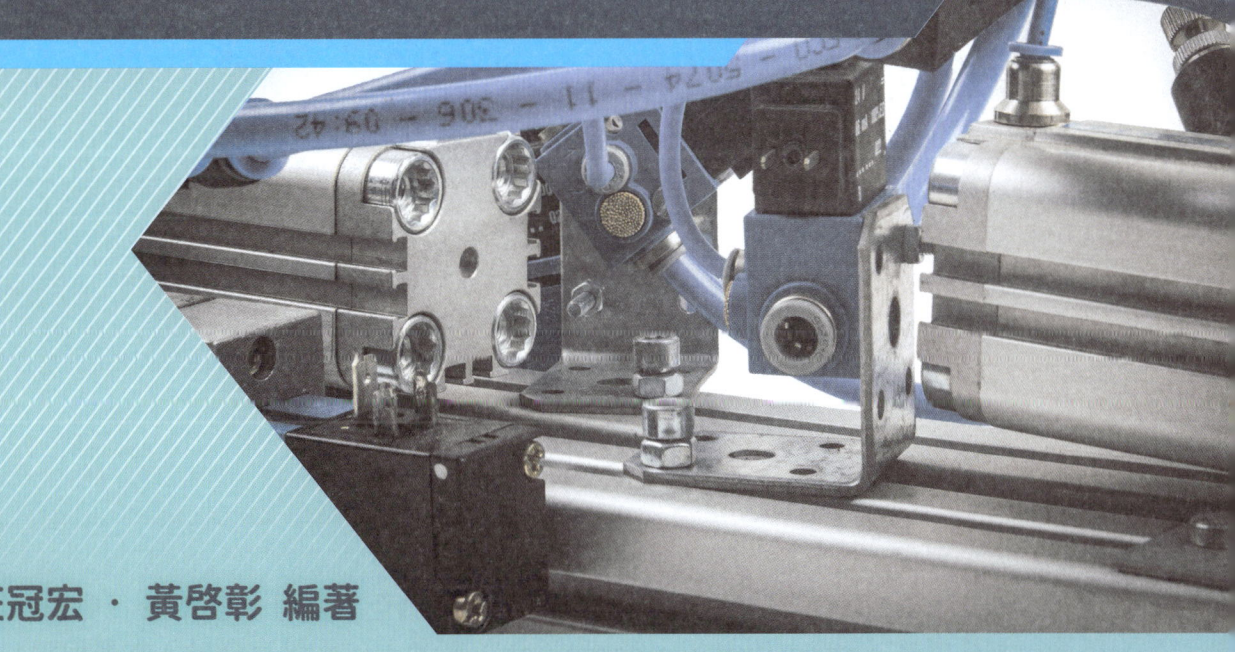

氣壓虛擬實習工場下載說明：
為方便讀者學習，本書的程式檔案等相關檔案，請至本公司 MOSME 行動學習一點通網站（https://www.mosme.net/）於首頁的關鍵字欄輸入本書相關字（例：書號、書名、作者），進行書籍搜尋，尋得該書後即可於【學習資源】頁籤下載程式範例檔案使用。

序言

　　本書編輯目的，在提供讀者一本由淺入深、循序漸進地學習氣壓原理與實務的工具書，希望初入門的讀者，能藉由實習迴路與操作步驟的引導，具體瞭解氣壓元件的特性，並印證迴路的控制理論，進而提高學習興趣，節省摸索時間。

　　全書共分為三篇，純氣壓篇（第一章到第五章）由汪冠宏編寫；電氣氣壓篇（第六章到第八章）由黃啟彰編寫；技檢篇（第九章）由兩人共同編寫，其內容依據勞動部勞動力發展署最新公告之 08000「氣壓」職類丙級技術士技能檢定術科測試試題進行編製而成的。

　　本書的特色之一為「氣壓虛擬實習工場」Web-based Virtual Training Workshop（WVTW）（詳見下載說明），其配合電氣氣壓篇所規劃的實習迴路，提供讀者在電腦上輕鬆地模擬操作，增加學習的自由度，對學生而言是一種新的體驗課程；對老師而言，更能藉以提升教學品質。《檔案下載》內附有氣壓虛擬實習工場之期刊刊登文章及教學媒體競賽獎狀，綜合其特點如下：

1. 提供一虛擬的氣壓實習機台，配合由淺入深的學習單元與語音提醒機制，使學生輕鬆學習氣壓迴路裝配之技能，避免學生觀念迷思的產生。
2. 提供精熟學習與課後複習的功能，節省學生在工場實作摸索的時間。
3. 配合資料庫系統，完整記錄學生操作的學習歷程資料，提供任課老師輕鬆瞭解班上學生學習狀況（使用 WVTW 教學系統）。
4. 解決技術高中實習時數的不足，激發學習者的自我效能；同時透過線上實習操作，增進學習者的自信心，提升技能學習之成效。

　　本書部分圖片經台灣 FESTO 公司同意使用，謹致萬分謝意；並感謝花蓮高工東區技術教學中心提供拍攝教學現場與設施。本書為編者多年來從事氣壓教學之經驗分享，編校過程雖力求嚴謹，但恐仍有疏漏之處，尚祈專家、先進不吝指正是幸！

汪冠宏、黃啟彰 謹識

目錄 CONTENTS

純氣壓篇

Chapter 1
氣壓基本概念　　　　　　　　　　　　　　01

1-1　自動化的趨勢　　　　　　　　　　　　2
1-2　氣壓基本概念　　　　　　　　　　　　2
1-3　氣液壓特性之比較　　　　　　　　　　3
1-4　氣壓之應用範圍　　　　　　　　　　　5
1-5　氣壓相關之物理性質與原理　　　　　　7
學後評量　　　　　　　　　　　　　　　　16

Chapter 2
氣壓系統之基本設備　　　　　　　　　　17

2-1　壓縮空氣的產生、調理與輸送系統　　18
2-2　壓縮空氣的輸出系統　　　　　　　　32
學後評量　　　　　　　　　　　　　　　　34

Chapter 3
氣壓驅動元件　37

3-1　氣壓缸的種類　38
3-2　氣壓馬達的原理與種類　43
3-3　氣壓缸規格與安裝　44
3-4　氣壓缸相關計算　49
學後評量　52

Chapter 4
氣壓控制元件與其應用之基本迴路　55

4-1　方向控制閥的符號與命名　56
4-2　方向控制閥的構造　60
4-3　氣壓迴路的圖形表示法　62
4-4　迴路圖內元件之命名　63
4-5　其他氣壓元件符號說明　67
4-6　氣壓控制元件與其應用之基本迴路　71
學後評量　127

目錄
CONTENTS

Chapter 5
氣壓迴路圖設計 　　　　　　　　　　　　　　129

5-1　運動順序與運動圖　　　　　　　　　　　　130
5-2　直覺法（經驗法）　　　　　　　　　　　　132
5-3　串級法（cascade method）　　　　　　　　140
學後評量　　　　　　　　　　　　　　　　　　149

電氣氣壓篇

Chapter 6
電氣氣壓元件介紹　　　　　　　　　　　　　　151

6-1　手動操作元件　　　　　　　　　　　　　　152
6-2　信號檢測元件　　　　　　　　　　　　　　155
6-3　迴路控制元件　　　　　　　　　　　　　　161
6-4　負載驅動元件　　　　　　　　　　　　　　166
學後評量　　　　　　　　　　　　　　　　　　171

Chapter 7
電氣氣壓基本迴路　　　　　　　　　173

7-1　單動缸驅動迴路　　　　　　174
7-2　雙動缸驅動迴路　　　　　　185
7-3　連續往復運動控制迴路　　　194
7-4　壓力開關與計時計數控制迴路　203
7-5　多氣壓缸控制迴路　　　　　215

Chapter 8
電氣氣壓迴路設計　　　　　　　　225

8-1　直覺法　　　　　　　　　　226
8-2　串級法　　　　　　　　　　233

技檢篇

Chapter 9
氣壓丙級檢定術科試題解析　　　　241

9-1　氣壓丙級檢定術科測試應檢人須知　242
9-2　氣壓丙級檢定術科各試題解析　　　248

純氣壓篇

Chapter 1 氣壓基本概念

1-1　自動化的趨勢

1-2　氣壓基本概念

1-3　氣液壓特性之比較

1-4　氣壓之應用範圍

1-5　氣壓相關之物理性質與原理

學後評量

1-1 自動化的趨勢

為了追求工業的升級，加速經濟的發展，「生產自動化」已是必然的趨勢。將原來由人執行的作業，藉著電腦自動控制、機電整合與自動化機具等技術，未來一定能提高生產效能。尤其今日，產業在面臨世界性激烈競爭的情況下，本身又遭遇到工資上揚、人力不足、環保訴求、製造業出走之危機，若要提升產業競爭力、加速產業結構轉型，唯有加強自動化產業及促進產業自動化的並行策略，才是立足世界的不二法門。

總之，面對未來更激烈的國際性競爭，產業唯有賴高級工業控制技術，提升製造程序之自動化層面，以提高企業的競爭力，才能適存於競爭激烈的國際舞台。

1-2 氣壓基本概念

氣壓（pneumatics）是將空氣經過壓縮後，使氣體轉變為機械動力而產生機械能的裝置。

例如，同學平常騎的腳踏車的輪胎，就是利用氣壓的原理，使用打氣筒把空氣壓縮到輪胎內，從打氣筒上的壓力表可以看到目前輪胎內的壓力是多少，這是最容易感受到空氣壓力存在的例子。

氣壓本身並非一種高效率的系統，但由於它能夠提供一種高密度的能量，又能夠不經過齒條、螺桿或機構轉換而直接提供快速、順暢、有力之旋轉、擺動或直線往復運動來做功，對過負載有相當之安全性，而且出力及速度容易控制，由於這些特性使氣壓成為目前工業界所廣泛使用之動力來源。

> **淺談液壓**
>
> 所謂液壓簡單來說，傳輸動力的媒介是利用液壓油。利用液壓泵，將電動機的機械能轉變為壓力能，對外做功。

1-3 氣液壓特性之比較

目前工業上利用氣壓與液壓的動力已相當的廣泛，企業的老闆利用它們輕易的達到自動化工場的目的，它們究竟有什麼優勢呢？氣壓與液壓有何差別呢？我以它們兩者的特性來做比較，如表 1-1 所示。

表 1-1　氣液壓特性之比較

	比較項目	氣　壓	液　壓
氣壓的優勢	1、自動化	氣液壓設備如與電器元件、電子元件、可程式控制器、微電腦等配合，可輕易達成自動化的目的。	
	2、用　量	用量無限：任何地方都有取之不盡的空氣，所以用量無限。	需設置油槽，並考慮液壓油回流的問題。
	3、排　放	排放無汙染：較符合環保要求，可隨時排放。	需考慮液壓油回流的問題。
	4、洩　漏	洩漏也不會汙染環境。	高壓油在配管及液壓缸之間流動，難免會發生振動，如此容易使配管破裂、螺絲鬆弛或損壞油封的密合性，而產生漏油，造成環境汙染。
	5、清　潔	壓縮空氣非常清潔，一般藥品、食品、化工等工業使用氣壓系統較多。	發生漏油即汙染環境。
	6、工作環境	在高溫、高濕或有爆炸性、腐蝕性的惡劣工作環境下也很安全。	石油系液壓油之燃點大多在 200°C 左右，因此在液壓設備的周圍，禁止放置一些高溫物件或高溫工作。
	7、儲　存	儲存容易，壓縮空氣可利用儲氣筒儲存，空氣壓縮機不需連續運轉。	不能儲存，要使用液壓時連續啟動液壓泵產生液體的壓力能。

⬇ 表 1-1　氣液壓特性之比較（續）

比較項目		氣　壓	液　壓
氣壓的優勢	8、構　造	氣壓設備構造簡單、價格便宜。	液壓設備價格較高。
	9、安　裝	氣壓系統安裝容易。	液壓設備使用較多控制閥，增加配管的複雜，若配管技術不良，則易出現漏油現象。
	10、速　度	氣壓致動器可高速運動，速度可達 10m/sec，並可無段變速。	速度慢，但出力大，速度也可無段變速。
	11、超負荷	超負荷時停止，無危險。	液壓系統需裝溢流閥，當系統負荷壓力超過溢流閥之設定壓力，閥門被打開，液壓油經溢流閥流回油箱，故液壓也無超負荷之憂慮。
液壓的優勢	1、出　力	出力範圍受限制，無法得到大出力，氣壓使用的壓力範圍在 5～7 bar。	液壓出力較大，液壓使用的壓力範圍在 70～100 bar。
	2、速度控制	空氣具有可壓縮性，故速度控制不佳，要求低速或定位精度時，更是不易控制。	液壓油的壓縮性遠低於空氣，故速度調節較容易。
	3、負載改變	負載的變動會使速度發生變化。	負載的變動具有高度的安定性，不會影響速度。
	4、調　理	壓縮空氣必須有良好的調理，不可以含有塵埃及水分，不然會使元件鏽蝕。	只需注意液壓油的特性即可，無調理的問題。
	5、噪　音	噪音較大。	噪音較小。
	6、效　率	若配管過長，會有壓力降，效率差。	動力傳達效率高。

1-4 氣壓之應用範圍

目前，氣壓在各行各業已有廣泛的應用，並能取代工人在危險或高溫的環境下工作，同時也為企業節省人力費用的支出，輕易地達到自動化的目的。其應用範圍從用低壓空氣來測量人體眼球內部的液體壓力，到氣動壓力機與使混凝土粉碎的氣動鑽孔等多樣性的應用，下列舉例氣壓在各行業之實例。

如在機械加工上的衝壓、鉚接、進料、夾緊、機械手臂、氣動機器人，甚至利用真空壓來搬移鋼板或玻璃…等。如在自動化工廠裡，零件和材料的自動輸送與儲存、灌裝機械、點銲機。

在汽車工業上利用氣壓作噴漆塗裝、bus車門開關…等。在木工的工作上，使用的釘槍也是利用氣壓；甚至在小朋友的玩具設計也利用氣壓的原理，如水槍設計、空氣槍、水火箭的發射…等。另有在建築、鋼鐵、採礦和化學工業工廠中料斗的卸料、在混凝土和瀝青鋪設中的夯實、作物播撒與其他拖拉機機構的操縱、紙的空氣分離和真空提升、牙鑽…等。

氣壓應用圖例，如下列圖片所示：

⬆ 圖 1-1　進料（左下方之氣壓缸伸出，可推出材料）

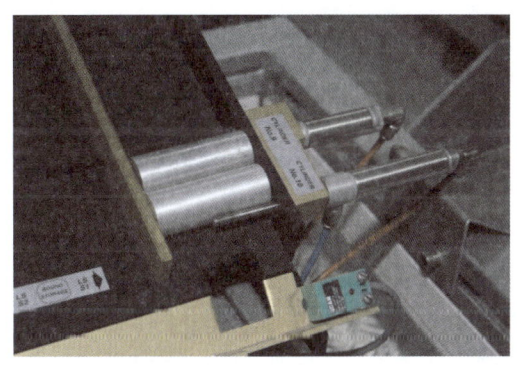

⬆ 圖 1-2　進料模組（利用斜坡與兩支氣壓缸配合使材料順利落下）

圖 1-3　組裝模組（上方氣壓缸伸出可衝壓使兩件材料組裝完成）

圖 1-4　自動倉儲教學系統（利用升降系統與氣壓缸伸出使物品可放置倉儲之定位）

圖 1-5　自動進料教學系統（利用氣壓夾爪、旋轉氣缸與多支氣壓缸配合完成進料動作）

圖 1-6　利用氣壓缸之伸出動作幫 CNC 銑床關門

圖 1-7　利用無桿缸、真空吸盤與氣壓缸的組合完成移動工件的動作

圖 1-8　電腦整合製造教學系統（CIM）

⬆ 圖 1-9　使用氣壓動力之機電整合教學系統

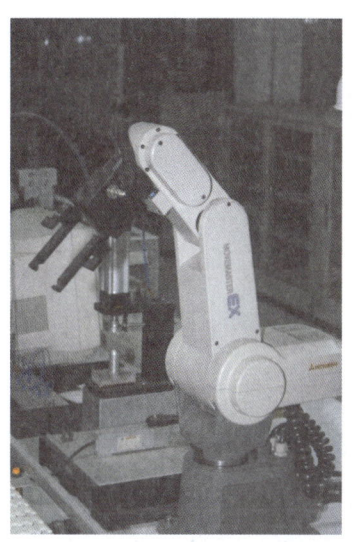
⬆ 圖 1-10　氣壓應用於機械手臂夾爪

1-5 氣壓相關之物理性質與原理

1-5-1 空氣之物理性質

一、空氣的物理定義

空氣的狀態會隨著所在環境的標高、溫度、溼度與壓力…等條件的不同而變化，因此，空氣的狀態可分為三類，(1)自由空氣（Free air）、(2)正常狀態空氣（Normal air）、(3)標準狀態空氣（Standard air）。自由空氣即我們平常生活周遭的空氣，後兩者之空氣狀態如表 1-2 所示。

⬇ 表 1-2　標準狀態與正常狀態之空氣狀態比較表

	標準狀態	正常狀態
大氣壓	760mmHg	760mmHg
溫　度	20°C	0°C
相對濕度	65%	0%（乾燥）

氣壓控制系統所使用之空氣體積皆以「正常狀態」下來計算（0°C，760mmHg），因此在體積單位前加註符號「N」，以表示在正常狀態下之體積，例如空氣消耗量單位 $N\ m^3/min$。

二、空氣的濕度與露點

濕度是空氣中所含水氣量多寡的指標。在溫度相同的情況下，濕度愈大表示空氣中的水氣量愈多；壓縮空氣隨著溫度的升高，其水氣含量會隨著增加，因此，溫度增加，濕度也會增加。

溫度固定時，空氣所能容納的水氣量是有上限的，此極限量稱為水氣飽和量，若水氣達飽和量時，則會凝結成水滴；當溫度下降到飽和狀態時，水氣開始凝結的溫度稱為露點。

同樣體積之空氣溫度愈高，能容納之水氣愈多。若溫度增加 11°C，空氣中能容納水氣之能力約可增加一倍；反之若空氣中水氣含量不變，當其溫度降低至某一程度時，可使未飽和之空氣變成飽和。溫度如繼續下降，能使飽和水氣凝結為水滴。

相對濕度（Relative Humidity）是以實測濕度值與絕對濕度值的比值，通常以百分比％表示，就是氣象報告中所說的濕度，公式如下：

$$相對濕度 = \left(\frac{實測濕度}{絕對濕度}\right) \times 100\%$$

實測濕度則是在相同溫度下相同單位體積的空氣中實際含有的水分量（g/m^3），絕對濕度是在一定溫度下單位體積的空氣中所能含有的最大水分量（g/m^3）。

由此可知，若輸送到配氣管路的壓縮空氣未經適當冷卻，則當溫度下降時，管路內會產生令人困擾的凝結水，因此，凝結出的水在壓縮空氣輸送前應該要去除，以避免對氣壓系統中的元件產生有害影響。

三、空氣的溫度

一般常用的溫度單位為攝氏溫度（°C）、華氏溫度（°F）與凱氏溫度（K），K 也是絕對溫度的單位，攝氏 –273°C 是絕對溫度 0 K，所以水的冰點是 273K，沸點是 373K。

各種溫度單位之間的換算公式：

華氏溫度（°F）＝ 攝氏溫度（°C）$\times \dfrac{9}{5}$ ＋32

凱氏溫度（K）＝ 攝氏溫度（°C）＋273

1-5-2 壓力之定義與使用單位

一、空氣的壓力

義大利科學家托里拆利（Evangelista Torricelli）於 1643 年發現將倒置一滿貯水銀的長玻璃管，使其開口向下抹入水銀池中，不論玻璃管是否直立，管內水銀柱的垂直高度，皆比管外高出 760mm，這就是一個大氣壓的概略值。

$$
\begin{aligned}
1\text{ 標準氣壓}(P) &= \text{水銀深度}(h) \times \text{水銀密度}(d) \\
&= 76 \text{ cm} \times 13.69 \text{ g/cm}^3 \\
&= 1033.6 \text{ g/cm}^2 \\
&= 1.0336 \text{ kg/cm}^2
\end{aligned}
$$

絕對壓力、大氣壓力、錶壓力與真空壓力等四種基準值之間的關係，可由圖 1-11 清楚了解。

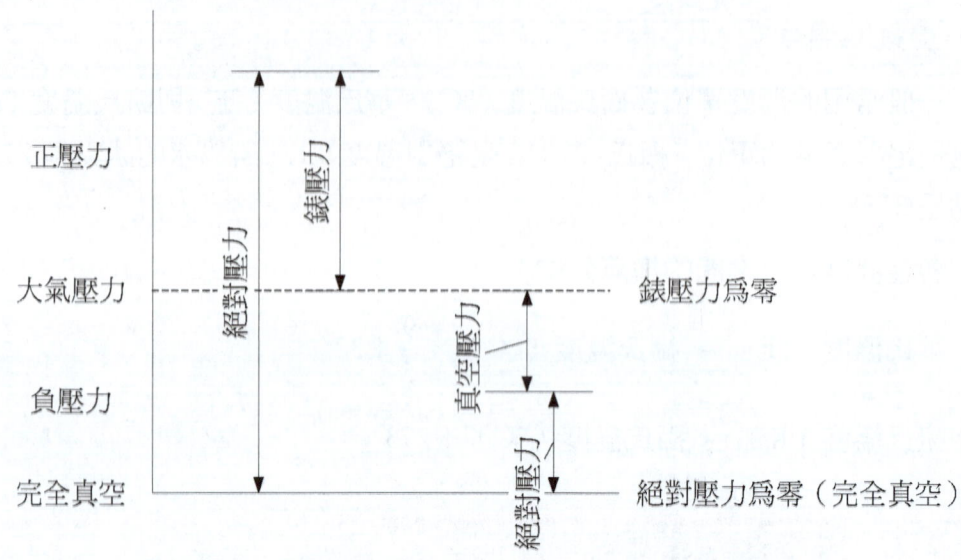

⬆ 圖 1-11　絕對壓力、大氣壓力、錶壓力與真空壓力關係圖

絕對壓力、大氣壓力、錶壓力與真空壓力等四者關係式如下：

❶ 絕對壓力＝大氣壓力 $\begin{matrix}+（壓力錶之讀值）\\-（真空壓力錶之讀值）\end{matrix}$

❷ 在氣壓系統所指的壓力為錶壓力，一個大氣壓力為錶壓力的零點，高於大氣壓力者為正壓力（正值），若低於大氣壓力者為負壓力（負值；真空壓力）。

二、壓力之定義

壓力就是單位面積上所承受力的大小。

公　　式	
$P = \dfrac{F}{A}$	P：壓力 F：負荷力 A：面積

三、基本單位與導出單位

常用的物理單位整理如表 1-3 所示，分為重力單位與絕對單位相互間之對照。

表 1-3 常用物理之重力單位與絕對單位

單　位	重力單位 MKS 制	絕　對　單　位 MKS 制	絕　對　單　位 CGS 制
力（Force）	公斤力 kgf（kilogram force）	牛頓 N(Newton)＝1 kgm-m/sec^2	達因 dyne＝1 grm-cm/sec^2
距離（Length）	公尺 m（meter）	公尺 m（meter）	公尺 cm（centi-meter）
質量（Mass）	米斯勒 Metri-Slug ＝1kgf-sec^2/m	公斤 kgm（kilogram）	公克 grm（gram）
時間（Time）	秒 sec（second）	秒 sec（second）	秒 sec（second）

在絕對單位中，每 1cm^2 有 1dyne 之力作用時，
以 1dyne/cm^2 表示，其一百萬倍稱為 1 bar（1 bar＝10^5 Pa）

表 1-3 之單位換算可以由牛頓定理來證明，1 kp 為 1 kg 質量靜置在一平面上所加於該平面的力。以下各種換算可在各單位系統之間應用。

牛　頓　定　理	
$F＝m \cdot a$	F：力 m：質量 a：加速度 （a 可由 g 重力加速度取代，g＝9.81m/sec^2）

1 kp（等於 1 kgf）為 1kg 質量靜置於一平面上所加於該平面之力，下列由 F＝m・a 來換算（a 以 g 重力加速度取代，g＝9.81m/sec²）：

質量　$1\,(kg) = \dfrac{1}{9.81} \cdot \dfrac{kp}{m/sec^2}$

力　　$1\,(kp) = 9.81\,(kg\text{-}m/sec^2)$　【$1\,N\,(牛頓) = 1\,kg\text{-}m/sec^2$】

重力單位與絕對單位的關係
1 kp＝1 kgf＝9.81 kg-m/sec²＝9.81 N

常用的壓力單位有公制（kgf/cm²、mmHg）、英制（Psi、lbf/in²、inHg）與 SI 國際壓力單位（Pa、N/m²、bar），各壓力單位之間的換算如表 1-4 所示：

表 1-4　各壓力單位之間的換算表

絕　對　單　位				重　力　單　位	
巴斯卡 $Pa = N/m^2$	巴 bar	標準氣壓 atm	毫米汞柱 mmHg= Torr	公　制 Kgf/cm²= at	英　制 Psi = lbf/in²
1	1×10⁻⁵	0.986923×10⁻⁵	750.062×10⁻⁵	1.01972×10⁻⁵	14.5038×10⁻⁵
1×10⁵	1	0.986923	750.062	1.01972	14.5038
98066.5	0.980665	0.967893	735.559	1	14.2233
6894.76	0.068948	0.068046	51.7149	0.0703069	1
1.01325×10⁵	1.01325	1	760	1.03323	14.6959
1.33322×10⁵	1.33322	1.31579	1×10³	1.35951	19.3368
9806.65	0.09807	0.096784	73.5559	0.1	1.42233

SI 國際壓力單位以 Pa 表示，1Pa＝1N/m²（牛頓／米²），這個單位非常小，為了避免很大的數字，用相當於 100,000Pa 的單位為 1bar（巴）作為壓力單位，因此使用 bar 較為合適。

各種壓力單位之間的換算：

$1Pa = 1N/m^2 = 1 \times 10^{-6} N/mm^2$

$1MPa = 10^6 Pa = 1 N/mm^2$

$1bar（巴）= 10^5 Pa = 10^5 N/m^2 = \dfrac{10}{9.8} kgf/cm^2 = 1.02 kgf/cm^2$

$1 at = 1 kgf/cm^2 = 1 kp/cm^2$

$1 mm Hg = 1 Torr$

$1 at = 736 Torr = 14.2 psi$ ， $1 bar = 750 Torr$ ， $1 atm = 760 Torr$

$1 atm = 1.033 at = 1.013 bar = 14.7 psi$

四、流體相關各種定理

空氣是具有可壓縮性之氣體，常受其體積、溫度與壓力所影響，這幾項要素構成了多項氣體定律，而三者之間可以互相影響：

❶ **波義耳（Boyle）定理**：在一定溫度下，氣體體積增大時，其壓力必小，即在一定溫度下，氣體其體積和絕對壓力成反比，如圖 1-12 所示。

公式：$P_1V_1 = P_2V_2$

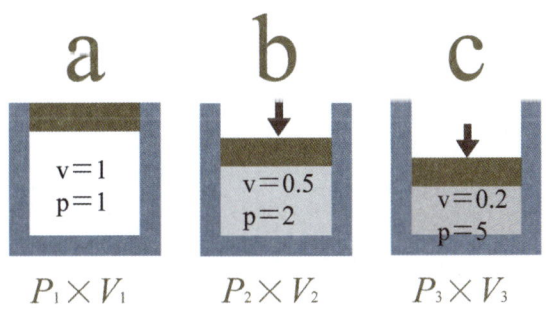

↑ 圖 1-12　波義耳定理示意圖

❷ **查理（Charles）定理**：當壓力保持固定時，氣體體積與其溫度成正比。即在一定溫度下，氣體其體積和絕對溫度成正比。公式：$\dfrac{V_1}{V_2} = \dfrac{T_1}{T_2}$

❸ **給呂薩克（Gay-Lussac）定理**：定量、定容的氣體，其壓力與溫度成正比，即在定量、定容的情況下，氣體其絕對壓力與絕對溫度成正比，也就是氣體溫度每升高（或降低）1℃，其壓力會增加（或減少）其在 0℃ 時壓力的 1/273。公式：$\dfrac{P_1}{P_2} = \dfrac{T_1}{T_2}$　（T 必須使用絕對溫度，即℃ ＋273℃ ＝K）

❹ **伯努利（Bernoulli）原理**：依據能量守恆定理，動能＋位能＝定值，因此如圖 1-13 所示，流體流經管徑不同的管道時，在點 1 和點 2 的總能量相同，也就是流體速度愈快，其壓力愈低；反之速度減低，壓力增加。

公式：$P_1 + \dfrac{1}{2}\rho V_1^2 = P_2 + \dfrac{1}{2}\rho V_2^2$　（P：壓力，ρ：流體密度，V：流速）

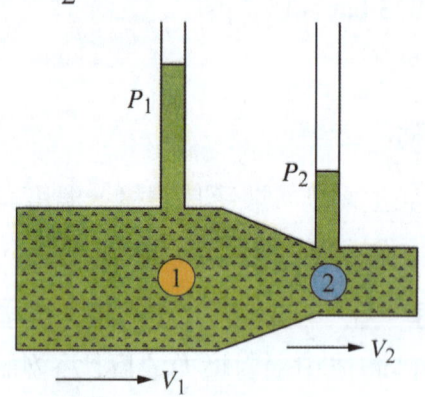

⬆ 圖 1-13　伯努利定理示意圖

❺ **連通管原理**：在連通管內液面以下同一水平高處，其壓力必相等，若連通管之容器為開放容器（非密閉的），其液面必同水平高，此關係即為連通管原理。

❻ **巴斯噶（Pascal）原理**：對一密閉液體所施的外力，必會傳遞到液體各部分及容器壁上，且其產生之壓力值不變，此一現象即稱為巴斯噶原理，如圖 1-14 所示，公式：$P = \dfrac{F}{A}$

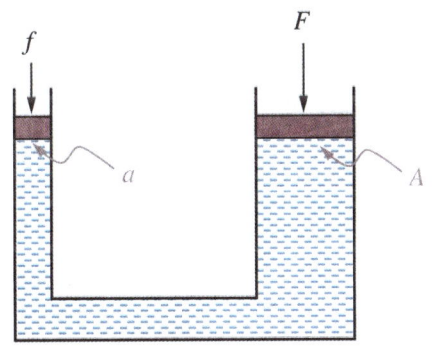

🔼 圖 1-14　巴斯噶定理示意圖

❼ **流量公式**：流量為管路截面積與流速之乘積。公式：$Q = A \cdot V$

五、空氣的流量

流量是指在單位時間內流體所移動的量，流量的單位有：m^3/hr，m^3/min，l/hr，l/min 等，空氣壓縮機的空氣容量則以 Nm^3/hr（Normal Cubic Meter / hour）為單位，也就是在正常狀態下每小時產生若干立方公尺的空氣量。

第1章 學後評量

選擇題：

1-5-2 1. (　) 氣壓調整組合的額定流量值，是指何種狀態下的氣體
(A)絕對壓力下　　　　　　(B)標準大氣壓力下
(C)錶壓力下　　　　　　　(D)真空壓力下。

1-5-2 2. (　) 攝氏溫度換算為攝氏絕對溫度，須加上一常數
(A)476　　(B)273　　(C)760　　(D)360。

1-5-2 3. (　) 1bar 等於　(A)760mmHg　(B)750mmHg　(C)730mmHg　(D)765mmHg。

1-5-2 4. (　) 關於絕對壓力的敘述，下列何者為正確
(A)錶壓力加大氣壓力　　　(B)錶壓力減大氣壓力
(C)與錶壓力無關　　　　　(D)與大氣壓力無關。

1-5-2 5. (　) 依據巴斯噶（Pascal's law）定理指容器內液面受外力加壓時則液內任何一點的壓力對容器壁之作用力方向為
(A)平行　　(B)垂直　　(C)斜向　　(D)任何方向。

1-3 6. (　) 氣壓系統中所謂高壓是指錶壓力
(A)15kg/cm² 以上　　　　　(B)12.5kg/cm² 以上
(C)10kg/cm² 以上　　　　　(D)7.5kg/cm² 以上。

1-5-2 7. (　) 靜止之流體中各點之壓力在各方向均應相等，這是依據
(A)虎克定律　(B)波義耳定律　(C)伯努利定律　(D)巴斯噶定理。

1-5-1 8. (　) 常態指的是在絕對壓力 760mmHg，溫度
(A)0°C　　　　　　　　　　(B)20°C
(C)25°C　　　　　　　　　 (D)30°C　的乾燥氣體狀態。

1-5-1 9. (　) 飽和空氣在 28°C 進入吸收式乾燥器，出口的露點為
(A)25°C　　(B)20°C　　(C)17°C　　(D)10°C。

1-5-2 10. (　) 一般氣體的壓力隨溫度升高而
(A)減小　　(B)增加　　(C)不變　　(D)無關。

Chapter 2 氣壓系統之基本設備

2-1 壓縮空氣的產生、調理與輸送系統

2-2 壓縮空氣的輸出系統

學後評量

目前工業上最常使用的氣壓系統壓力約在 3bar～8bar 之間。氣壓系統之基本設備，如圖 2-1 所示，由電能經過馬達使空氣壓縮機產生壓力能（壓縮空氣），經過空氣調理設備（如空氣乾燥機、冷卻器、空氣濾清器、調壓閥與潤滑器等），再藉由各種控制元件（如壓力控制閥、方向控制閥與流量控制閥等），將空氣壓力傳送到氣壓驅動元件（如氣壓缸、迴轉缸與氣壓馬達等），使壓力能轉換成機械能達到作功的目的。本章節將它分為二個主要部分來介紹：一為壓縮空氣的產生、調理與輸送系統，另一則為壓縮空氣的輸出系統。

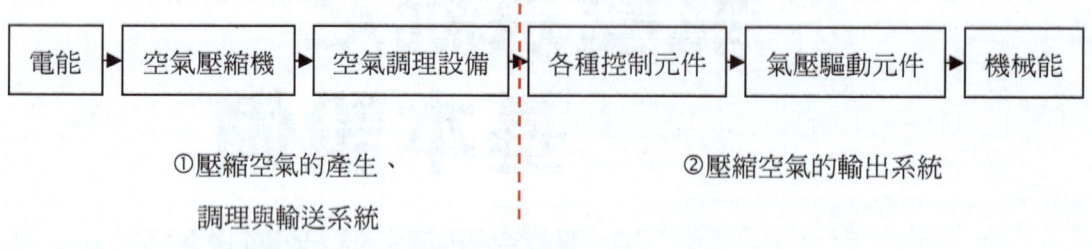

圖 2-1　氣壓系統之基本設備

2-1　壓縮空氣的產生、調理與輸送系統

壓縮空氣的產生、調理與輸送系統主要的構成元件包括空氣壓縮機、儲氣筒、空氣乾燥機、空氣調理組、輸送管路等。

2-1-1　空氣壓縮機（air compressor）

在工業應用上常使用壓縮機、鼓風機及風扇將空氣壓縮至所需求的工作壓力，而上述三種產生壓縮空氣的機器主要以壓縮能力的大小來區分。壓縮力在 1 bar 以上的稱為壓縮機，0.1～1 bar 稱為鼓風機，0.1 bar 以下的稱為風扇。氣壓控制系統中一般均使用壓縮機產生壓縮空氣。

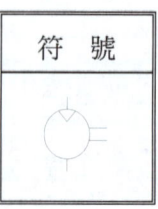

壓縮機依其工作壓力及動作原理，可分為下列兩大類，如圖 2-2 所示：

1. 排量式壓縮機：此種型式的壓縮機是根據位移原理工作，空氣被包圍在一個空間內，經由壓縮減少其體積，使壓力提升的方式。
2. 氣流式壓縮機（輪機壓縮機）：此種型式的壓縮機是根據氣流原理工作，空氣自一邊吸入並藉質量加速使之壓縮，使壓力提升的方式。

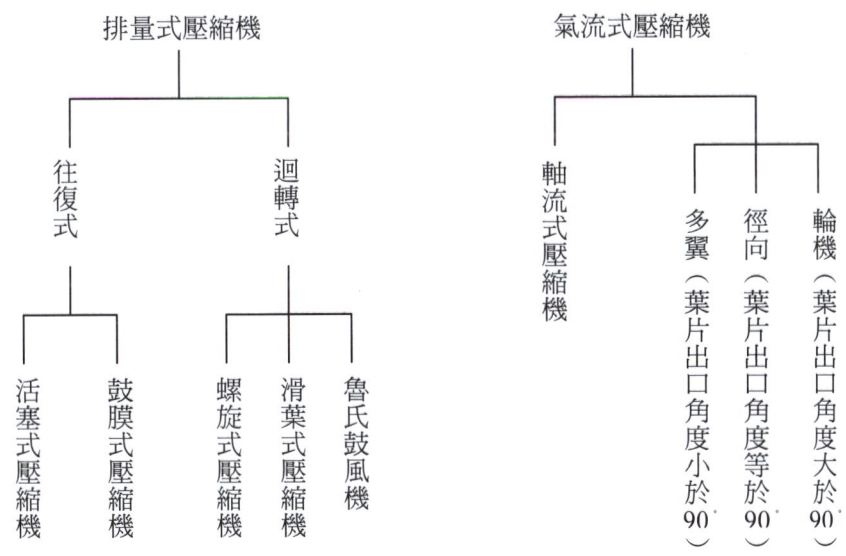

圖 2-2　壓縮機的分類

一、活塞式壓縮機

往復式活塞壓縮機不但適用於低壓力及中壓力，同時亦可以產生高壓力，為目前使用最廣的壓縮機。一般常用的單級壓縮機其內部構造，如圖 2-3 所示。如果要產生更高的壓力則需採用多級式壓縮機，其內部構造，如圖 2-4 所示，此種形式的壓縮機吸入空氣後，進入第一活塞室進行第一次壓縮，然後第一活塞室的壓縮空氣再送入第二活塞室進行第二次壓縮，由於在壓縮的過程會產生相當的熱量，故在兩活塞室之間需加裝冷卻裝置，冷卻裝置有水冷式和氣冷式兩種，單級活塞壓縮機的最佳輸出壓力為 4 bar，雙級、三級或多級的最佳輸出壓力則為 15 bar。往復式活塞壓縮機因為有衝程，故會有浪壓現象產生，且承載的地基必須較為堅固。

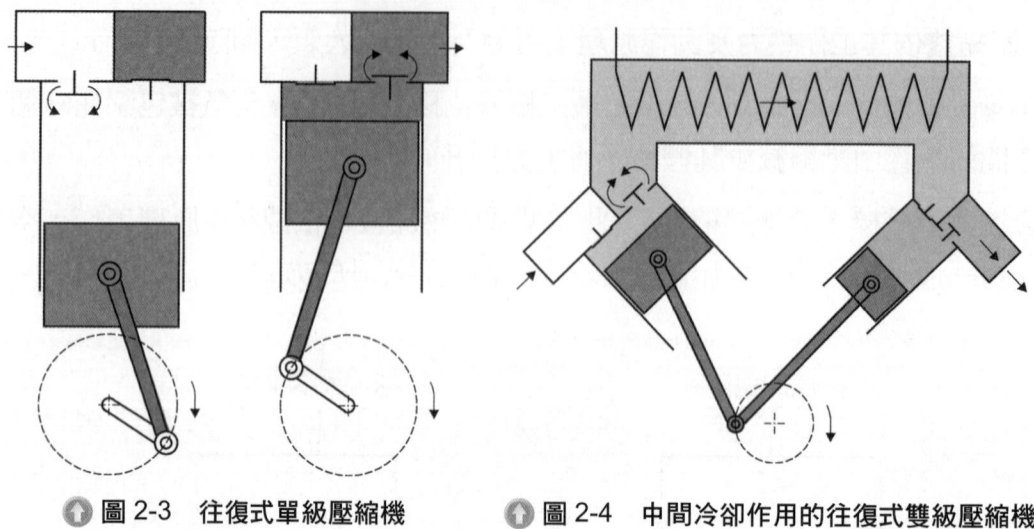

● 圖 2-3　往復式單級壓縮機　　● 圖 2-4　中間冷卻作用的往復式雙級壓縮機

二、鼓膜式壓縮機

　　此型壓縮機亦為活塞壓縮機的一種，活塞由一膜片與空氣吸入室隔絕，即空氣不與含油的往復機件直接接觸，故可得到不含油分的壓縮空氣，因此廣泛用於食品、醫藥及化學工業，其內部結構如圖 2-5 所示，膜片使氣室容積發生變化，在下行程時吸進空氣，上行程時壓縮空氣。

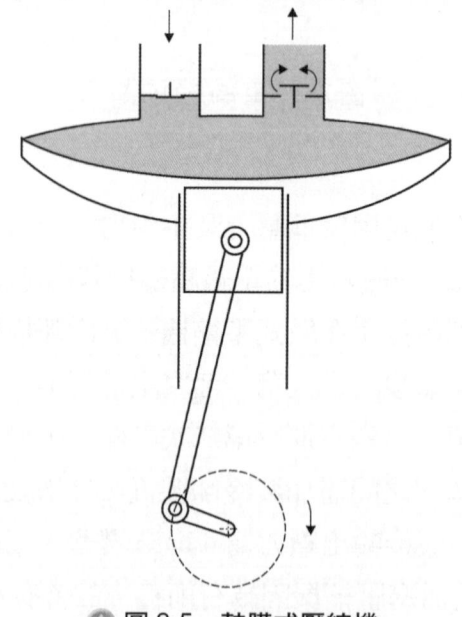

● 圖 2-5　鼓膜式壓縮機

三、螺旋式壓縮機

此種壓縮機有一對互相銜接的雌雄轉體，其內部結構如圖 2-6 所示，當兩個轉體銜接旋轉時，將軸向進入的空氣進行壓縮，到達設定之壓縮比後即由輸出口排出，同時由於輸出口之脈動小，故運轉平穩、噪音小，因此可作高速運轉。

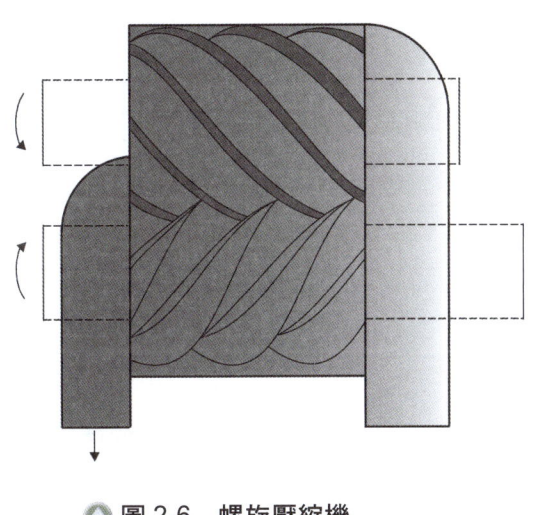

圖 2-6　螺旋壓縮機

四、滑葉式壓縮機

壓縮機的本體內含有一偏心安裝轉子，因此轉子的中心和壓縮機外殼的內壁中心形成一偏心量，此偏心量決定每轉的輸出量。而滑動葉片裝配在轉子的溝槽內，與汽缸壁組成若干個壓縮室。故當轉子迴轉時，由於離心力的作用使各葉片外伸並與汽缸壁緊密接觸，因而在兩片滑動葉片間形成一密閉的空間。同時由於外殼的內壁形狀，因在空氣吸入口處壓縮室的體積逐漸由小變大，故產生吸入空氣的作用，而在輸出口處壓縮室的體積逐漸由大變小，故產生壓縮空氣的排出，其內部結構如圖 2-7 所示。

此種壓縮機的優點為轉動無聲且輸出之壓縮的脈動較小，故空氣之輸出平穩。

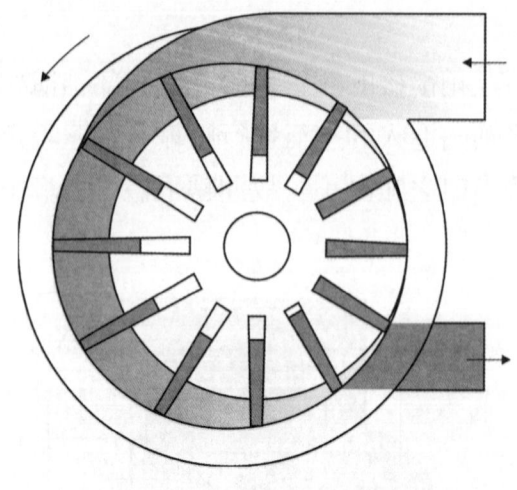

⬆ 圖 2-7　滑動葉片迴轉壓縮機

五、魯式鼓風機

魯式鼓風機有兩個形狀類似花生的轉子，在機殼內以相反的方向運轉，在高速運轉下可得到大的容積效率，其壓縮比在 1.7 以內，常使用在柴油引擎廢氣的排除或進氣增壓器內，其內部結構如圖 2-8 所示。

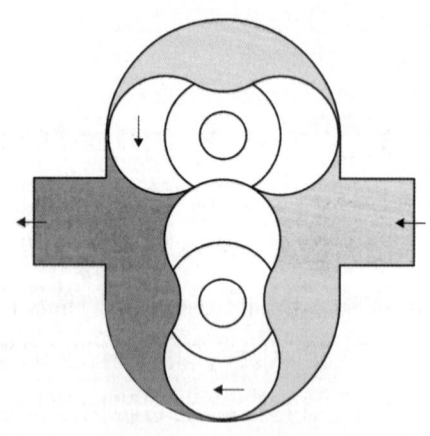

⬆ 圖 2-8　魯式鼓風機

六、軸流式壓縮機

此種壓縮機其壓縮原理和徑流式相類似，其內部構造如圖 2-9 所示，同樣是利用升壓器將高速流動空氣的動能轉變為壓力能。軸流式的壓縮機亦可輸出大量的壓縮空氣，然而在高速運轉時噪音較大，一般常用在礦場、碎石場及噴射引擎等機器之高排量設備上。

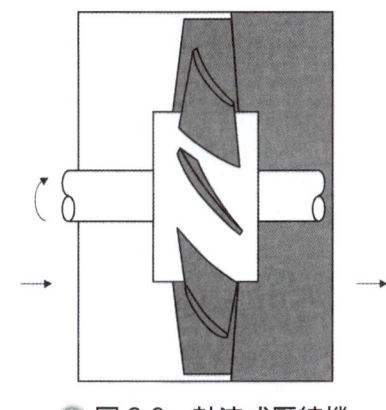

◆ 圖 2-9　軸流式壓縮機

七、徑流式壓縮機

俗稱離心式壓縮機，其內部構造如圖 2-10 所示，此種壓縮機是利用一個或多個高速旋轉的輪葉，將靜態空氣轉變成氣流的速度，進而將動能轉變成壓力能。

徑流式壓縮機輸出的風量大，但壓力不高，在高速運轉時易生噪音，故必須加裝隔音設備，一般常用在製鐵業、礦場及化學工廠等。

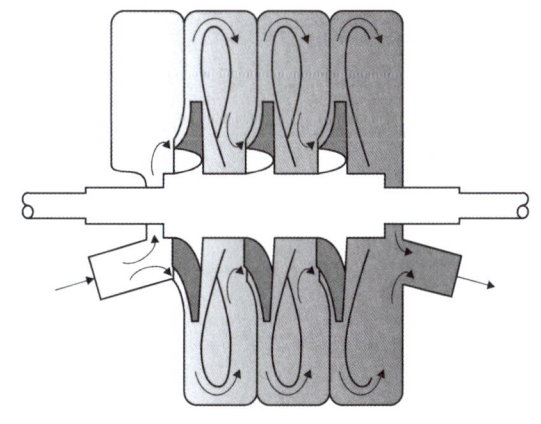

◆ 圖 2-10　徑流式壓縮機

各式空氣壓縮機的特性整理如表 2-1 所示：

表 2-1　各式空氣壓縮機的特性

依動作原理而分	壓縮機型式	特　性
排量式壓縮機	往復式	1. 出口壓力有所變動時，其輸出之風量幾乎保持不變。 2. 效率佳。 3. 效率會因機械部分的磨耗而降低。 4. 需要潤滑油。 5. 外形變大。
	迴轉式	1. 出口壓力有所變動時，其輸出的風量幾乎保持不變。 2. 魯氏型在高速運動時有噪音。
氣流式壓縮機	軸流式	1. 高速迴轉其效率比徑流式佳。 2. 噪音大。 3. 適用在低壓大風量之場合。 4. 不須潤滑油，故可獲得無油分的壓縮空氣。 5. 不會因磨耗而降低效率。
	徑流式	效率比往復式佳，而其它的特性同軸流式。

八、壓縮機的調節作用

　　為了節約能源及延長壓縮機之使用壽命，壓縮機之輸出量應能自動調節以供應不同之需要。小型壓縮機常採用「停止－啟動」調節方式，亦即當壓力到達設定之壓力上限時，切斷壓縮機馬達的電源，若降低到設定之壓力下限時，則再運轉壓縮機。

九、壓縮空氣的汙染與淨化

清潔的壓縮空氣對維持氣壓設備的正常操作，具有其實質上的意義。所謂乾淨的壓縮空氣是指壓縮空氣不受外來的塵埃與水氣以及壓縮機運轉時內部所產生的油渣、鐵鏽等汙染，因此為了獲得潔淨的壓縮空氣，一般的作法有兩種：

1. 在壓縮機的空氣吸入口裝設進氣濾清器：其主要目的是為了分離空氣中較大顆粒的塵埃。
2. 在壓縮空氣的輸出口之後裝設中間冷卻器及後部冷卻器：其主要目的是為了分離壓縮空氣中的凝結水。

2-1-2 空氣乾燥機

空氣受到壓縮時，它的溫度自然會上升，溫度愈高的空氣，便含有更多的水分，若未經處理，直接使用這些壓縮空氣，會導致氣壓設備發生故障或縮短其使用壽命，若用於噴漆工作，含水的空氣會使漆面產生氣泡，容易脫落且降低品質。因此，清潔的壓縮空氣對維持氣壓設備的正常操作，具有其實質上的意義。

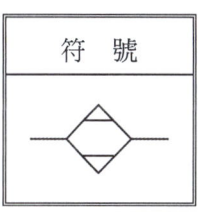

在壓縮空氣中所含的水分是必須特別注意的，實際上，壓縮空氣經過中間冷卻器及後冷卻器除濕處理後，即可輸送至儲氣筒存放或使用，但若系統需要更乾燥的壓縮空氣的話，則可安裝一台乾燥處理設備在儲氣筒之後。

目前常用的空氣乾燥機為冷凍式乾燥機，其低溫乾燥是根據降低露點溫度的原理，所謂降低露點溫度是指當壓縮的濕空氣在冷凍室中被低溫的冷煤冷卻至 2℃，使壓縮空氣中的水蒸氣凝結成水而與空氣分離，並由排水閥排放。此種乾燥方法可處理大量溫度較高的壓縮空氣，同時並可除去壓縮空氣 80～90%的少量油分含量。因此雖然設備費用較高，卻廣為工業界普遍採用。

2-1-3 儲氣筒

儲氣筒是鋼板銲接製成的壓力容器，以水平或垂直方式安裝於乾燥機之後來儲存壓縮空氣，因此，可使壓縮空氣平穩地供應。儲氣筒應裝上安全閥、壓力錶、排水閥，壓縮空氣的一部分水份被分離成水，可從下方的排水閥手動排放。直立式儲氣筒有兩個接口，靠近氣槽上方的是輸出口，靠近下方的是輸入口，如圖 2-11 所示。

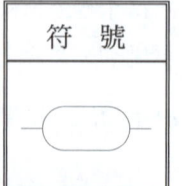

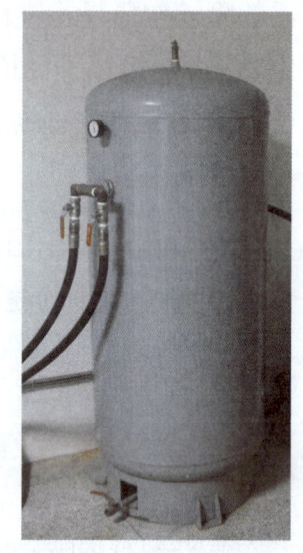

⬆ 圖 2-11　直立式儲氣筒

2-1-4 空氣調理組

雖然由外界吸入的塵埃、水氣與空氣壓縮機所產生的油渣，隨著經過乾燥機之後已大部分去除，但留在壓縮空氣尚有少部分的水氣與塵埃，需要再經過空氣調理組之後，才能放心使用。

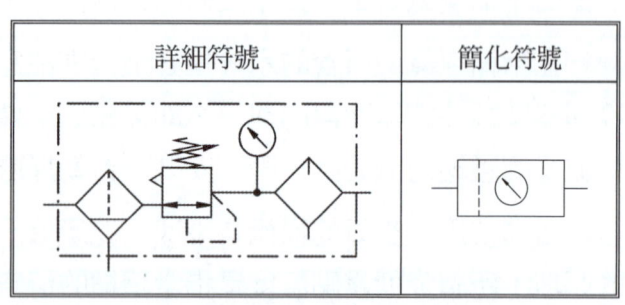

空氣調理組是由過濾器、調壓閥與潤滑器等三種元件組成，因此又稱為三點組合，如圖 2-12 所示，壓縮空氣使用前必須經過「空氣濾清器」過濾灰塵雜質與水氣，再經過「調壓閥」控制到工作壓力內，再經過「潤滑器」將潤滑油霧化在壓縮空氣中，使得進入系統的壓縮空氣是乾淨的而且具有潤滑元件的效果。

氣壓系統之基本設備

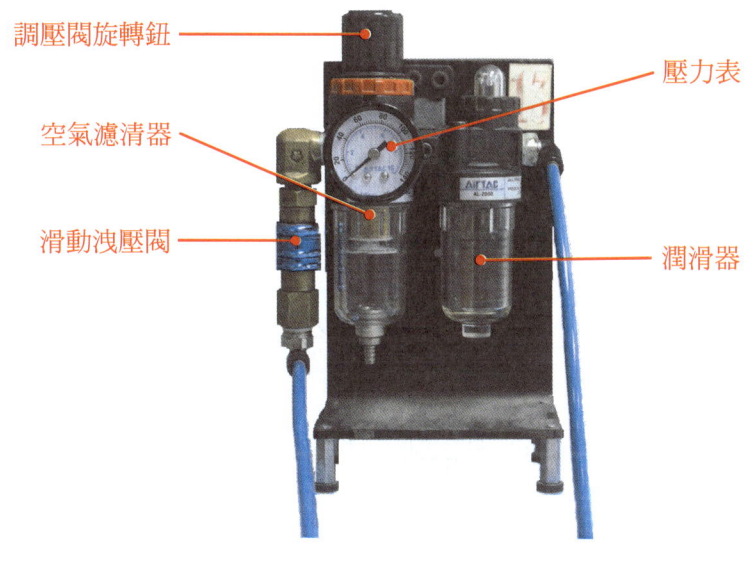

● 圖 2-12　空氣調理組

一、空氣濾清器

當壓縮空氣進入空氣濾清器時產生迴轉作用，由於離心力的作用將灰塵與水分甩向濾清杯，而乾淨的壓縮空氣則通過濾芯排出，水則聚集於杯底。當水位達到最高液面時，可以手動、半自動或自動方式來排水，濾芯必須定期清洗或更換，以免堵塞，如圖 2-13 所示。

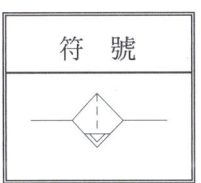

濾芯清洗的方法，是先取下濾芯浸泡在煤油中一段時間，再以壓縮空氣向濾芯的作用方向逆吹，將附著在濾芯表面的灰塵雜質清除。

一般氣壓系統的過濾器，其使用溫度上限為 60°C，水分離率應大於 0.8 以上，其濾芯的網孔大小為 20～40μm。

27

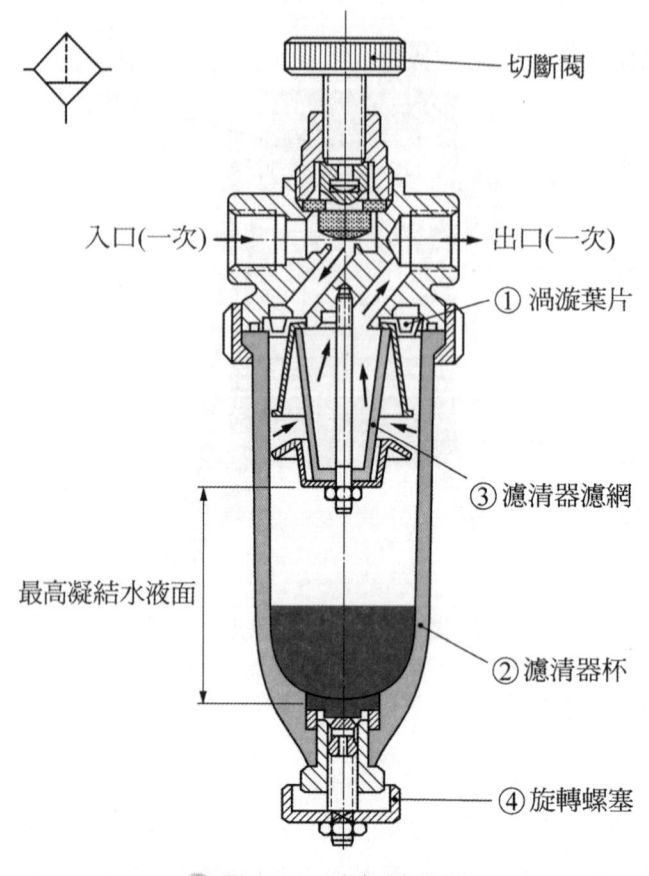

▲ 圖 2-13　空氣調理組

二、調壓閥

每一種自動機械的壓力系統都有其最適宜的工作壓力，如果壓力太高，將造成能量的損失與增加磨耗；壓力太低則出力不足，影響工作效率；也不容許有忽高忽低的壓力波動，因此必須使用調壓閥來調整所需的工作壓力。

符　號	說　明
	調壓閥，有通氣孔
	調壓閥，無通氣孔

調壓閥的旋轉鈕（見圖 2-12）必須於調整前先往上拉後再旋轉，順時針旋轉為調升壓力，逆時針旋轉為調降壓力，操作完成時再壓入旋轉鈕使之固定，旋轉到最大值（壓力不再變化時），不可再強力扭轉或用工具旋轉，避免調壓閥旋鈕損壞。

調壓閥之工作原理如圖 2-14 所示，由調整螺絲調節控制工作壓力，當二次側壓力超過所設定的工作壓力，膜片會往上推，此時，一次側到二次側的通路都被堵住，二次側超壓的空氣會經氣孔排出，如此控制一定的工作壓力。

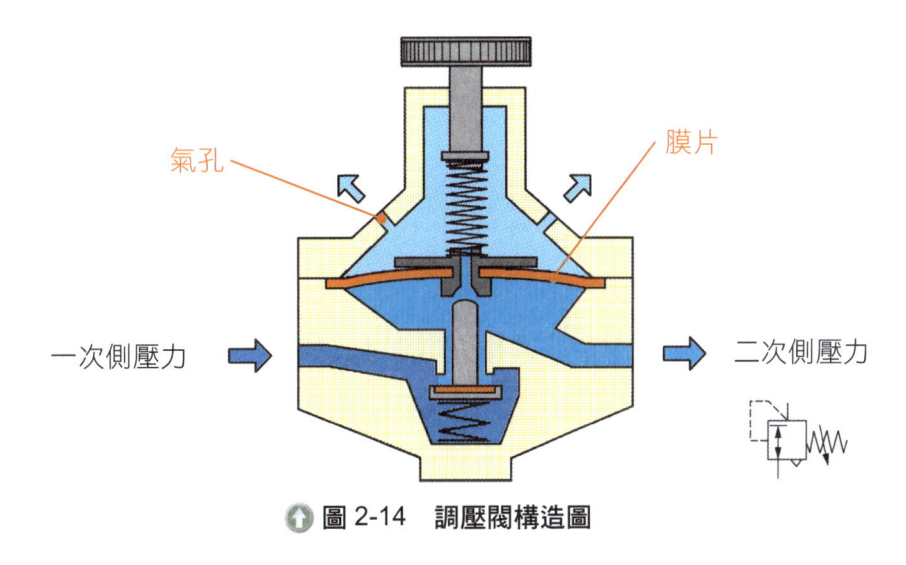

圖 2-14　調壓閥構造圖

三、潤滑器

潤滑器又名為「加油霧器」，其作用係將潤滑油霧化在壓縮空氣中，使各氣壓元件之滑動面得到適當的潤滑，以減少磨耗並防止鏽蝕，至於滴油量的多寡，則視耗氣量而定。

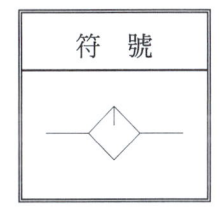

潤滑器是利用「文氏管原理」(如圖 2-15)，即利用噴嘴前端與後端所造成的壓降(ΔP)，自容器內吸入潤滑油與壓縮空氣混合。

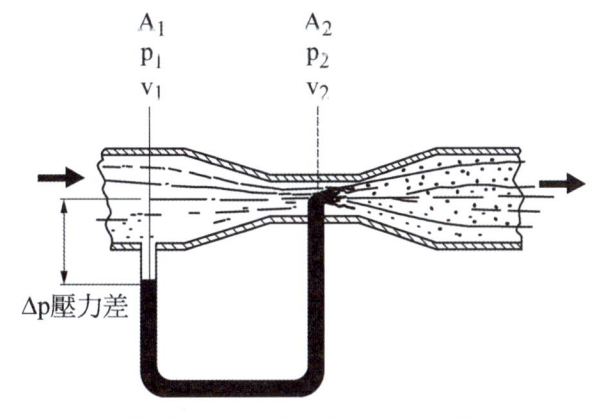

圖 2-15　文氏管原理示意圖

黏度（Viscosity）為潤滑油最主要之性質，目前使用的潤滑油典型黏度等級（Viscosity Grade）為 ISO VG32，是屬於黏度最小的（ISO VG32 屬最不黏稠，而 ISO VG46、ISO VG56 則較為黏稠）。潤滑油的選用，也須依密封元件之材質而定，若選用不當，則會影響氣缸的出力，當壓縮空氣中有焦油狀之黏著物時，則表示潤滑油的種類選用不當。

2-1-5 輸送管路

壓縮空氣的輸送管路配置之注意事項：

1. 壓縮空氣的管路常需要作定期的檢查與保養，故須盡可能避免埋設在磚砌的建築物內或安裝在狹隘的溝道內。同時因為狹隘的溝道內空氣不易流通，故無法獲得適當的冷卻，以致水蒸氣無法凝結成水而除去。
2. 如圖 2-16 所示，主管路要安裝在順著壓縮空氣流動方向，並有 1～2 % 的向下傾斜度，以利排水且在最低處應裝設集水閥。
3. 如圖 2-16 所示，在水平方向的管路中，分支管路必須從主管路的頂部上面接出，是為了防止主管路裡的水流入分支管路內，而在管路最底部須設置排水點，積存的水可定期由人工完成或安裝自動排水器。
4. 如果場房空間許可，主管路可環繞整個場房，形成環狀管路，如圖 2-16 所示。如此在任何使用位置均可獲得雙向的壓縮空氣供應，即使某一使用點突然需要大量的壓縮空氣，亦可避免過度壓力降，以維持供氣的穩定。
5. 在環狀管路上須安裝切斷閥，使供氣管路可作分段隔離。如此管路的清潔及檢查可分段實施，不必關閉全部管路系統。

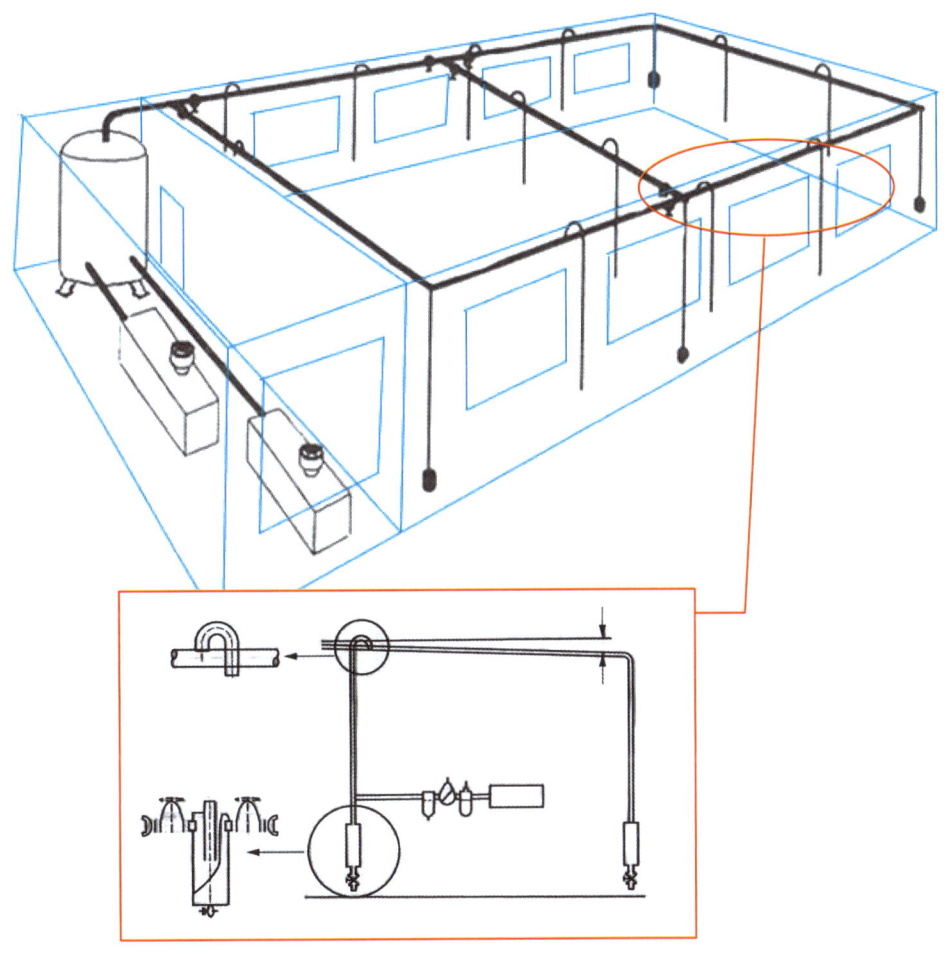

圖 2-16　環狀管路示意圖

2-2　壓縮空氣的輸出系統

壓縮空氣的輸出系統主要的構成元件包括氣壓控制閥（方向控制閥、流量控制閥、壓力控制閥）、氣壓驅動器、排水器、消音器及其他控制元件等。

2-2-1　氣壓控制閥

氣壓控制閥包含方向控制閥、流量控制閥、壓力控制閥等訊號元件，方向控制閥可控制壓縮空氣的流動方向，因此間接控制氣壓驅動器的運動方向。

流量控制閥是利用閥門來控制壓縮空氣的流量，以控制氣壓驅動器的運動速度，依其控制類別分為雙向流量控制閥、單向流量控制閥與快速排放閥等。

壓力控制閥即是控制氣壓系統有關壓縮空氣壓力的閥，依其功能有調壓閥（減壓閥）、釋壓閥與順序閥（程序閥）等，本書將在第五章詳細討論，有關常用的氣壓控制閥元件。

2-2-2　氣壓驅動器

把壓縮空氣的壓力能轉變為機械能的工作元件稱為氣壓驅動器，包含氣壓缸、氣壓馬達、氣壓擺動馬達等。

2-2-3　排水器

壓縮空氣從主管道頂部輸出到分支管路時，少許的凝結水偶爾也會跟著到分支的管路裏，當壓縮空氣傳達到低處時，水會流到管子的下方，因此，在每一根下接管的末端都應有一個排水器，可以人工將留在管道裏的水排掉。

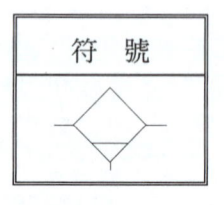

符　號
◇

2-2-4 消音器

壓縮空氣的排放會出現噪音，消音器的目的即在減緩排出氣體的速度，達到減弱噪音的效果。消音器之構造如圖 2-17，其動作原理是當排放出的氣體進入消音器內時，空氣流經由燒結顆粒（阻尼材料）所構成之不規則通道，而減緩排放速度因而使排氣的噪音降低，消音器種類如圖 2-18 所示。

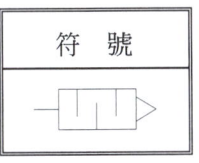

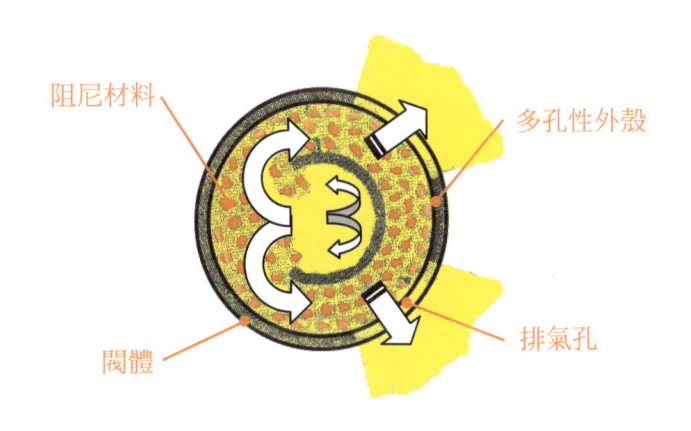

⬆ 圖 2-17　消音器構造圖

⬆ 圖 2-18　銅消音器（左）、樹脂消音器（右）

第 2 章　學後評量

選擇題：

2-1-2　1. (　) 乾燥機的符號
　　　　　(A) 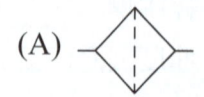 ◇(帶虛線)　(B) 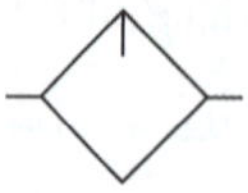 ◇　(C) 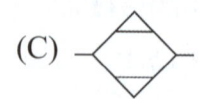 ◇(帶橫線)　(D) 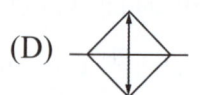 ◇(帶十字)

2-1　2. (　) 真空幫浦的符號是：
　　　　　(A) 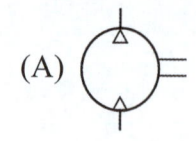　(B) 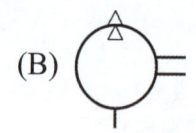　(C) 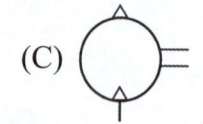　(D)

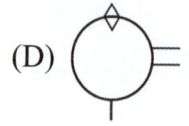

2-1-4　3. (　) 過濾器的符號是：
　　　　　(A) 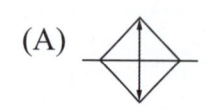　(B) 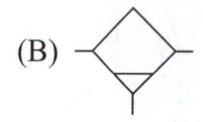　(C) 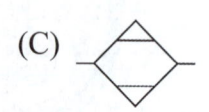　(D)

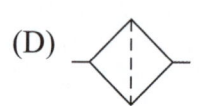

2-1-3　4. (　) 右圖  ─◯─ 表示
　　　　　(A)壓力開關　(B)蓄壓器　(C)消音器　(D)快速接頭。

2-1-2　5. (　) 冷凍式乾燥機放在環境溫度高的地方
　　　　　(A)提高除水能力　　　(B)降低出口空氣溫度
　　　　　(C)降低除水能力　　　(D)降低出口壓力。

2-1-4　6. (　) 潤滑油的選用，主要是考慮下列何種因素：
　　　　　(A)密封材質　　　　　(B)閥體材質
　　　　　(C)線圈材質　　　　　(D)氣壓缸筒材質。

2-1-4　7. (　) 氣壓調整組合所使用的潤滑油為
　　　　　(A)ISO VG12　　　　　(B)ISO VG20
　　　　　(C)ISO VG32　　　　　(D)ISO VG64 或相當之潤滑油。

2-1-4　8. (　) 過濾器的過濾度是指過濾器的
　　　　　(A)水分分離率　　　　(B)能收集最小粒度
　　　　　(C)濾芯的孔目大小　　(D)口徑而言。

2-1-1　9.（　）需要低速、大扭力的場合，要用
　　　　　(A)活塞式　　　　　　　　(B)輪葉式
　　　　　(C)輪機式　　　　　　　　(D)齒輪式　氣壓馬達。

2-1-5　10.（　）壓縮空氣送氣管路，由上游往下游傾斜
　　　　　(A)1°　　(B)2°　　(C)1/100　　(D)1/10

2-1-2　11.（　）為延長吸附式乾燥器的壽命，其進氣口側應加裝
　　　　　(A)調壓閥　(B)電磁閥　(C)流量控制閥　(D)油霧分離器。

2-1-3　12.（　）高壓空氣蓄壓桶排放閥每隔多久應操作試驗乙次
　　　　　(A)1 年　(B)半年　(C)3 個月　(D)2 年。

2-1-5　13.（　）當我發現有大量的水分積存於管路中，下列何者非引起的主因
　　　　　(A)配管沒有足夠的傾斜度　　(B)乾燥機效果不良
　　　　　(C)自動排水裝置故障　　　　(D)配管材質。

2-1-4　14.（　）過濾器的濾心清洗常用　(A)潤滑油　(B)清水　(C)煤油　(D)甲苯。

2-1-4　15.（　）下列何者不是調理組元件
　　　　　(A)乾燥器　(B)調壓閥　(C)加滑油器　(D)過濾器。

2-1-1　16.（　）下列何種型式壓縮機其輸出壓力的脈動較大
　　　　　(A)往復式　(B)迴轉式　(C)離心式　(D)螺旋式。

2-1-4　17.（　）加油霧器的安裝位置
　　　　　(A)應遠離潤滑對象　　　　(B)儘量靠近潤滑對象
　　　　　(C)和潤滑對象的遠近無關　(D)應裝在比潤滑對象低的位置。

2-1-5　18.（　）下列敘述何者為正確
　　　　　(A)壓縮機進氣口之位置應以冷、乾燥、向日為佳
　　　　　(B)壓縮機之輸出配管不宜向上直立
　　　　　(C)氣壓之配管以埋入地下為佳
　　　　　(D)壓縮機之基座不宜用混凝土基礎，防止振動與噪音。

Chapter 3 氣壓驅動元件

3-1 氣壓缸的種類

3-2 氣壓馬達的原理與種類

3-3 氣壓缸規格與安裝

3-4 氣壓缸相關計算

學後評量

氣壓驅動元件包括氣壓缸、氣壓馬達等，主要的目的是將空氣壓力轉換成直線運動或旋轉運動的動力，其規格已在國際標準上有相關的規範，不會因為生產工廠的不同而有所差異。

3-1 氣壓缸的種類

氣壓缸即是將空氣壓力轉換成直線運動的氣壓驅動元件，從構造上可分為隔膜式與活塞式兩種，若從作動方式上可分為單動氣壓缸與雙動氣壓缸兩種，另外還有其他特殊型式，如無桿缸，本節就常用的氣壓缸分別說明如下。

3-1-1 單動氣壓缸

單動氣壓缸的外觀與剖面圖如圖 3-1 與圖 3-2 所示，活塞桿受氣壓作用而伸出，氣壓消失後靠彈簧之作用自動縮回。因需靠彈簧的作用力回行，所以活塞桿的長度皆為 100mm 以內，一般應用在夾緊、退料、壓入、舉起、進給等操作，通常利用 3/2 方向閥來控制它的前進與後退。

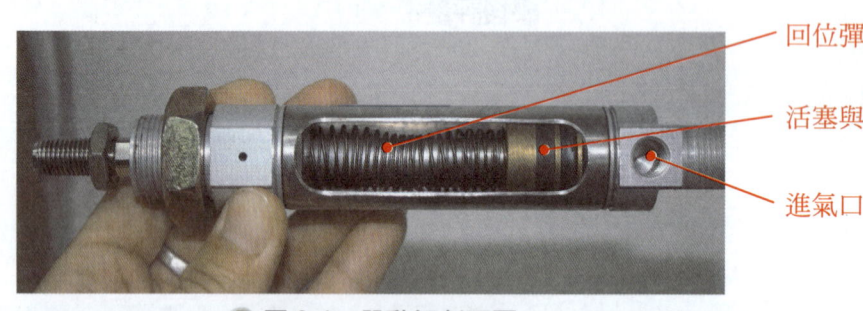

⬆ 圖 3-1　單動缸剖面圖

⬆ 圖 3-2　單動缸剖面圖（伸出）

3-1-2 雙動氣壓缸

一、雙動氣壓缸

單桿雙動氣壓缸之外觀及剖面如圖 3-3 所示，氣壓可從活塞的兩側進氣，使活塞桿前進或後退動作，由於只在活塞之單側有桿，因此，活塞之兩側面積不一樣，所以前進與後退之出力不相等，而雙桿雙動氣壓缸（見圖 3-4）則為活塞兩側均有活塞桿，因此活塞兩側面積皆相同，故活塞之前進及後退之出力一樣，通常利用 3/2 或 5/2 方向閥來控制它的前進與後退。

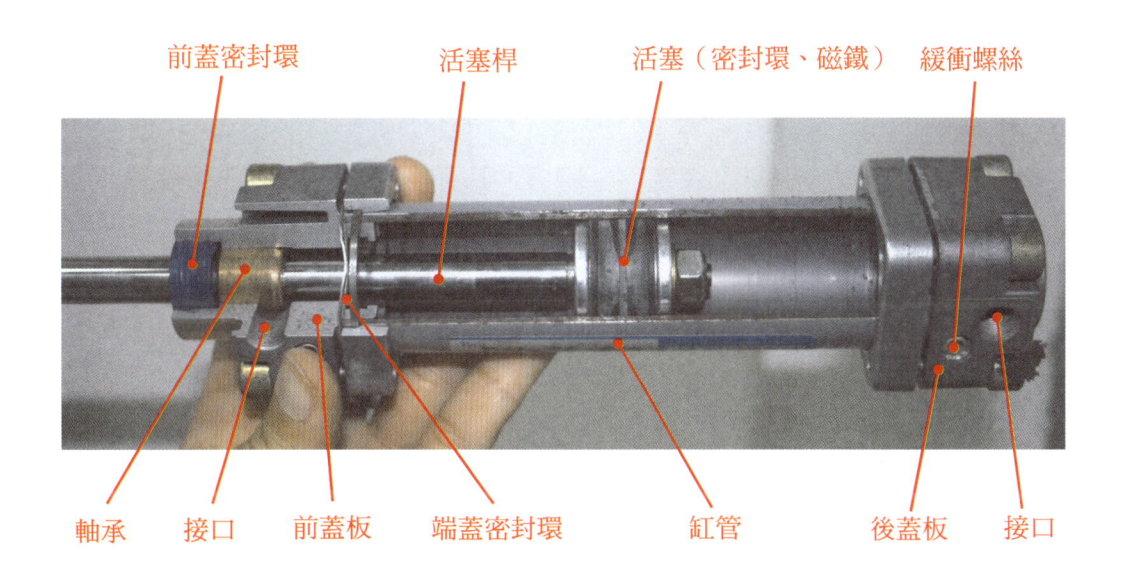

圖 3-3　單桿雙動氣壓缸剖面圖

圖 3-4　雙桿雙動氣壓缸

二、緩衝氣壓缸

氣壓缸可有很高的速度，因此在行程的終端會產生很大的衝擊力。所以小氣壓缸也常常安裝緩衝，即用橡膠減震墊來吸收衝擊和預防氣缸內部故障。對於大氣壓缸，衝擊可用氣緩衝來減震，使活塞到達行程末端區域時降速，這種緩衝的吸收是靠行程的末端排出空氣到排放通道，通過節流閥減慢活塞的運動速度，如圖 3-5、圖 3-6 所示，若「緩衝活塞」插入緩衝密封體時，排氣口正常排入大氣的空氣被封閉，迫使空氣改從另一個可調節流口排放，速度因而減緩下來。各式氣壓缸之種類與符號如表 3-1 所示。

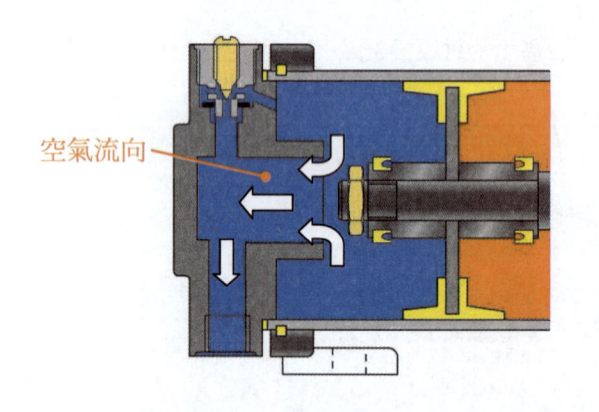

▲ 圖 3-5　緩衝氣壓缸回行時正常排氣

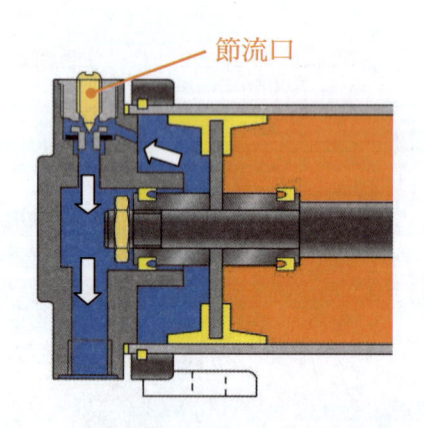

▲ 圖 3-6　正常排氣被連接於活塞桿的「緩衝活塞」所切斷，迫使空氣改從另一個節流口排放

3-1-3 旋轉式氣壓缸

旋轉式氣壓缸可作搖擺運動，而且是在某個角度範圍作往復搖擺，單葉型旋轉式氣壓缸擺動角度在 270～300°，雙葉型旋轉式氣壓缸擺動角度在 90～120°，三葉型旋轉式氣壓缸擺動角度在 60°以內。

● 表 3-1　各式氣壓缸元件符號表

名　　稱	種　　類	符　　號
單動氣壓缸	彈簧回行	
雙動氣壓缸	單　桿	
	雙　桿	
	套筒伸縮	
	單側具緩衝作用	
	雙側具緩衝作用	
	單側具緩衝作用，且可以調整緩衝速度	
	雙側具緩衝作用，且可以調整緩衝速度	
	無桿缸	
	旋轉式氣壓缸	
增 壓 器	氣壓-液壓	
壓力轉換器	氣壓-液壓	

3-1-4 其他型式的氣壓缸

其他型式的氣壓缸如無桿缸與氣壓夾爪等,如圖 3-7、圖 3-8 所示,尚有組合多種機構與氣壓元件的機械手或整合機構,如圖 3-9、圖 3-10 所示。

⬆ 圖 3-7　無桿缸

⬆ 圖 3-8　氣壓夾爪

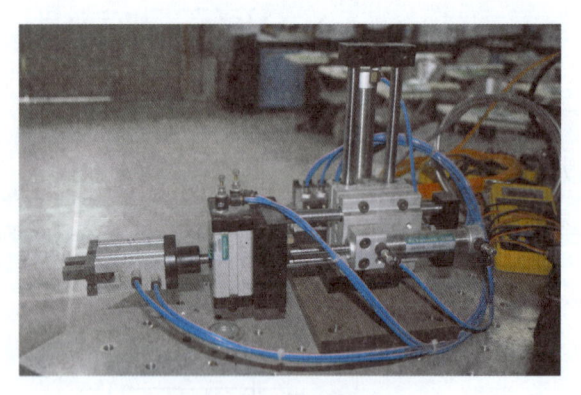

⬆ 圖 3-9　氣壓機械手

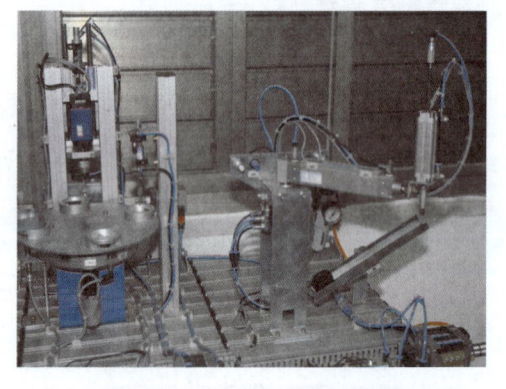

⬆ 圖 3-10　機電整合機構

3-2 氣壓馬達的原理與種類

氣壓馬達是將空氣壓力轉換成旋轉運動的氣壓驅動元件，從構造上可分為輪葉式馬達、齒輪式馬達、活塞式馬達與渦輪式馬達，其功能恰與空氣壓縮機相反，空氣壓縮機是將輸入軸的動力轉換成壓縮空氣輸出，而氣壓馬達則是利用壓縮空氣帶動輸出軸旋轉。另外這兩種元件的符號之差別也在箭頭的方向，箭頭方向朝外者表示空氣壓縮機，而朝內者表示氣壓馬達。兩者符號圓圈內為實心三角形者是液壓元件（液壓泵或液壓馬達），若為空心三角形者為氣壓（空氣壓縮機或氣壓馬達），如表 3-2 所示。

表 3-2　空氣壓縮機、氣壓馬達、液壓泵與液壓馬達元件符號表

名　稱	種　類	符　號	說　明
空氣壓縮機			無指明動力來源
	馬達帶動		馬達帶動空氣壓縮機運轉
氣壓馬達	單向式固定排量		單向迴轉
	雙向式固定排量		兩個三角形表示可雙向迴轉
	雙向式可變排量		可雙向迴轉 有箭頭表示可調
液　壓　泵			馬達帶動液壓泵運轉
液壓馬達			

3-3 氣壓缸規格與安裝

3-3-1 氣壓缸的規格

氣壓缸的規格以氣壓缸的活塞內徑與工作行程表示（例：$\phi 32 \times 100$），更完整的規格如下說明：另氣壓缸尺寸規範表如表 3-3。

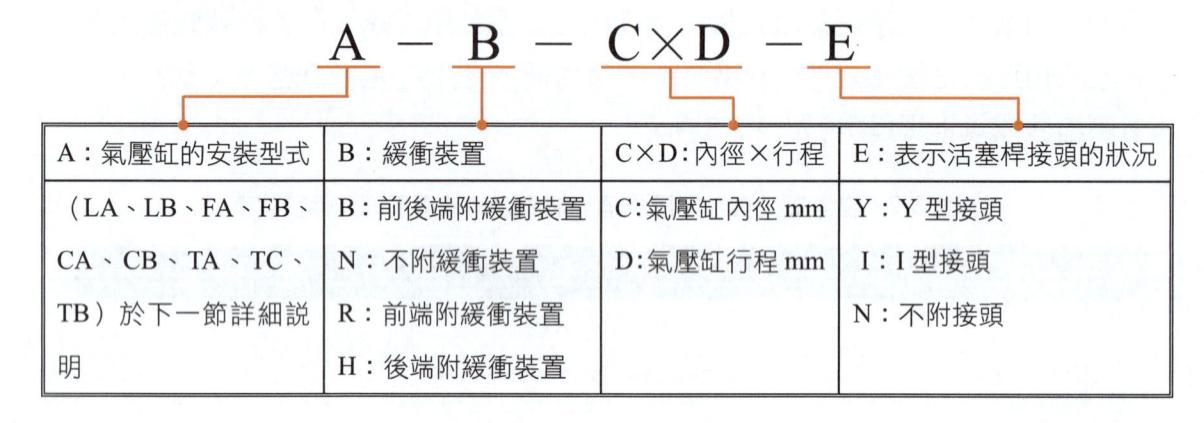

$$A － B － C \times D － E$$

A：氣壓缸的安裝型式	B：緩衝裝置	C×D：內徑×行程	E：表示活塞桿接頭的狀況
（LA、LB、FA、FB、CA、CB、TA、TC、TB）於下一節詳細說明	B：前後端附緩衝裝置 N：不附緩衝裝置 R：前端附緩衝裝置 H：後端附緩衝裝置	C：氣壓缸內徑 mm D：氣壓缸行程 mm	Y：Y 型接頭 I：I 型接頭 N：不附接頭

表 3-3　氣壓缸尺寸規範表

缸徑 mm	6	10	12	16	20	25	30	32	40	50	63	80	100	125	150	160	200	250	300
活塞桿 mm	3	4	6	6	8	10	10	12	12	12	16	20	20	25	25	35	35	45	45	50	70

3-3-2 氣壓缸的安裝

氣壓缸在設備上的安裝方式分為固定式與擺動式兩種：

一、固定式：若負載是作直線運動時，於輕負載場合可使用腳座安裝，若於重負載或需精密組裝時（運動方向須與軸心對準），則使用法蘭式安裝，其型式與代號詳如表 3-4 說明，相關安裝示範，如圖 3-11 所示。

二、擺動式：若負載在同一平面上擺動，即使是作直線運動，凡是有可能擺動者，皆可使用此類安裝，依需要加裝可在活塞桿處加裝浮動接頭來輔助其安裝，其型式與代號詳如表 3-4 說明，擺動式安裝示範，如圖 3-12 所示。

▼ 表 3-4　氣壓缸的安裝方式說明

負載的運動方向	安裝方式			代號
負載作直線運動	固定式	腳座型	於活塞桿軸向相同安裝	LB 型
			於氣壓缸兩側方向安裝	LA 型
		法蘭型 Flange Type	於氣壓缸的前端蓋安裝	FA 型
			於氣壓缸的後端蓋安裝	FB 型
負載在同一平面上擺動	擺動式	環首型 Clevis Type	安裝於氣壓缸後端單山擺動型	CA 型
			安裝於氣壓缸後端雙山擺動型（U 形鉤型）如圖 3-12 所示	CB 型
		耳軸型 Trunnion Type	活塞桿側耳軸型（前端蓋）	TA 型
			中間耳軸型	TC 型
			頭側耳軸型（後端蓋）	TB 型
備註：A 表示 ahead　前端蓋的位置　　B 表示 back　後端蓋的位置				

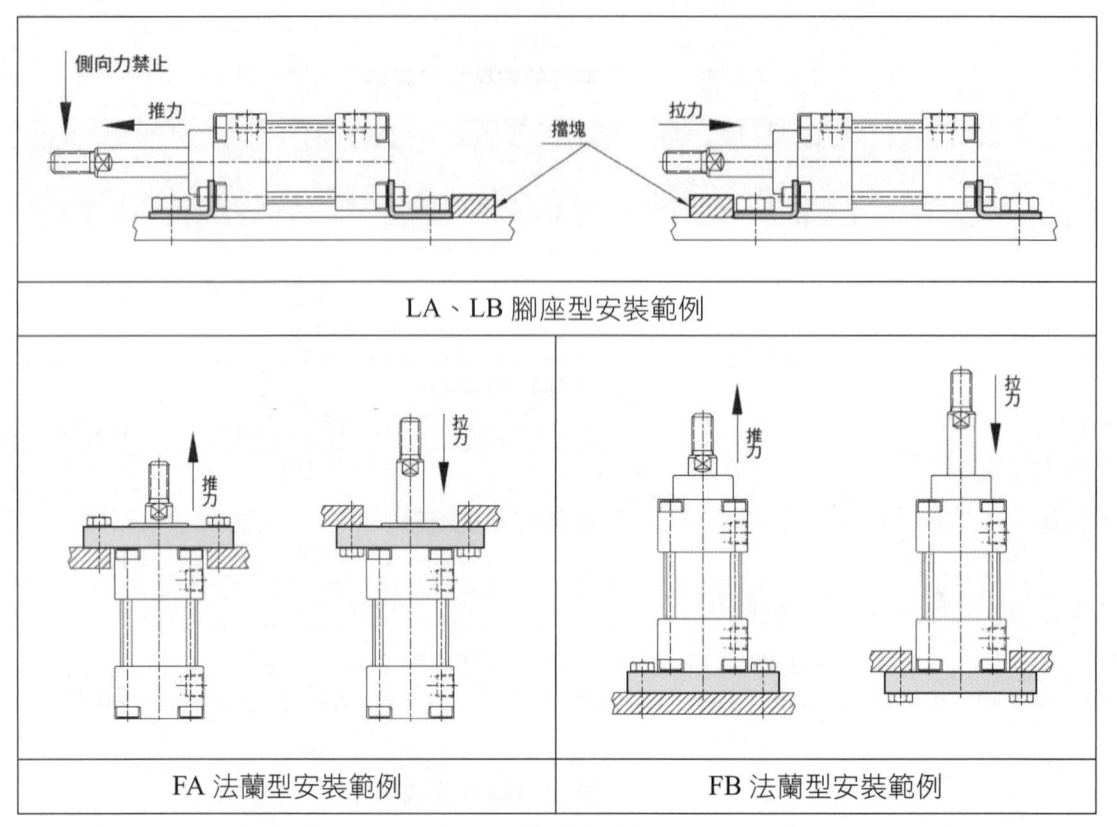

LA、LB 腳座型安裝範例

FA 法蘭型安裝範例　　　　FB 法蘭型安裝範例

↑ 圖 3-11

CA-後端單山擺動型　　CB-後端雙山擺動型　　Y 接頭

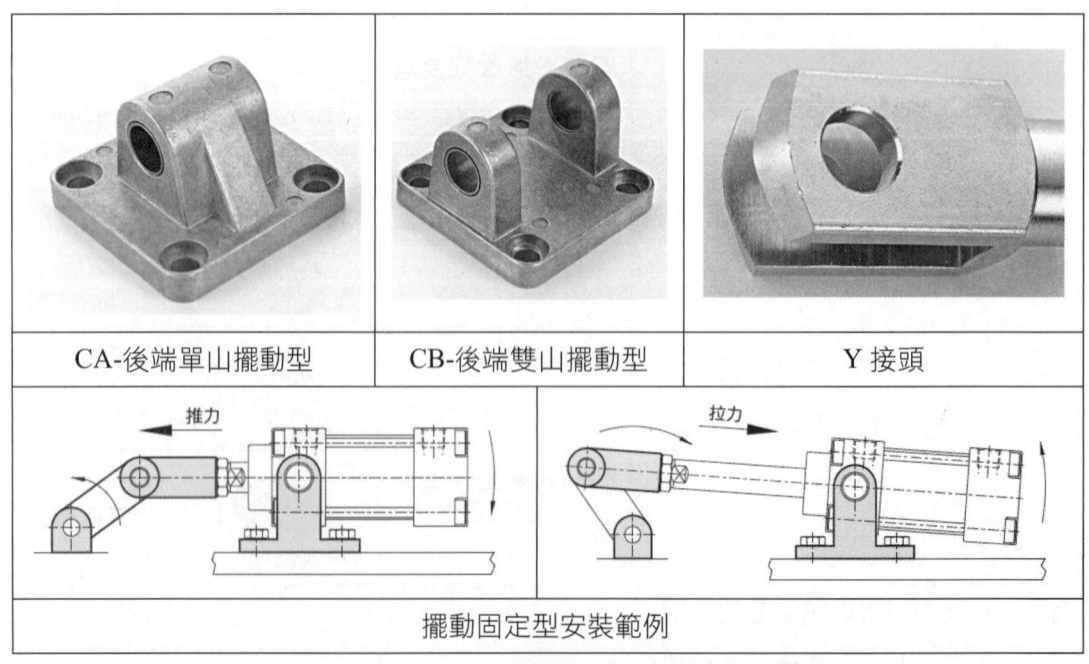

擺動固定型安裝範例

↑ 圖 3-12

3-3-3 浮動接頭

浮動接頭裝置（圖 3-13）之目的，在於避免氣壓缸與連接導桿之同心度不佳，會導致氣缸作動時不滑順，甚至有嚴重之顫動現象產生，因此，氣缸蓋與固定座之安裝所造成的偏心量，可由浮動接頭之自動調心而克服。

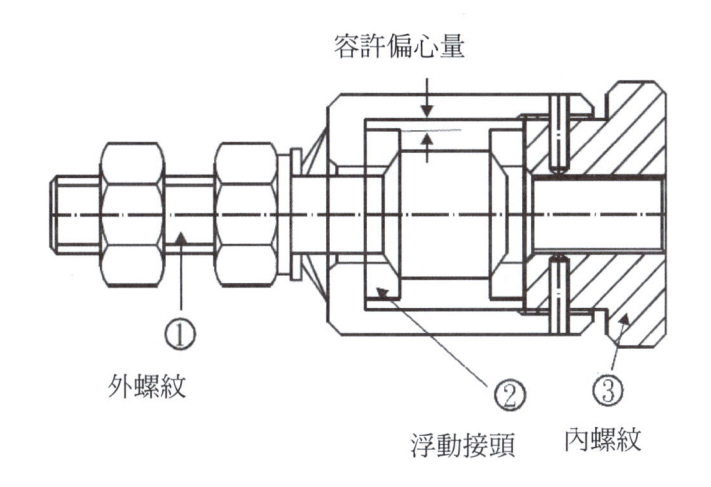

圖 3-13

3-3-4 氣壓缸的密封裝置

氣壓缸活塞內防止漏氣與塵埃侵入的密封裝置，常見的種類有：

一、O 形環：可用於固定靜止密封處與滑動面使用之襯墊，裝於環槽中，如圖 3-14 所示。

二、U形環：用於氣壓缸內活塞與活塞桿之滑動面，如圖 3-14 所示。

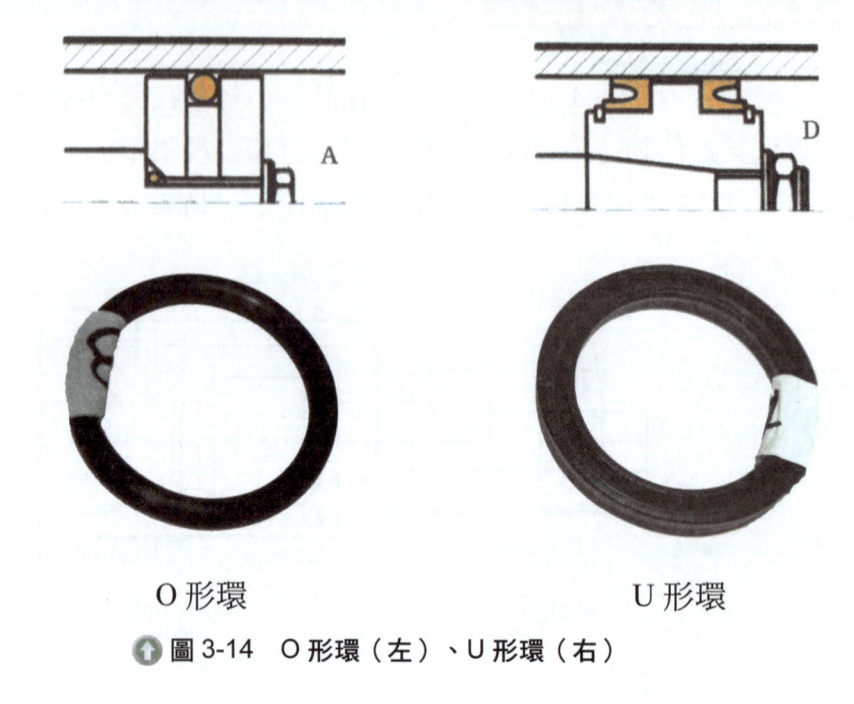

O 形環　　　　　　　　　　U 形環

▲圖 3-14　O 形環（左）、U 形環（右）

配管與保養之注意事項

1. 配接管路時應注意防止灰塵或雜物等異物進入氣缸內，造成故障或錯誤動作。

2. 組裝接頭時，需預防止洩膠帶（Tape seal）之餘料進入管內，纏繞膠帶時，以順牙纏繞，需預留 1～1.5 牙不要捲繞到止洩帶，如圖 3-15 所示。

3. 氣壓缸初期使用時，都塗抹有微量之潤滑油，使用一段時間後會逐漸減少，需給予適量之潤滑，要以實際使用場合而定，如在快速頻率作動之情形，若無適時給油潤滑，會導致氣缸作動不良。

↑ 圖 3-15

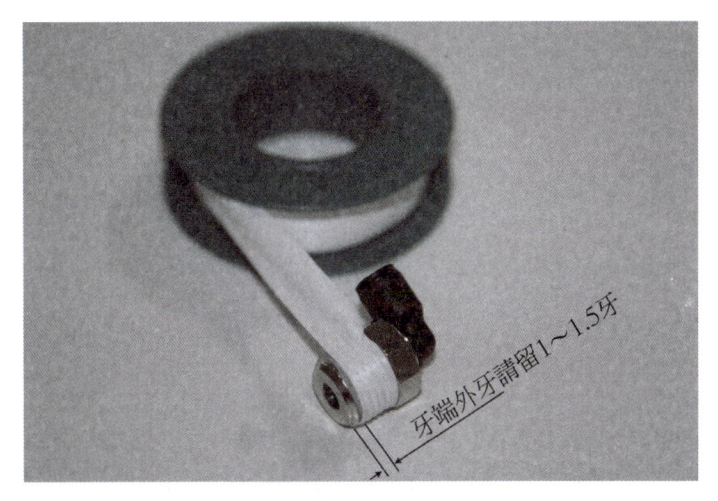

3-4 氣壓缸相關計算

3-4-1 氣壓缸的出力計算

理論出力

一、氣壓缸的理論出力公式：$F_{th} = A \cdot P$

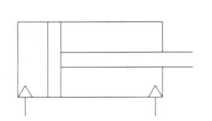

F_{th}：理論出力（kp）

A：活塞有效面積（cm²）　　$A = \dfrac{\pi D^2}{4}$

P：操作壓力（bar 或 kp/cm²）

二、雙動氣壓缸的理論出力

　　1. 氣壓缸前進的理論出力　$F_{th} = \dfrac{\pi D^2}{4} \times P$

　　2. 氣壓缸後退的理論出力　$F_{th} = \dfrac{\pi (D^2 - d^2)}{4} \times P$

實際出力

一、單動氣壓缸的**實際**出力　$F_n = A \cdot P - (R_{RZ} + R_F)$

二、雙動氣壓缸的**實際**出力

　　1. 氣壓缸前進的**實際**出力　$F_n = \dfrac{\pi D^2}{4} \times P - R_{RZ}$

　　2. 氣壓缸後退的**實際**出力　$F_n = \dfrac{\pi (D^2 - d^2)}{4} \times P - R_{RZ}$

　　F_n：實際出力（kp）
　　R_{RZ}：摩擦阻力（kp，約為 F_n 的 10～30％左右）
　　R_F：彈簧阻力（kp，約為 F_n 的 3～20％左右）

例題 3-1

$\phi 50 \times 100$ 的氣壓缸使用 5×10^5 壓力，其理論推力為＿＿＿＿N。

解 1 bar = 10^5 pa = 10^5 N/m² = 10 N/cm²

D＝50 mm＝5 cm

P＝5×10^5 pa＝5 bar＝50 N/cm²

$F_{th} = A \times P = \dfrac{\pi D^2}{4} \times P = \dfrac{\pi \times 5^2}{4} \times 50 = 981.25$ N

3-4-2 氣壓缸空氣消耗量計算

　　所謂空氣消耗量，是指由氣壓缸之往復作動造成氣壓缸內部或氣壓缸與方向閥間之配管內所消耗之空氣量，因此，空氣消耗量是空氣壓縮機選定與運作成本計算所必要之條件。

　　若要選用方向閥的尺寸，必須先得知所要控制的氣壓缸往復運動之空氣消耗量，在計算氣壓缸空氣消耗量之前，必須將其換算為大氣壓力下的空氣量，因此要乘上壓縮比。

氣壓驅動元件

一、公式：空氣消耗量＝行程×活塞有效面積×行程的次數×壓縮比

二、壓縮比＝$\dfrac{1.033bar + 操作壓力(bar)}{1.033bar}$

三、單動氣壓缸空氣消耗量公式如下：

$$Q = S \times \dfrac{\pi D^2}{4} \times 壓縮比 \quad 【空氣消耗量的單位為 Nl/\min】$$

四、雙動氣壓缸空氣消耗量公式如下：（往復一次的耗氣量）

$$Q = [S \times \dfrac{\pi D^2}{4} + S \times \dfrac{\pi (D^2 - d^2)}{4}] \times n \times 壓縮比$$

Q：空氣消耗量（$Nl/\min$）
S：行程（cm）
D：缸筒內徑（cm）
d：活塞桿直徑（cm）
n：每分鐘動作次數

例題 3-2

有一雙動氣壓缸內徑為 50mm，桿徑為 20mm，行程 100mm，每分鐘動作次數 20 次(前進及後退算一次)，工作壓力 6bar，試求其每分鐘之空氣消耗量。

解：壓縮比 ＝ $\dfrac{1.033bar + 6bar}{1.033bar} = 6.8$

$$Q = [S \times \dfrac{\pi D^2}{4} + S \times \dfrac{\pi (D^2 - d^2)}{4}] \times n \times 壓縮比$$

$$= [S \times \dfrac{\pi D^2}{4} + S \times \dfrac{\pi (D^2 - d^2)}{4}] \times n \times 壓縮比$$

$$= [10 \times \dfrac{\pi 5^2}{4} + 10 \times \dfrac{\pi (5^2 - 2^2)}{4}] \times 20 \times 6.8$$

$\simeq 49110 \text{ cm}^3/\min$

$\simeq 49.1 \text{ } Nl/\min$

第 3 章　學後評量

選擇題：

3-1-3　1. (　) 右圖 ⊐▭- 是一種　(A)控制閥　(B)控制機構　(C)致動器　(D)調節器。

3-3-1　2. (　) 標準氣壓缸行程在 250mm 以下的行程公差為　(A)±0.1mm　(B)±1mm　(C) 0.1 $^{+1}_{\ \ 0}$ mm　(D) $^{+14}_{-0}$ mm 。

3-1-1　3. (　) 單活塞桿雙動氣壓缸，外伸比縮回動作速度　(A)快　(B)慢　(C)一樣　(D)快一倍。

3-1-2　4. (　) 右圖 所示為　(A)雙動氣壓　(B)單動氣缸　(C)多位置氣缸　(D)增壓缸。

3-1-1　5. (　) 單動氣壓缸前進時的速度可用　(A)進氣節流調整　(B)排氣節流調整　(C)無法調整　(D)進氣、排氣節流均可調整。

3-1-2　6. (　) 活塞桿愈長，則軸襯應　(A)增長　(B)縮短　(C)不變　(D)無關係。

3-3-1　7. (　) 氣壓缸尺寸的稱呼方式　(A)外徑×行程　(B)行程×外徑　(C)內徑×行程　(D)行程×內徑。

3-3-2　8. (　) 法蘭凸緣在氣壓缸後端蓋的安裝方式為　(A)LA　(B)LB　(C)FA　(D)FB。

3-4-1　9. (　) 40×100 的氣壓缸活塞桿徑為多少 mm　(A)12　(B)16　(C)24　(D)30。

3-3-2　10. (　) CA 安裝方式的支撐座在　(A)前端蓋　(B)後端蓋　(C)缸筒中間　(D)無支撐座。

3-4-2 11. ( ) 氣壓缸直徑 40mm，桿徑 12mm，衝程 200mm，當壓力為 6 bar 時，其前進後退一次，理論空氣消耗量　(A)1.1　(B)2.5　(C)3.4　(D)5.2 m^3A.N.R。

3-4-1 12. ( ) 內徑 16 毫米的雙動氣壓缸，在 5 Bar 下。理論出力為　(A)5 公斤　(B)8 公斤　(C)10 公斤　(D)大於 12 公斤。

3-4-1 13. ( ) $\phi 50 \times 100$ 的氣壓缸，使用 5×10^5Pa 壓力，其理論推力為　(A)981.25N　(B)1250N　(C)4516N　(D)4172N。

3-4-1 14. ( ) $\phi 80 \times 100$ 的氣壓缸，欲使其理論出力為 1200N，則應使用多少壓力的氣源　(A)2.4×10^5Pa　(B)5.2bar　(C)3.3×10^5Pa　(D)4.2×10^5Pa。

3-3-2 15. ( ) LB80×100 的氣壓缸，LB 代表什麼意義　(A)規格　(B)廠商代號　(C)安裝型式　(D)英文 Lift Back 之縮寫。

3-3-4 16. ( ) 滑動用之 O 型環稱呼為
(A)A　(B)B　(C)O　(D)P　後接尺寸數字。

3-3-4 17. ( ) O 型環的尺寸數字代表
(A)口徑　(B)外徑　(C)內徑　(D)韌性。

3-1-2 18. ( ) 氣壓缸附緩衝裝置的主要目的
(A)增加氣缸的壽命　　　　(B)可調整氣缸的行進速度
(C)避免撞擊　　　　　　　(D)防止噪音的產生。

Chapter 4 氣壓控制元件與其應用之基本迴路

4-1 方向控制閥的符號與命名

4-2 方向控制閥的構造

4-3 氣壓迴路的圖形表示法

4-4 迴路圖內元件之命名

4-5 其他氣壓元件符號說明

4-6 氣壓控制元件與其應用之基本迴路

學後評量

氣壓控制系統包含工作元件、控制元件、訊號元件、訊號處理元件與供氣元件等，控制元件、訊號元件與訊號處理元件的功能主要都是在操控工作元件的運動，常用的控制元件分述如下：

1. **方向控制閥**：用來控制壓縮空氣的流動方向或切斷，以達到控制氣壓驅動元件之運動。

2. **壓力控制閥**：用來調節系統所需的空氣壓力（調壓閥、釋壓閥、減壓閥），或可進一步產生順序運動（順序閥）。

3. **流量控制閥**：用來控制壓縮空氣的流量，以達到控制氣壓驅動元件之運動速度，因此又可稱為節流閥。

4-1 方向控制閥的符號與命名

方向控制閥的命名以**接口數目**與**切換位置數目**之順序來稱呼。

一、**閥瓣符號的意義**：如表 4-1 所示。

▼ 表 4-1　閥瓣符號的意義

閥　瓣　符　號	代　表　意　義　說　明
	每一個方格即是方向閥所可切換的位置，稱為「位」，方格的數目即是它可切換的閥位數目，方格有 2 個即稱為 2 位。
	方格內之箭頭方向即表示所在位置空氣的流通路徑。如左圖示，即有 4 個接口數（2 個入口、2 個出口）。
	方格內之橫短線即表示所在位置流通路徑是切斷的。如左圖示，即有 5 個接口數（5 個接口皆為切斷的）。
	方格內的流動路徑以點來表示通路連接在一起。如左圖示，即有 4 個接口數（1 個接口是切斷的，3 個接口互相連通）。
	方格外的短線表示閥在未作動時的位置與接口，該方格為閥件的中立位置，中立位置（正常位置）係指閥件不被作動時所停留的位置。

表 4-1　閥瓣符號的意義（續）

閥　瓣　符　號	代　表　意　義　說　明
(三格方框圖)	如左圖示，即有 3 個可切換的位置（3 位），其中間方格為中立位置。
(排氣符號圖)	排放路徑之箭頭外所接的三角形為排氣口（左圖為無管路接口的排放，若有短線連接者則為有管路接口之排放）。

例：

閥　瓣　符　號	代　表　意　義　說　明
(3/2閥符號圖)	左圖為 3 口 2 位方向閥， 可以 3/2 閥表示， 正常位置關閉。

二、方向控制閥的作動方式

改變閥件位置的方式稱為作動方式，分為人力作動、機械作動、電氣作動、壓力引導作動、彈簧回位等方式，各種作動方式與代表符號如表 4-2 所示，作動方式之符號繪製於方向閥方格之左右兩側。

表 4-2　方向控制閥的作動方式

作動方式	代表符號與意義		代表符號與意義	
人力作動	(符號)	一般	(符號)	手柄
	(符號)	按鈕	(符號)	腳踏
機械作動	(符號)	輥輪	(符號)	柱塞
	(符號)	單向輥輪	(符號)	彈簧

▼ 表 4-2　方向控制閥的作動方式（續）

作動方式	代表符號與意義	代表符號與意義
氣壓作動	氣壓輸入	氣壓釋放
電氣作動	電氣直接作動	電氣作動，氣壓引導

三、方向控制閥各接口的代號意義

由於方向閥構造與製造廠家之不同，為了方便使用者正確裝配，閥件各接口之英文代號說明如下：

各用途之接口	英文代號
工作管路的接口	A、B…
壓力源的接口	P
排氣口	R、S
控制管路接口	X、Y…

例：

方向閥符號	符號名稱
	3口2位輥輪作動彈簧回位正常位置關閉之方向閥。
	5口2位雙邊氣壓作動之方向閥。

其他常用之方向閥如表 4-3 所示。

表 4-3 常用之方向閥符號與名稱

符　　號	功　能　描　述	用　　途
(2/2 閥圖)	2/2 閥正常位置關閉	氣壓馬達、氣動工具
(3/2 閥圖)	3/2 閥正常位置關閉	單動氣壓缸、訊號元件
(3/2 閥圖)	3/2 閥正常位置接通	單動氣壓缸
(4/2 閥圖)	4/2 閥	雙動氣壓缸
(4/3 閥圖)	4/3 閥，中位排氣式（A、B 口均排氣）	
(5/2 閥圖)	5/2 閥	雙動氣壓缸
(5/3 閥圖)	5/3 閥，中位全閉式	雙動氣壓缸，可在任意位置停止
(5/3 閥圖)	5/3 閥，中位排氣式（A、B 口均排氣）	雙動氣壓缸，停止後可能需要洩壓
(5/3 閥圖)	5/3 閥，中位加壓式（P 通 A、B）	雙動氣壓缸，氣壓缸可在任意位置停止

4-2 方向控制閥的構造

方向控制閥依本體內部的構造可分為下列兩類（提動閥與滑動閥）：

一、提動閥：又分為盤座式與球座式兩種，如圖 4-1 與圖 4-2 所示。

　　優點：
　　　　1. 構造簡單，製作精度不需太高。
　　　　2. 密封程度較好。
　　　　3. 作動時間較快。

　　缺點：操作此閥需要較大的作用力（比滑軸式為大），因為要壓過彈簧與氣壓所頂的作用力。

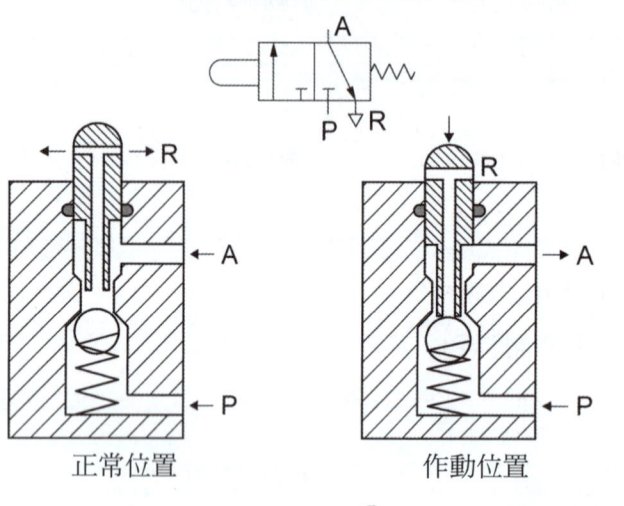

正常位置　　　　作動位置　　　　球座式剖面圖

↑ 圖 4-1　球座式提動閥

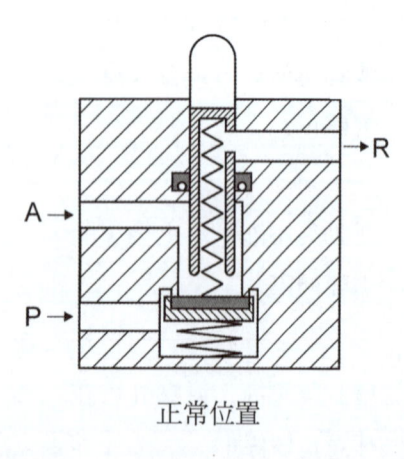

正常位置　　　　作動位置　　　　盤座式剖面圖

↑ 圖 4-2　盤座式提動閥

二、滑動閥：又分為滑軸式與旋轉滑盤式兩種，如圖 4-3 與圖 4-4 所示。

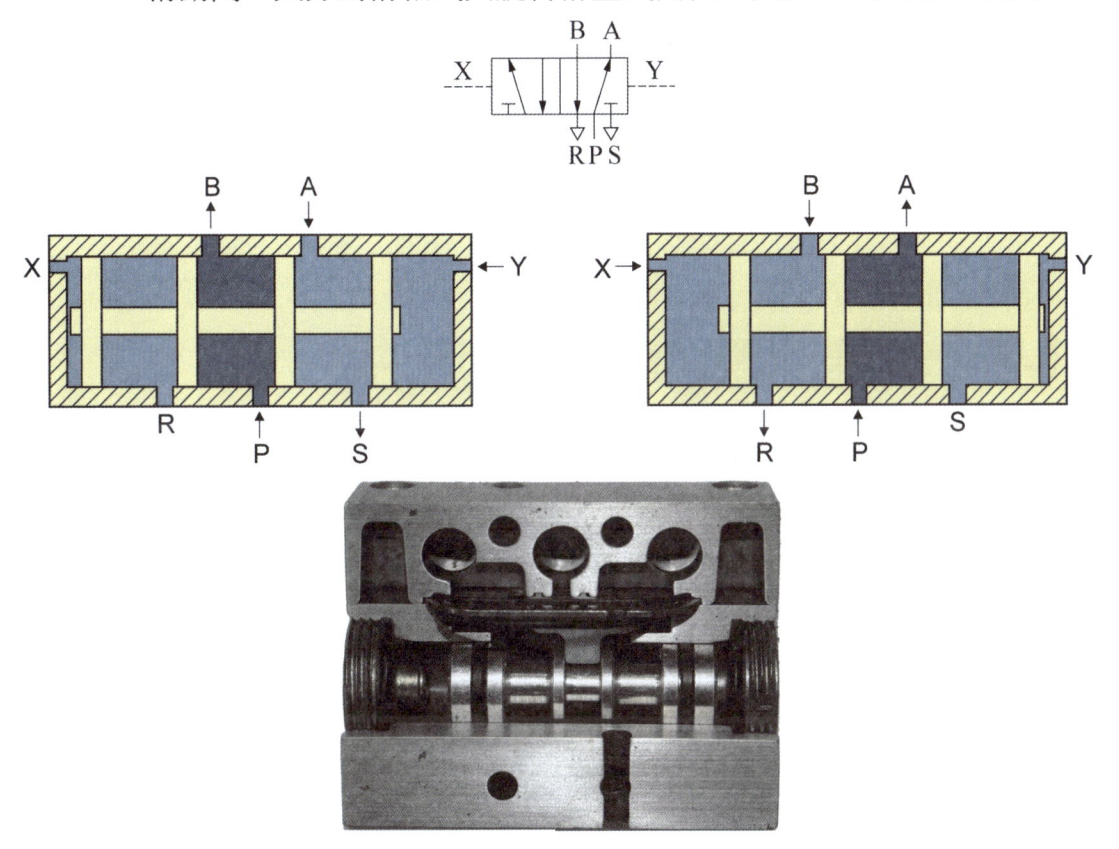

◐ 圖 4-3　5/2 滑軸式方向閥作動圖與剖面圖

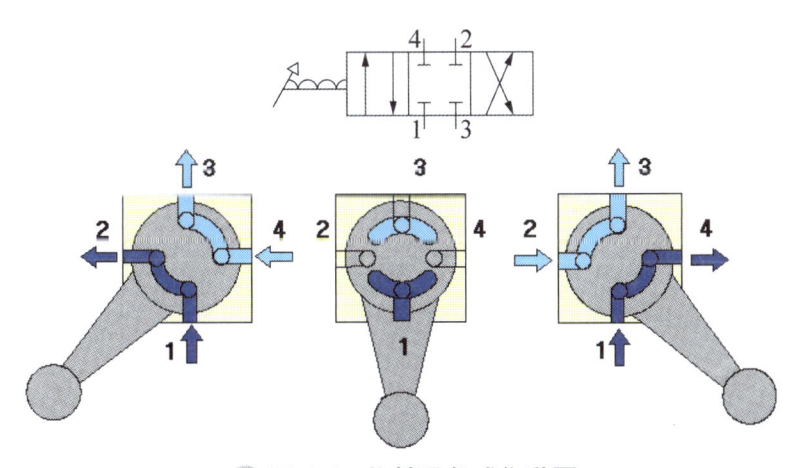

◐ 圖 4-4　旋轉滑盤式作動圖

優點：操作此閥只需較小的作用力，因為力量只要大過摩擦阻力與彈簧的作用力即可。

缺點：
1. 滑板或滑軸需要較高精度的加工，才能避免漏氣現象產生。
2. 壓縮空氣之清淨程度需求較提動式為高。

4-3 氣壓迴路的圖形表示法

以氣壓符號所繪製的迴路圖可分為定位迴路圖與不定位迴路圖。

❶ 定位迴路圖是以氣壓元件在系統中實際的位置繪製，如圖 4-5 所示，從迴路圖即可看出氣壓元件安裝的位置，維修與保養較容易。

❷ 不定位迴路圖則不依氣壓元件之實際位置繪製，而是依氣壓元件功能分類來排列，如圖 4-6 所示，迴路圖繪製依工作元件、控制元件、訊號處理元件、訊號元件、供氣元件等之順序由上而下排列繪製。

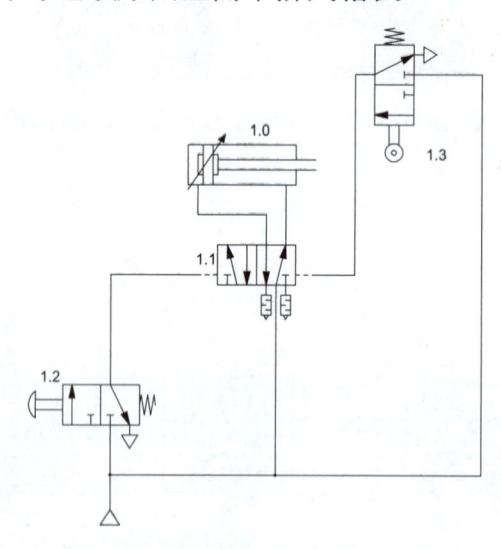

圖 4-5　定位迴路圖

氣壓控制元件與其應用之基本迴路

◎ 圖 4-6　不定位迴路圖

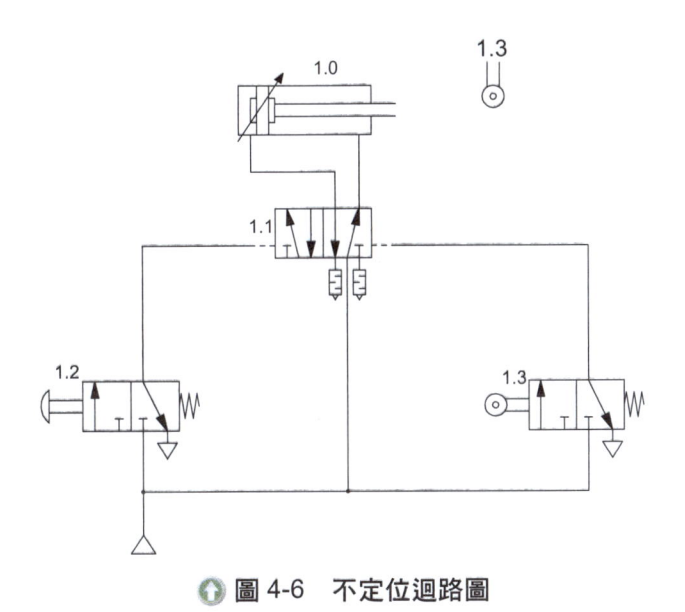

4-4 迴路圖內元件之命名

◎ 數字命名法：

　　如圖 4-7 所示，以工作元件為主體來命名，例如工作元件為 1.0，則其所屬的控制訊號則為 1.1、1.2、1.3、1.02、1.03…等，所用的數字代號如下說明。

1. 工作元件：以 1.0、2.0…表示。

2. 控制元件：以 1.1、2.1、3.1…表示，如下圖所示。

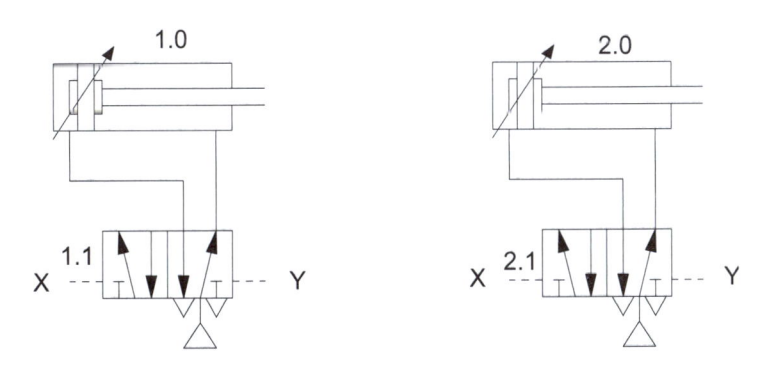

3. 與**前進**有關之訊號元件：以 1.2、1.4…（**偶數**）表示。

63

4. 與**退後**有關之訊號元件：以 1.3、1.5…（**奇數**）表示，如下圖所示。

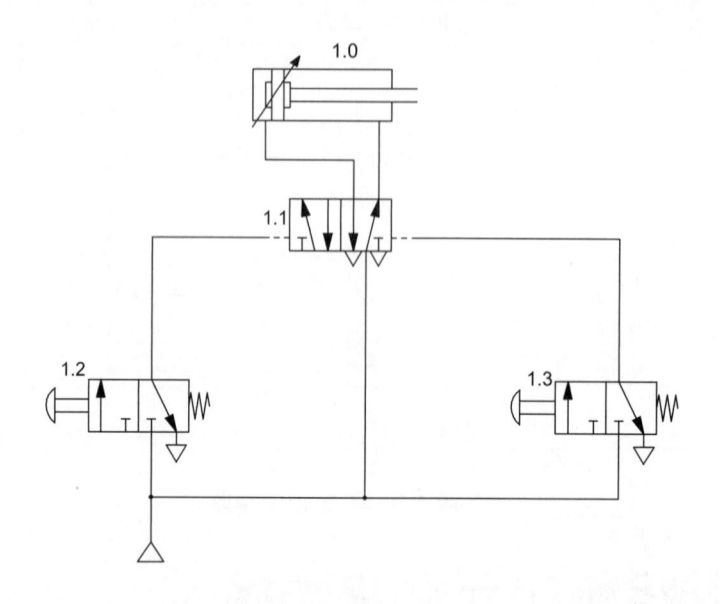

5. 供氣元件（三點組合、回動閥）：以 0.1、0.2、0.3…表示。
6. 輔助元件（流量控制閥、快速排氣閥）：以 1.02、1.03、2.02、2.03…（**前進為偶數、後退為奇數**）表示。

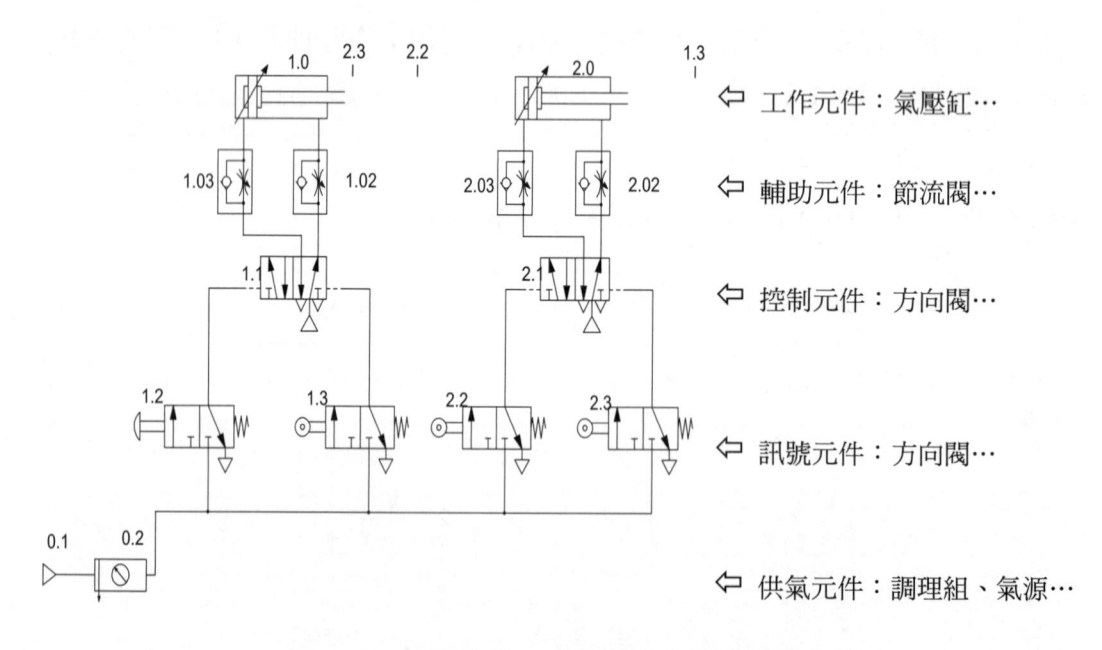

⇐ 工作元件：氣壓缸…
⇐ 輔助元件：節流閥…
⇐ 控制元件：方向閥…
⇐ 訊號元件：方向閥…
⇐ 供氣元件：調理組、氣源…

圖 4-7　以數字命名之迴路圖

◎ 英文字母命名法：

　　如圖 4-8 所示，以英文字母代表氣壓元件之功能代號來標示，大寫字母表示工作元件，小寫字母表示訊號元件，所用的文字代號如下說明。

1. 工作元件以大寫字母表示：A、B、C⋯。

2. 訊號元件（極限開關）以小寫字母表示：極限開關的位置通常是安裝在氣壓缸的前進或後退的過程中，如下圖所示。
   a、氣壓缸之最前端位置之訊號元件：a_1、b_1、c_1⋯。
   b、氣壓缸之最後端位置之訊號元件：a_0、b_0、c_0⋯。

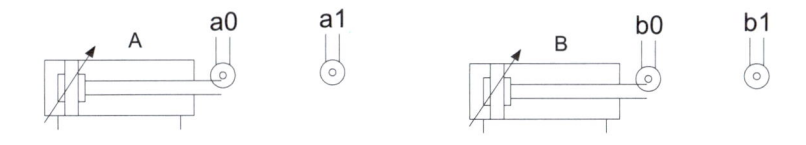

3. 方向控制閥要看實際控制迴路之設計，其作用訊號若使氣壓缸前進者，則以 A＋、B＋表示，其作用訊號若使氣壓缸後退者，則以 A－、B－表示，如下圖所示。。

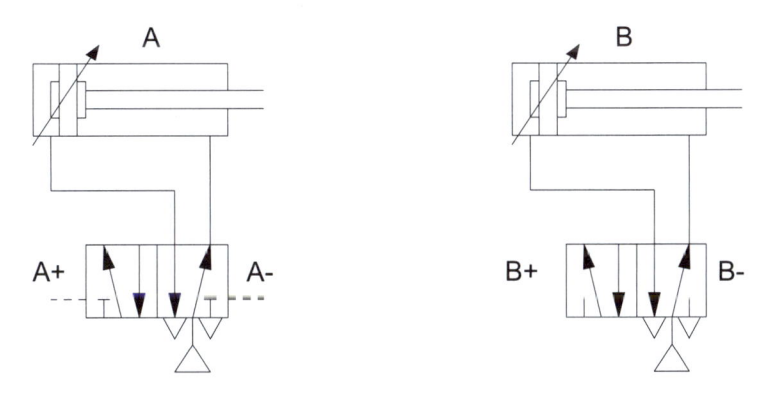

4. 啟動元件：用 St（start）表示，通常在設計控制迴路時，最後在使迴路啟動的位置，加上啟動作用的控制閥。

5. 回動閥（Reverse Valve）或稱記憶閥：用 RV 表示，在設計迴路時為避開訊號產生重疊，而使迴路誤動作或無作用產生，會利用一個方向控制閥作為訊號的轉接功能，在比較複雜的迴路設計較常應用，如串級法的迴路設計。

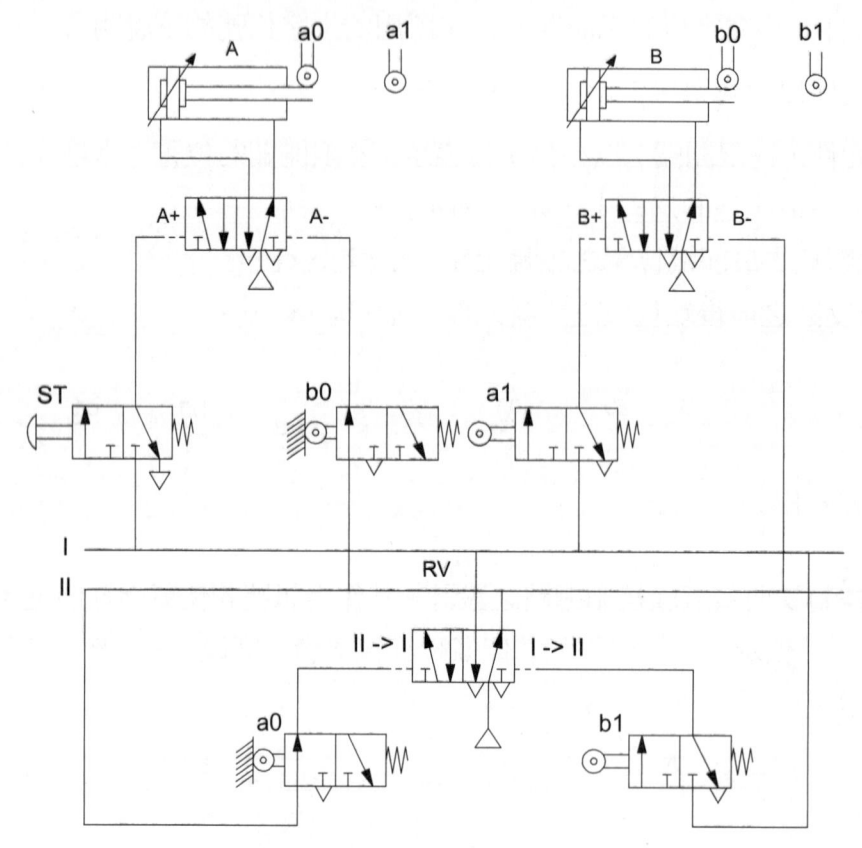

▲ 圖 4-8　以英文字母命名的迴路圖

4-5 其他氣壓元件符號說明

依據國際標準組織（ISO, International Standards Organization）訂定之氣壓符號相關標準，除了第三章介紹的之外，其他常用的符號如表 4-4 所示。

表 4-4　其他常用之氣壓元件符號與名稱

名　　稱	種　　類	符　　號
空氣調理元件	冷卻器（標示流動路線） Cooler	
	冷卻器 （未標示流動路線）	
	加熱器 Heater	
	溫度控制器 Temperature controller	
	過濾器 Filter	
	排水器（手動） Water trap	
	排水器（自動）	
	過濾器兼排水器（手動） Filter with water trap	
	過濾器兼排水器（自動）	

表 4-4 其他常用之氣壓元件符號與名稱（續）

名　稱	種　類	符　號
空氣調理元件	乾燥器 Air dryer	
	潤滑器 Lubricator	
	三點組合 Conditioning unit	
儲氣裝置	儲氣筒 Pneumatic capacitor	
	氣囊 Accumulators	
	增壓儲氣筒 Pressurized reservoir	
止回閥	止回閥	
	附彈簧之止回閥	
	引導式止回閥	
流量控制閥	雙向流量控制閥（固定節流）	
	雙向流量控制閥（可調節流）	
	單向流量控制閥	
	切斷閥	

⬇ 表 4-4　其他常用之氣壓元件符號與名稱（續）

名　稱	種　類	符　號
壓力控制閥	順序閥	
	調壓閥	
	釋壓閥	
計數器	減數計數器	
	加數計數器	
	差數計數器	
轉換器	壓力開關	
近接檢出器	氣障感測器 Ring sensor	
組合閥辦	延時閥（常閉） （normally close）	
	延時閥（常開） （normally open）	

表 4-4　其他常用之氣壓元件符號與名稱（續）

名　稱	種　類	符　號
組合閥辦	順序閥（程序閥）	
其他元件	消音器	
	真空產生器	
	雙壓閥	
	梭動閥	
	快速排氣閥	
	流量計	
	累積流量計	
	指示計	
	壓力表	
	吸　盤	
	壓力源	

4-6 氣壓控制元件與其應用之基本迴路

本節採用氣壓元件與其應用控制迴路合併介紹，以循序漸進、由淺入深的方式，使讀者更容易瞭解。

4-6-1 3/2 按鈕作動方向閥

此為一 3 口 2 位按鈕作動彈簧復歸正常位置關閉之方向閥，此種型式的開關可直接控制單動缸或作訊號傳輸使用，其外觀及符號如圖 4-9 所示。

在傳統之習慣上，一般均以平頭按鈕方向閥來做系統之起動，而以壓扣式方向閥做為系統之緊急停止。

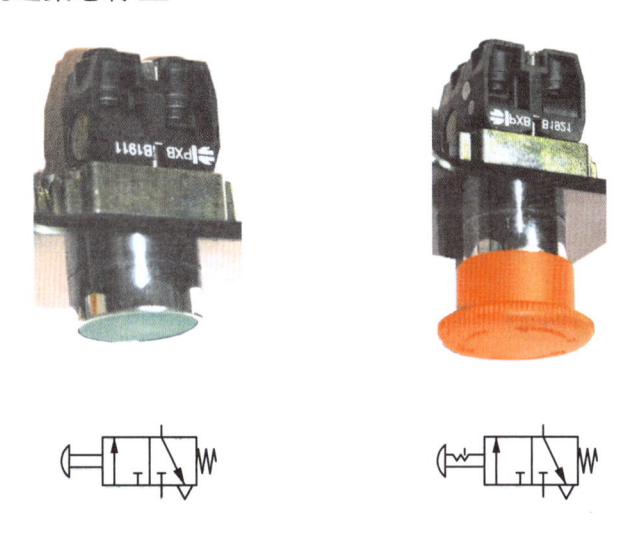

● 圖 4-9　3/2 按鈕作動方向閥

單動缸的控制迴路

實習迴路一：使用 3/2 按鈕作動方向閥**直接控制**單動氣壓缸。

氣壓迴路圖：如圖 4-10、圖 4-11 所示。

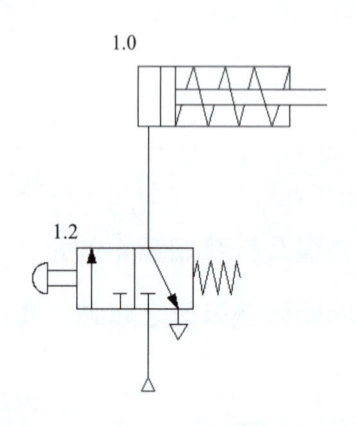

圖 4-10　未作動時之迴路圖

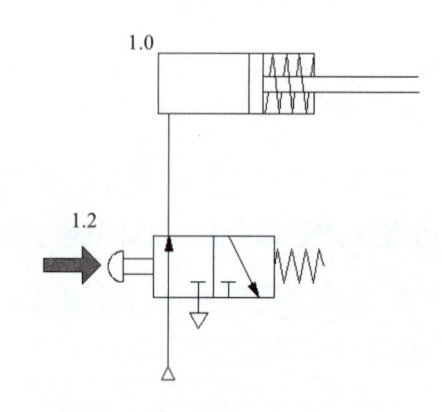

圖 4-11　作動時之迴路圖

準備工作

Step 1 瞭解氣壓迴路圖。

Step 2 於工作台面上放置單動缸與 3/2 按鈕作動彈簧復歸正常位置關閉之閥件，元件依據氣壓迴路圖的相關位置來置放，可清楚依據迴路圖的管線來裝配。

裝配迴路要領

Step 1 選用氣壓管連接供氣模組（氣壓源）與 3/2 按鈕開關的進氣口。

Step 2 選用氣壓管連接 3/2 按鈕開關的出氣口與單動缸的進氣口，則接線完成。（建議使用與氣壓源連接的管路不同顏色之氣壓管，養成此習慣，以後裝配複雜的迴路時，較不易出錯。）

灌輸觀念　（使用快速接頭連接氣壓管）

在拆卸管路時，用左手壓住接頭之壓環，右手輕輕將管路拔出，若管路有卡住的情形，可先往內左右旋轉之後再輕輕拔出，不可強拉，以免損壞快速接頭，如下分解圖。

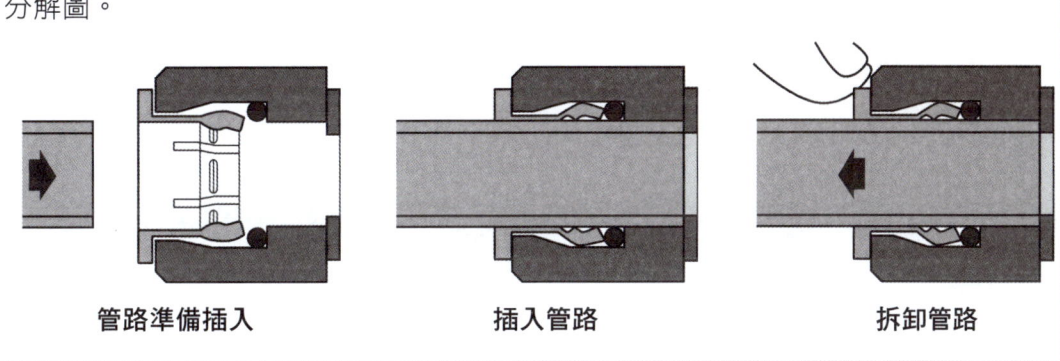

| 管路準備插入 | 插入管路 | 拆卸管路 |

操作說明

Step 1 操作滑動洩壓閥開啟氣壓源，在系統的起始狀態因按鈕開關未按下，氣壓源被 3/2 方向閥關閉，所以單動缸無氣壓源供應而靜止不動。

Step 2 操作 3/2 按鈕開關 1.2，使方向閥換位單動氣壓缸 1.0 前進，如圖 4-11。

Step 3 釋放 3/2 按鈕開關 1.2，方向閥回位，單動氣壓缸 1.0 內部之壓縮空氣經方向閥之排氣孔向大氣排放，外力消失，彈簧的力量促使氣缸回行。

使用上應注意事項

1. 3/2 方向閥之氣壓源入口及訊號輸出口裝反，導致未操作時氣壓源向大氣排放，此時只要更換兩者之間的管路即可。

2. 方向閥使用錯誤，導致產生相反之動作，例如此例要使用「常閉」之閥件，而非「常開」。

深入探索

1. 當外力消失時,單動缸復歸的動力來源為何?
   (請觀察單動缸剖面元件,如圖 3-1)
2. 完成氣壓迴路裝配後,打開氣源尚未按下開關時,若氣壓缸的活塞前進,這是為什麼?

4-6-2 流量控制閥

流量控制閥之種類:

	種　　類	符　　號
流量控制閥	固定節流的雙向節流閥。	
	可調節之雙向節流閥。	
	單向節流閥,只有單方向可節流,另一方向空氣可自由流通,此種節流閥在控制上被廣泛使用。	

單向節流閥:

單向節流閥被使用來控制氣壓缸活塞之速度,空氣流通單向節流閥時,止回閥阻塞空氣之流通,空氣只能經由可調節螺絲控制之斷面積流通,而在相反的方向空氣從打開的止回閥自由流通,其符號、構造圖、外觀如圖 4-12 所示。

符號　　　　　單向節流閥構造圖　　　　　單向節流閥實體圖

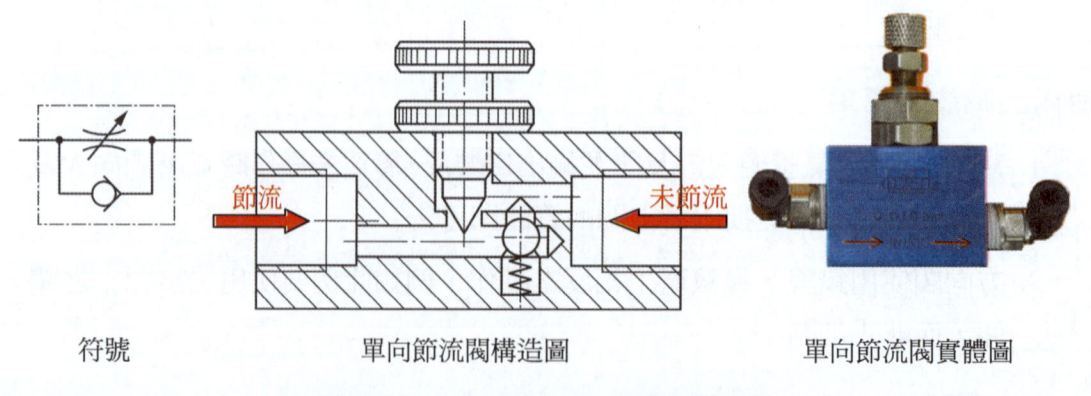

🟢 圖 4-12　單向節流閥之符號與構造圖

實習迴路二： 使用 3/2 壓扣式方向閥控制單動氣壓缸，並可調整其**前進**速度。（利用單向節流閥控制單動缸前進速度）

氣壓迴路圖：如圖 4-13 所示。

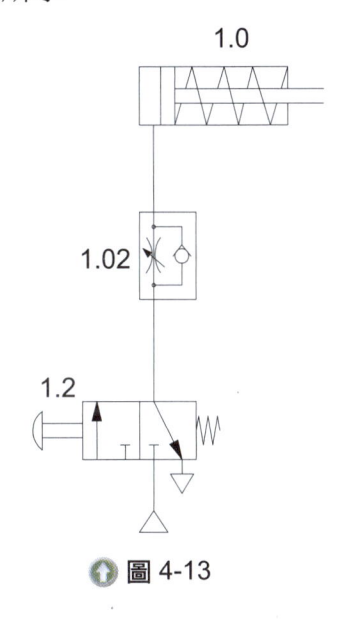

⬆ 圖 4-13

實驗步驟

準備工作

Step ① 瞭解氣壓迴路圖。

Step ② 於工作台面上放置單動缸、3/2 壓扣式方向閥與單向節流閥，元件依據氣壓迴路圖的相關位置來置放，可清楚依據迴路圖的管線來裝配。

裝配迴路要領

Step ① 選用氣壓管，連接供氣模組（氣壓源）與 3/2 按鈕開關的進氣口。

Step ② 選用氣壓管連接 3/2 按鈕開關的出氣口與單向節流閥之入口。（依據單向節流閥元件上的箭頭標示來裝配，箭頭方向即為節流方向）

Step ③ 選用氣壓管連接單向節流閥之出口與單動缸的進氣口,則接線完成。

操作說明

Step 1 操作滑動洩壓閥開啟氣壓源，操作壓扣式開關 1.2，輸出之壓縮空氣到達單向節流閥 1.02 後左、右分流。

Step 2 因右邊之通路被逆止閥阻擋無法流通，而左邊之通路可由調整螺絲來控制壓縮空氣之通過量，進而控制活塞前進速度之快慢。

Step 3 釋放壓扣式開關 1.2，則氣缸內部之壓縮空氣通過單向節流閥 1.02 打開之逆止閥經按鈕 1.2 之排氣口，向大氣中排放，外力消失，彈簧的力量促使氣缸回行。

使用上應注意事項

裝配單向節流閥需注意其節流方向，管路接錯，其動作即出現相反的動作。

深入探索

1. 若要調整單動缸後退的速度，則氣壓迴路圖應如何修正？
2. 若要將其速度改為前進、後退都可以調整，則氣壓迴路圖應如何修正？
3. 押扣式按鈕開關復歸時，單動缸後退時其氣壓的排放路徑為何？

4-6-3 快速排氣閥

在單動缸和雙動缸之排放行程，使用快速排氣閥，可達到增加活塞速度之目的，如果壓縮空氣是從控制的方向閥進入氣缸，此時快速排氣閥的排放口是關閉的，反之如果壓縮空氣是由氣缸往外排放，則此閥打開排放口，直接洩放到大氣中，而不必經管路通過方向閥排放，因此活塞之阻力減小，故可增加活塞之速度，其符號、外觀及剖面圖如圖 4-14 所示。

氣壓控制元件與其應用之基本迴路

符號

快速排氣閥剖面圖　　　　　　快速排氣閥實體圖

▲ 圖 4-14　**快速排氣閥之符號與構造圖**

實習迴路三：使用 3/2 閥按鈕控制單動氣壓缸，可調整其前進速度，後退時快速回行。（利用快速排氣閥增加單動缸回行速度）

氣壓迴路圖：如圖 4-15 所示。

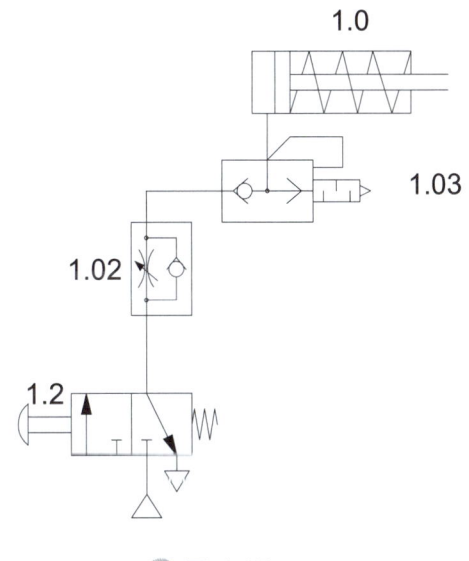

▲ 圖 4-15

實驗步驟

準備工作
Step 1 瞭解氣壓迴路圖並依據迴路圖的元件相關位置來置放所需之氣壓元件。

裝配迴路要領
Step 1 依據氣壓迴路圖管線的繪製，先完成氣壓源的接線，再以由下而上的原則來裝配管路。

操作說明
Step 1 操作滑動洩壓閥開啟氣壓源，操作按鈕開關 1.2，輸出之壓縮空氣被單向節流閥 1.02 節流後，再關閉快速排氣閥 1.03 之洩放口，進入氣缸後端之入口，促使氣缸產生前行之運動。

Step 2 釋放按鈕開關 1.2，則氣缸氣室內往外排放之壓縮空氣打開快速排氣閥 1.03 之洩放口，直接排放至大氣中，故阻力減少，因此氣缸後退之速度加快。

使用上應注意事項
1. 控制活塞速度的方法有兩種：
   a. 利用節流閥來降低氣壓缸的速度。
   b. 利用快速排放閥來增加氣壓缸的速度。

2. 當氣缸和控制方向閥間之控制管路過長，在活塞作往復運動時，容易形成阻力，減低氣缸之速度，此時如果在空氣欲排放口處加裝一快速排氣閥，使壓縮空氣不必經主管路及方向閥直接由快速排氣閥之洩放口直接向大氣中排放，所以可減少阻力，增加氣壓缸之速度，約可加快原速的 1/3。

3. 快速排氣閥需安裝在單動缸的排放行程邊才能顯示它的作用。

4-6-4 3/2 氣壓引導方向閥

此閥為三口二位氣壓引導作動的方向閥，型號：由於其模組化的設計，故此閥具有單穩態、雙穩態、選擇轉向及差壓等多重功能選擇，因此又稱重置閥，其外觀如右圖所示。其功能及使用說明：

一、單穩態功能（常時閉）：其符號及接口如圖 4-16、4-17 所示。

● 圖 4-16　3/2 單邊氣壓引導方向閥（常閉）
● 圖 4-17　3/2 氣壓引導方向閥，型號：R310

單穩態：此類方向閥若無外力作動時，會自動復歸正常位置（即彈簧回位）。

雙穩態：此類方向閥則無正常位置，靠摩擦力保持在作動後的位置，直到下一個訊號操作。

實習迴路四：使用 3/2 閥間接控制單動氣壓缸。

氣壓迴路圖：如圖 4-18 所示。

①作動前　　　　　　　　　②作動後

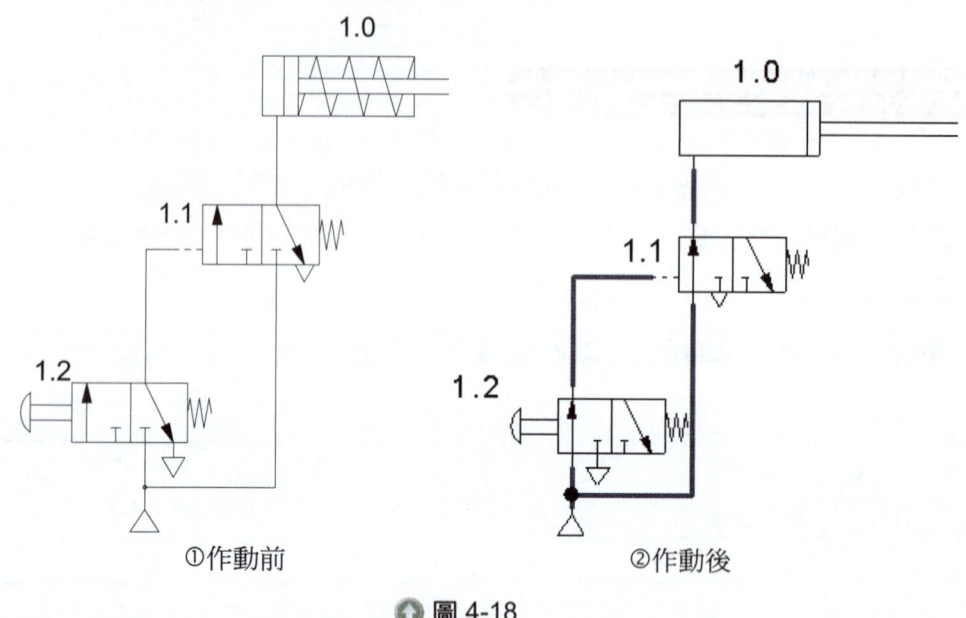

↑ 圖 4-18

實驗步驟

準備工作

Step ① 瞭解氣壓迴路圖並依據迴路圖的元件相關位置來置放所需之氣壓元件。

裝配迴路要領

Step ① 依據氣壓迴路圖管線的繪製，先完成氣壓源的接線，再以由下而上、由左而右的原則來裝配管路。

Step ② 3/2 單邊氣壓作動方向閥（R310）之 1 孔接壓力源，4 孔接氣壓引導訊號，2 孔為輸出口。

操作說明

Step ① 操作滑動洩壓閥開啟氣壓源，操作按鈕開關 1.2，則方向閥 1.1 換位，氣缸 1.0 前行。

Step ② 釋放按鈕開關 1.2，則方向閥 1.1 訊號引導孔之壓力消失，彈簧促使 1.1 復位，氣缸 1.0 回行。

使用上應注意事項

於大容積氣缸及控制管路較長之情況中，此時只要選擇合於氣缸大小特性數據之方向控制閥如圖 4-18 之 1-1，即可減小按鈕開關的需要尺寸，因此可縮短控制元件至氣缸的供氣管路，亦即可減少固定的空間及空氣消耗量。而自訊號元件至控制元件的路徑，可以使用小斷面積的控制管路連結，此即所謂間接控制。

深入探索

1. 單動缸可以用 5/2 閥來控制嗎？如果可以，要如何做呢？
2. 按下按鈕時，氣壓缸開始前進，當氣壓缸尚未到達前頂點就放開按鈕，氣壓缸會如何動作？為什麼呢？

二、單穩態功能（常時開）：其符號及接口的使用如圖 4-19、圖 4-20 所示：

● 圖 4-19　3/2 單邊氣壓引導方向閥（常開）

● 圖 4-20　3/2 氣壓引導方向閥，型號：R310

實習迴路五：使用 3/2 閥（**常開**）間接控制單動氣壓缸。

氣壓迴路圖：如圖 4-21 所示。

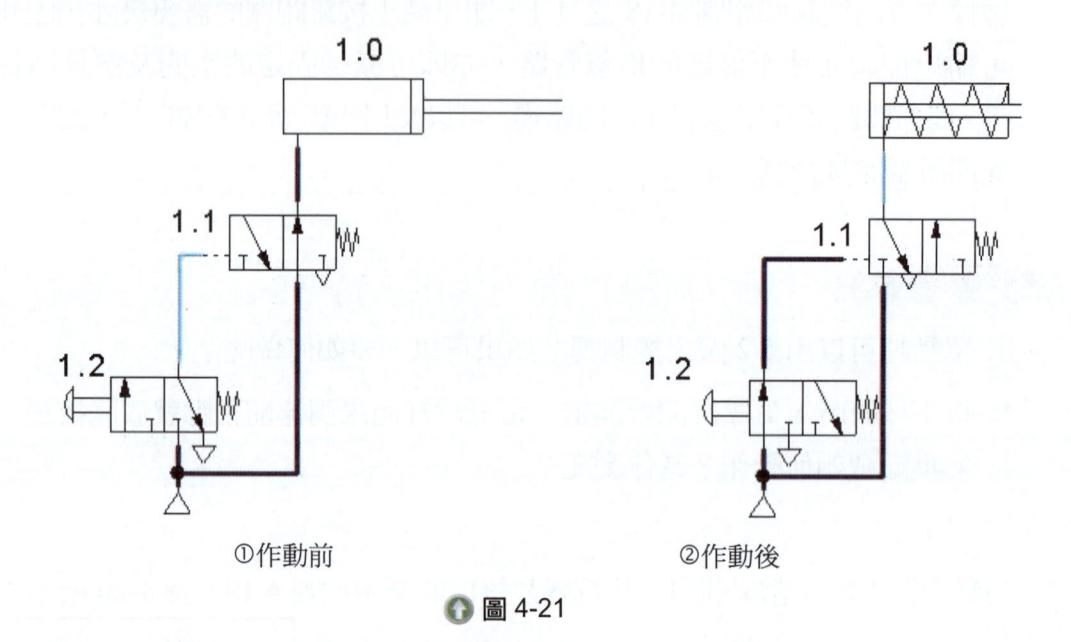

①作動前　　　　　　　　　　②作動後

圖 4-21

實驗步驟

準備工作

Step ① 瞭解氣壓迴路圖，並依據迴路圖的元件相關位置來置放所需之氣壓元件。

裝配迴路要領

Step ① 依據氣壓迴路圖管線的繪製，先完成氣壓源的接線，再以**由下而上、由左而右**的原則來裝配管路。

Step ② 3/2 單邊氣壓作動方向閥（R310）之 3 孔接壓力源，4 孔接氣壓引導訊號，2 孔為輸出口。

氣壓控制元件與其應用之基本迴路

操作說明

Step ❶ 操作滑動洩壓閥開啟氣壓源,操作按鈕開關 1.2,則方向閥 1.1 換位,氣缸 1.0 回行。

Step ❷ 釋放按鈕開關 1.2,則方向閥 1.1 訊號引導孔之壓力消失,彈簧促使 1.1 復位,氣缸前行。

三、雙穩態功能:(即雙邊氣壓引導;亦即具有記憶功能):其符號及接口的使用如圖 4-22、圖 4-23 所示:

⬆ 圖 4-22　3/2 雙邊氣壓引導方向閥　　⬆ 圖 4-23　3/2 氣壓引導方向閥,型號:R310

實習迴路六:兩個按鈕開關控制單動氣壓缸前進與後退。

氣壓迴路圖:如圖 4-24 所示。

⬆ 圖 4-24

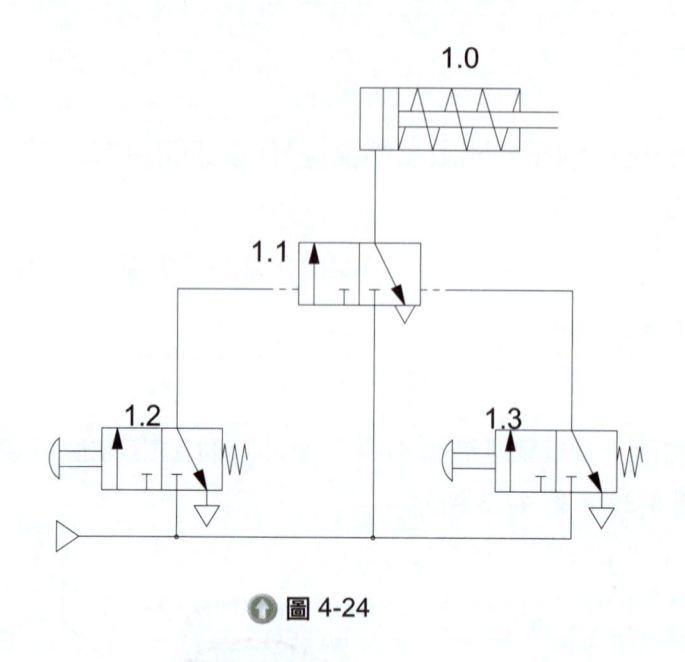

實驗步驟

準備工作

Step 1 瞭解氣壓迴路圖，並依據迴路圖的元件相關位置來置放所需之氣壓元件。

裝配迴路要領

Step 1 依據氣壓迴路圖管線的繪製，先完成氣壓源的接線，再以由下而上、由左而右的原則來裝配管路。

Step 2 （以 R310 為例）3/2 單邊氣壓作動方向閥（R310）之 1 孔接壓力源，4、6 孔為氣壓引導訊號（4 孔使其為通氣、6 孔使其為關閉），5 孔接壓力源，其目的在阻尼彈簧的作用力，使此閥轉換變成具雙穩態功能，2 孔為輸出口。

操作說明

Step 1 操作滑動洩壓閥開啟氣壓源，操作按鈕開關 1.2，則方向閥 1.1 換位，氣缸 1.0 前行。

Step 2 操作按鈕開關 1.3 則方向閥 1.1 復位，氣缸 1.0 回行。

深入探索

1. 在操作步驟 1，打開氣壓源開關時，氣壓缸有可能自行伸出，為什麼？
2. 若兩個按鈕皆按下時，3/2 方向閥兩邊的導引壓皆有氣源訊號時，閥位狀態是如何？
3. 請改用 5/2 雙邊氣壓作動閥來更換 3/2 雙邊氣壓作動閥控制此單動缸。
4. 按下按鈕時，氣壓缸開始前進，當氣壓缸尚未到達前頂點就放開按鈕，氣壓缸仍會繼續前進嗎？為什麼呢？

灌輸觀念

採用單動氣壓缸時，至少必須要有一個 3/2 方向閥作控制。而雙動氣壓缸，則必須使用 4/2 方向閥或 5/2 方向閥來作控制。

4-6-5　3/2 雙向作動輥輪方向閥

此閥為 3 口 2 位輥輪作動彈簧復歸（常閉）之機械式開關，在順序控制中被廣泛使用來作訊號之傳輸，同時亦可作端點位置之偵測使用，其外觀及符號如圖 4-25 所示。

符號

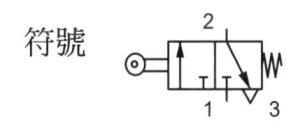

⬆ 圖 4-25　3/2 雙向作動輥輪方向閥

實習迴路七：使用 3/2 閥間接控制單動氣壓缸，按鈕前進，到達極限開關時自動後退。

氣壓迴路圖：如圖 4-26 所示。

▲ 圖 4-26

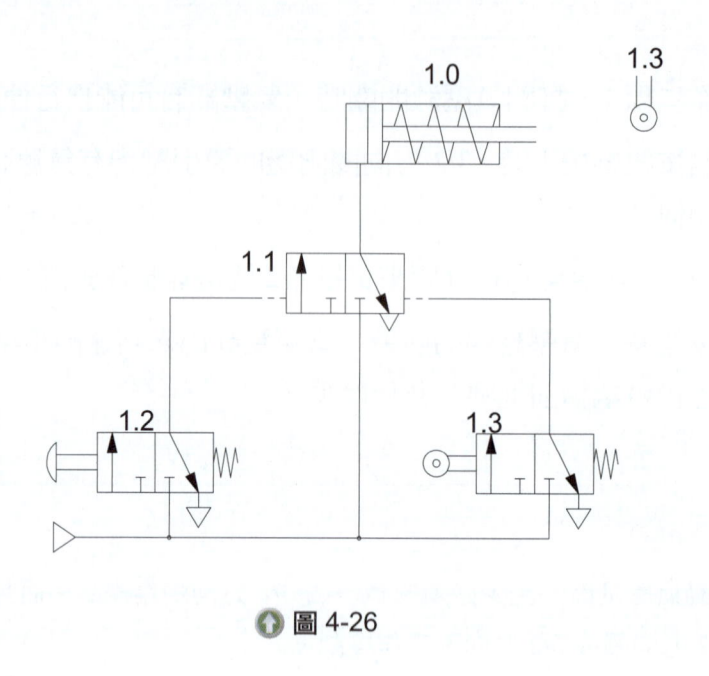

實驗步驟

準備工作

Step 1 瞭解氣壓迴路圖，並依據迴路圖的元件相關位置來置放所需之氣壓元件。

裝配迴路要領

Step 1 依據氣壓迴路圖管線的繪製，先完成氣壓源的接線，再以**由下而上、由左而右**的原則來裝配管路。

Step 2 將方向閥 1.1 編號 1 的接口、按鈕開關 1.2 編號 3 的接口及 3/2 雙向作動輥輪開關 1.3 編號 P 的接口等三個接口都接至壓力源，另外因 R310 雙穩態的功能，編號 5 孔需接氣壓源。

Step 3 按鈕開關 1.2 編號 4 的輸出口接至方向閥 1.1 編號 4 的訊號口；同時 3/2 雙向作動輥輪開關 1.3 編號 A 的輸出口接至方向閥 1.1 編號 6 的訊號口。

Step 4 方向閥 1.1 編號 2 之輸出口，接至氣壓缸後端的入口則接線完成。

操作說明

Step 1 操作滑動洩壓閥開啟氣壓源，操作按鈕開關 1.2，則方向閥 1.1 轉換為左邊的作動位置，氣缸 1.0 前行。

Step 2 當氣缸到達前進端點作動 3/2 雙向作動輥輪開關 1.3，則方向閥 1.1 復歸為右邊的位置，則氣缸 1.0 回行。

使用上應注意事項

1. 此氣壓迴路圖為不定位迴路圖，所以 3/2 雙向作動滾輪開關應置於氣缸之前進端點。
2. 雙向作動輥輪開關，在順序控制迴路裏被廣泛使用，其功能為端點位置偵測及訊號之傳輸。
3. 上述的控制迴路屬於正向控制，而且方向閥使用雙邊氣壓引導閥，故必須使用常閉的開關來作訊號之傳輸，而不能使用常開之開關。

4-6-6 梭動閥

　　梭動閥有兩個輸入口及一個輸出口，因為它具有『OR』的基本邏輯機能，亦即它的兩個輸入口只要其中任一口出現訊號，或兩個口同時出現訊號，皆可在出口產生一個訊號。

　　習慣上在不同場所可用來控制氣壓缸、方向閥或應用在邏輯迴路，其符號、外觀及剖面圖如圖 4-27 所示。

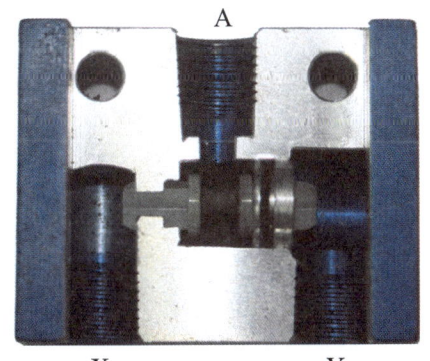

(a)符號　　(b)梭動閥構造圖　　(c)梭動閥實體圖

圖 4-27　梭動閥之符號與構造圖

實習迴路八：利用 3/2 方向閥在兩個不同位置控制一支單動缸。

氣壓迴路圖：如圖 4-28 所示。

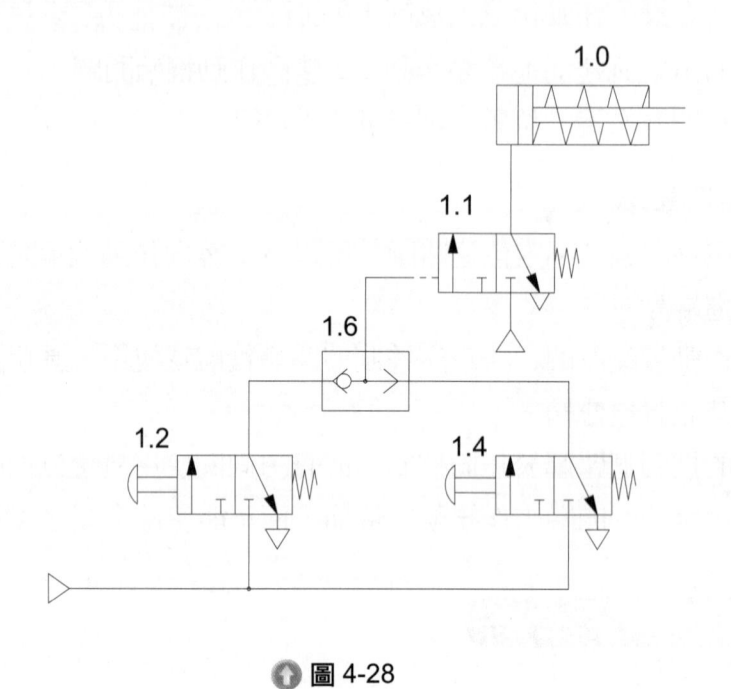

▲ 圖 4-28

實驗步驟

準備工作

Step 1 瞭解氣壓迴路圖,並依據迴路圖的元件相關位置來置放所需之氣壓元件。

裝配迴路要領

Step 1 依據氣壓迴路圖管線的繪製,先完成氣壓源的接線,再以由下而上、由左而右的原則來裝配管路。

Step 2 將方向閥 1.1 編號 1 的接口、按鈕開關 1.2 與 1.4 編號 3 的接口都接至壓力源。

Step 3 分別將按鈕開關 1.2 及 1.4 的輸出口接至梭動閥 1.6 的兩個輸入口。

Step 4 梭動閥 1.6 的輸出口,接至方向閥 1.1 編號 4 的訊號口。

Step 5 方向閥 1.1 編號 2 之輸出口,接至氣壓缸 1.0 後端的入口,則接線完成。

操作說明

Step 1 操作按鈕開關 1.2,則輸出之壓縮空氣關閉梭動閥 1.6 的另一輸入口,阻止壓縮空氣從未操作的按鈕開關 1.4 之洩放口排放,故方向閥 1.1 換位,氣缸前行。

Step 2 釋放按鈕開關 1.2,則外力消失,彈簧的力量促使方向閥 1.1 復位,故氣缸回行。

Step 3 同理當操作按鈕開關 1.4,氣壓缸前行,當釋放 1.4 則氣缸回行。

使用上應注意事項

1. 梭動閥係在同一操作,可用二個訊號起動或需與其他訊號合併之處使用。

2. 如果兩個訊號必需啟動同一操作,不使用梭動閥而直接用三通接頭,當 1.2 或 1.4 其中任一個操作時,則壓縮空氣將從其中一個之洩放口排放,而無法達到控制之目的,如圖 4-29 所示。

▲ 圖 4-29

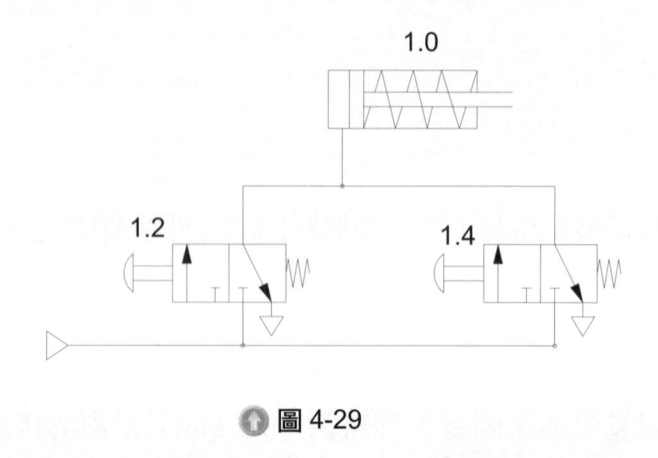

3. 如有數個控制訊號皆須進入同一輸入口，控制同一功能，此時須將各梭動閥以串聯方式連結（因為一個梭動閥只有兩個輸入口），舉例如圖 4-30。

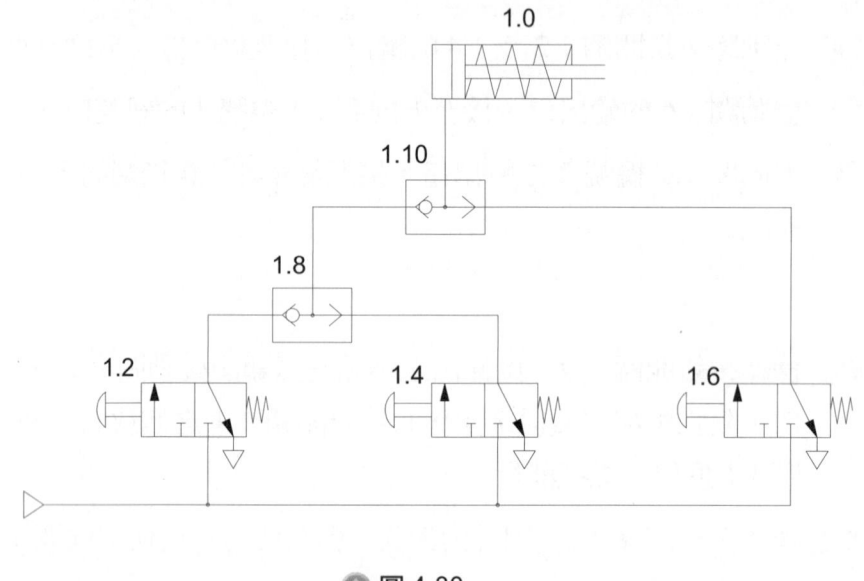

▲ 圖 4-30

4. 由上述迴路圖可知，假如有數個訊號必須起動同一操作時，則串聯之梭動閥數目等於訊號元件的數目減一，如上例有三個訊號元件則梭動閥之數目（3－1＝2）必需使用二個。

深入探索

1. 如梭動閥剖面圖所示，當 X 端與 Y 端皆同時有氣壓時，A 端的壓力是由何者供應？（假設 X 端的壓力大於 Y 端的壓力）

2. 承上題，若氣缸回行時，A 端的氣壓流回何處？

3. 如梭動閥剖面圖所示，當 X 端與 Y 端皆同時有相等大小的氣壓時，A 端的壓力是由何者供應？（假設 X 端的壓力先到達梭動閥）

4-6-7 雙壓閥

雙壓閥有兩個輸入口和一個輸出口，只要兩個輸入口出現壓力，則出口產生輸出訊號，它的作用相當於『AND』的基本邏輯機能，此元件被使用來結合兩個輸入訊號，同時產生一輸出訊號。其符號、外觀及剖面圖如圖 4-31 所示。

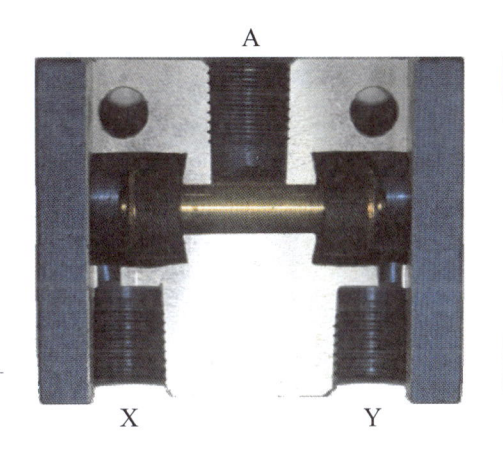

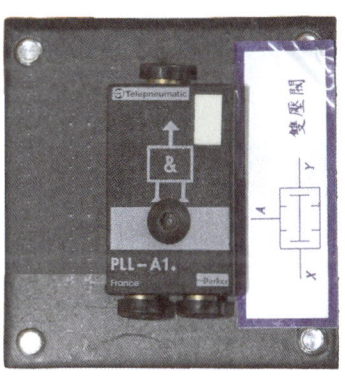

符號　　　　　　　雙壓閥構造圖　　　　　　雙壓閥實體圖

◎ 圖 4-31　雙壓閥之符號與構造圖

實習迴路九：同時操作兩個不同位置的開關來控制一支單動缸。

氣壓迴路圖：如圖 4-32 所示。

↑ 圖 4-32

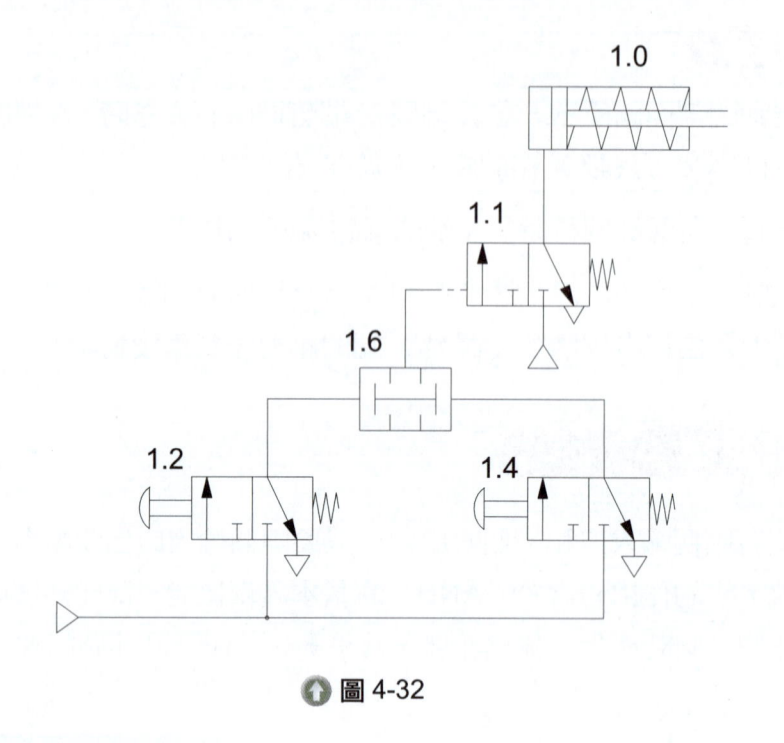

實驗步驟

裝配迴路要領與操作說明

Step ① 參考梭動閥之介紹,惟操作需同時按下按鈕開關 1.2 與 1.4,則雙壓閥 1.6 輸出,方向閥 1.1 換位,氣缸前行。

使用上應注意事項

1. 雙壓閥在危險場合或兩個以上條件必須同時成立才能產生輸出之處使用。
2. 雙壓閥使用的數目多寡與梭動閥用法相同,亦即雙壓閥數目等於訊號元件的數目減一。

深入探索

如雙壓閥剖面圖所示,當 X 端的壓力大於 Y 端的壓力時,A 端的壓力是由何者供應?

2. 承上題，若氣缸回行時，A 端的氣壓流回何處？

3. 如雙壓閥剖面圖所示，當 X 端與 Y 端皆同時有相等大小的氣壓時，A 端的壓力是由何者供應？（假設 X 端的壓力先到達雙壓閥）

4-6-8 5/2 壓扣式緊急開關

此方向閥為 5 口 2 位壓扣式緊急開關，常作為系統之緊急停止，其外觀及符號如圖 4-33 所示。

符號　　　　5/2 壓扣式緊急開關實體圖

⬆ 圖 4-33

雙動缸的控制迴路

實習迴路十：使用 5/2 方向閥按鈕開關直接控制雙動氣壓缸。

氣壓迴路圖：如圖 4-34 所示。

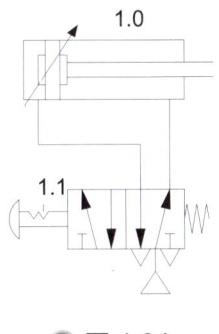

⬆ 圖 4-34

實驗步驟

準備工作

Step 1 瞭解氣壓迴路圖，並依據迴路圖的元件相關位置來置放所需之氣壓元件。

裝配迴路要領

Step 1 切替開關 1.1 編號 1 和 3 的接口接至氣壓源。

Step 2 切替開關 1.1 編號 2 之輸出口接至氣缸之前端入口，而編號 4 的輸出口接至氣缸之後端入口，則接線完成。（在系統的起始狀態，氣壓缸除特別要求外，皆維持在起始點位置，故裝配管路時，只要將方向閥 1.1 一開始就有氣的輸出口，接至氣缸之前端入口，而方向閥 1.1 另一輸出口接至氣缸之後端入口。）

操作說明

Step 1 操作滑動洩壓閥開啟氣壓源，在系統的起始狀態，氣壓缸前端之氣室充滿壓縮空氣，故氣缸維持在起始點位置。

Step 2 操作切替開關、方向閥之位置轉換，氣缸後端供氣，而前端之壓縮空氣經由方向閥排放口向大氣排放，故氣缸前行。

Step 3 反之，復歸切替開關，則氣缸回行。

使用上應注意事項

1. 4/2 或 5/2 的方向閥，可利用控制雙動氣壓缸及作訊號連結的梭動閥使用。

2. 4/2 或 5/2 的方向閥具有 3/2 的方向閥常開及常閉之功能，因此塞住其中的 1 孔，可利用來控制單動氣壓缸，或只需作單孔輸出之場所。

3. 4/2 或 5/2 的方向閥在其壓力源之入口串接 1 個訊號元件，可使該訊號元件之輸出具選擇功能(即分配控制)，如圖 4-35 所示。

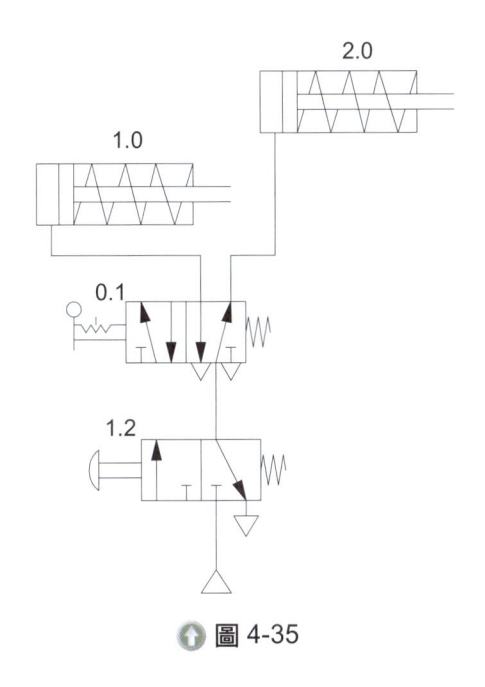

氣壓控制元件與其應用之基本迴路

● 圖 4-35

4-6-9 5/2 雙邊氣壓引導方向閥

此閥為 5 口 2 位雙邊氣壓引導作動的方向閥，通常用來控制雙動缸，其外觀如圖 4-36、圖 4-37 所示。

符號

● 圖 4-36 5/2 雙邊氣壓引導方向閥

● 圖 4-37 5/2 雙邊氣壓引導方向閥，型號：R432

95

實習迴路十一： 使用 5/2 方向閥間接控制雙動氣壓缸，兩個按鈕控制其前進、後退。

氣壓迴路圖：如圖 4-38 所示。

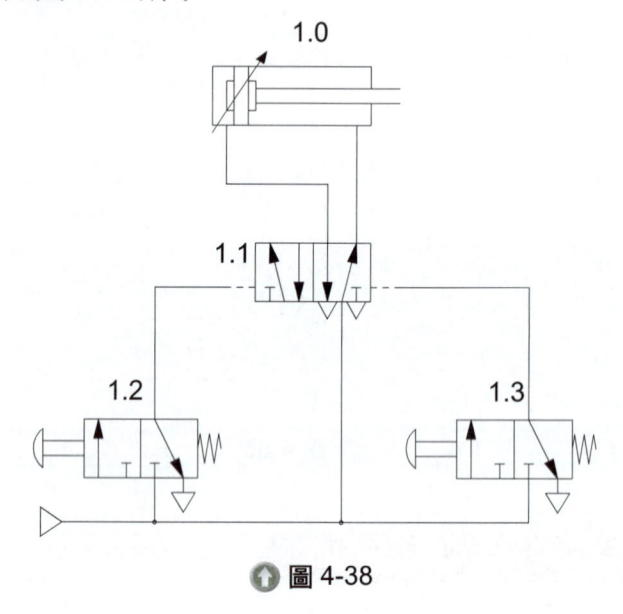

↑ 圖 4-38

實驗步驟

準備工作

Step 1 瞭解氣壓迴路圖，並依據迴路圖的元件相關位置來置放所需之氣壓元件。

裝配迴路要領

Step 1 依據氣壓迴路圖管線的繪製，先完成氣壓源的接線，再以<u>由下而上</u>、<u>由左而右</u>的原則來裝配管路。

Step 2 將方向閥 1.1 編號 1 的接口、按鈕開關 1.2 與 1.3 編號 3 的接口都接至壓力源。

Step 3 方向閥 1.1 輸出口，編號 8 接至氣壓缸前端入口，而編號 2 接至氣壓缸後端的入口，則接線完成。

Step ❹ 按鈕開關 1.2 編號 4 的輸出口接至方向閥 1.1 編號 4 的訊號口；同時按鈕開關 1.3 編號 4 的輸出口接至方向閥 1.1 編號 6 的訊號口。

操作說明

Step ❶ 操作滑動洩壓閥開啟氣壓源，操作按鈕開關 1.2，則方向閥 1.1 轉換為左邊的作動位置，氣缸 1.0 前行。

Step ❷ 操作按鈕開關 1.3，則方向閥 1.1 復歸為右邊的作動位置，則氣缸 1.0 回行。

使用上應注意事項

上述的控制回路屬於正向控制，而且方向閥使用雙邊氣壓引導閥，故必須使用常閉的開關來作訊號之傳輸，而不能使用常開之開關。

深入探索

1. 按下前進按鈕時，氣壓缸開始前進，當氣壓缸尚未到達前頂點就放開按鈕，氣壓缸仍會繼續前進嗎？為什麼呢？
2. 若同時按下按鈕開關 1.2 與 1.3，氣壓缸會如何動作？若兩個按鈕先後按下不放，則氣壓缸的動作又是如何？
3. 當氣壓缸尚未到達前頂點，即操作按鈕開關 1.3，氣缸會如何動作？

實習迴路十二： 使用 5/2 方向閥間接控制雙動氣壓缸，按下開關後氣缸前進，氣缸到達極限開關時自動後退。

氣壓迴路圖：如圖 4-39 所示。

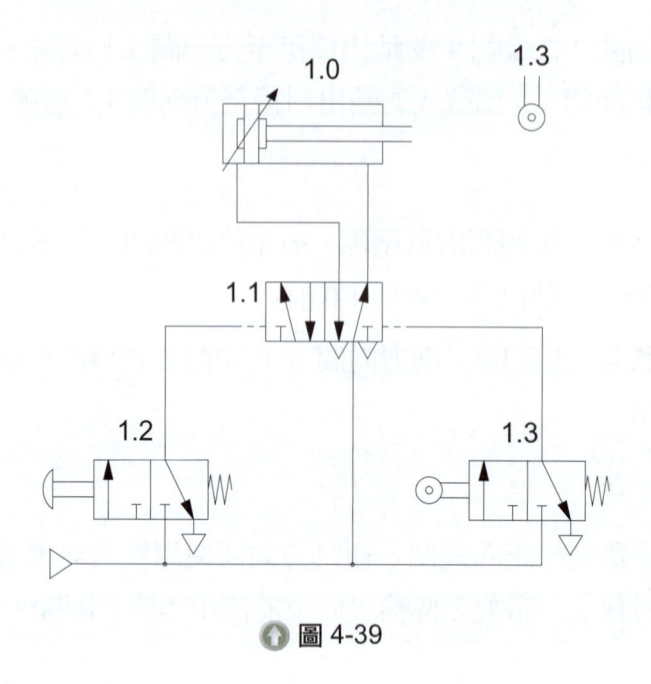

▲ 圖 4-39

實驗步驟

裝配迴路要領

Step 1 裝配迴路要領如實習迴路一之說明，惟將 1.3 置換成 3/2 雙向作動輥輪開關即可。

Step 2 3/2 雙向作動輥輪開關 1.3 置於氣缸前進端點，再將 3/2 雙向作動輥輪開關 1.3 編號 P 的接口接至氣壓源，編號 A 接至方向閥 1.1 編號 6 之訊號口。

深入探索

將 3/2 雙向作動輥輪開關 1.3 的接口 P 與接口 A 對調，再重新打開氣源開關，請觀察迴路是否有漏氣的情形？

實習迴路十三：按下 1.2 開關後，雙動氣壓缸連續前後往復運動。

氣壓迴路圖：如圖 4-40 所示。

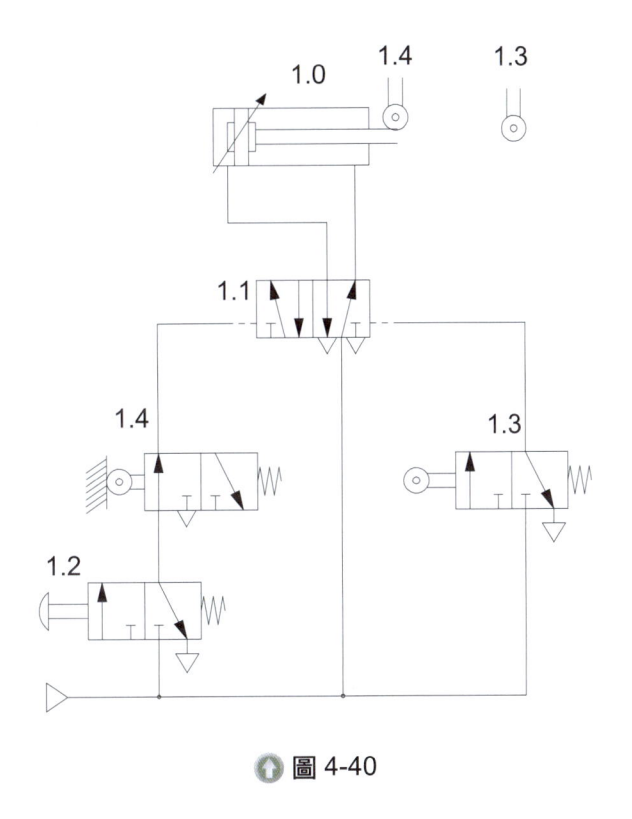

Chapter 4 氣壓控制元件與其應用之基本迴路

圖 4-40

實驗步驟

準備工作

Step 1 瞭解氣壓迴路圖，並依據迴路圖的元件相關位置來置放所需之氣壓元件。

裝配迴路要領

Step 1 依據氣壓迴路圖管線的繪製，先完成氣壓源的接線，再以**由下而上、由左而右**的原則來裝配管路。

Step 2 將方向閥 1.1 編號 1 的接口、按鈕開關 1.2 與 1.3 編號 3 的接口都接至壓力源。

Step 3 方向閥 1.1 輸出口，編號 8 接至氣壓缸前端入口，而編號 2 接至氣壓缸後端的入口。

Step ④ 將按鈕開關 1.2 的 4 號輸出口接至輥輪開關 1.4 的壓力源入口 P，而輥輪開關 1.4 的輸出口 A 接至方向閥 1.1 的 4 號訊號輸入口。

Step ⑤ 輥輪開關 1.3 的輸出口 A 接至方向閥 1.1 的 6 號訊號口，則接線完成。

操作說明

Step ① 操作滑動洩壓閥開啟氣壓源，操作按鈕開關 1.2，則輸出的壓縮空氣通過作動的輥輪開關 1.4（輥輪開關 1.4 因裝在起始點所在系統的起始狀態時被氣缸之碰撞頭作動而開路），使方向閥 1.1 換位，氣缸前進，只要氣缸動作離開 1.4，則彈簧的力量促使 1.4 閉路，此時 1.2 是否釋放無關緊要，因為其通路已被 1.4 切斷。所以方向閥 1.1 的前進邊訊號口已無壓源。

Step ② 當氣缸 1.0 到達前進端點作動輥輪開關 1.3，此時相對邊的訊號口已無壓源，故方向閥 1.1 復位氣缸回行。

Step ③ 當氣缸回復起始點作動輥輪開關 1.4，此時如果按鈕開關 1.2 已釋放，則 1.4 因無壓源供應，故動作終結。但如果 1.2 未釋放，則方向閥 1.1 又換位，氣缸 1.0 又開始另外一次的循環，直到按鈕開關 1.2 釋放，氣缸之動作方能停止，此即所謂連續循環。

使用上應注意事項：

1. 在氣缸的起始點安裝一輥輪開關，與按鈕開關串接，也就作氣缸起始點位置的偵測，所以能夠保證氣缸絕對可以完成一次循環，也就是能完成互鎖。

2. 在控制迴路之自動循環，通常是利用此方法，就是增設一輥輪開關與起動的訊號元件串接（如上述迴路圖的 1.4），而安裝在最後回行那支氣缸的起始點即可。

氣壓控制元件與其應用之基本迴路

實習迴路十四： 使用兩個單向節流閥（排氣節流）控制雙動氣壓缸的前進、後退速度。

氣壓迴路圖： 如圖 4-41 所示。

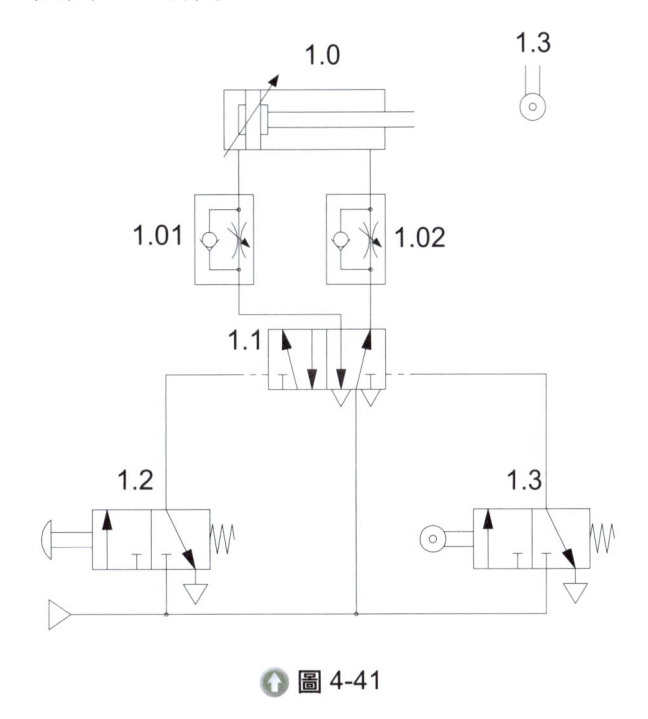

↑ 圖 4-41

實驗步驟

裝配迴路要領

Step 1 裝配管路需注意單向節流閥的節流方向（排氣節流）。

操作說明

Step 1 操作按鈕開關 1.2，則方向閥 1.1 轉換為左邊的作動位置，2 號孔輸出的壓縮空氣通過單向節流閥 1.01 打開逆止閥，進入氣缸 1.0 的後端入口，而氣缸前端氣室往外排放的壓縮空氣通過單向節流閥 1.02 時受到節流再經方向閥的 8 號孔向大氣中排放，因而活塞前進之速度可被控制。

101

Step ❷ 同理,當氣缸 1.0 到達前進端點作動輥輪開關 1.3,則方向閥 1.1 復位,8 號孔輸出的壓縮空氣通過單向節流閥 1.02 打開逆止閥,進入氣缸 1.0 的前端入口,而氣缸前端氣室的壓縮空氣通過單向節流閥 1.03 時受到節流再經方向閥的 2 號孔向大氣中排放,因而活塞回行之速度可被控制。

使用上應注意事項

1. 控制壓縮空氣之進氣量,進而控制活塞速度之方法,在控制上稱為**進氣節流**或**入口節流**。

2. 控制壓縮空氣之排放量,進而控制活塞速度之方法,在控制上稱為**排氣節流**或**出口節流**。

3. 使用單向節流閥來控制活塞往復之速度,兩個節流閥的裝設方式必須完全一樣,否則使用了兩個節流閥,只能夠得到單邊之速度控制,下列即為兩種錯誤之使用例,如圖 4-42 與圖 4-43:

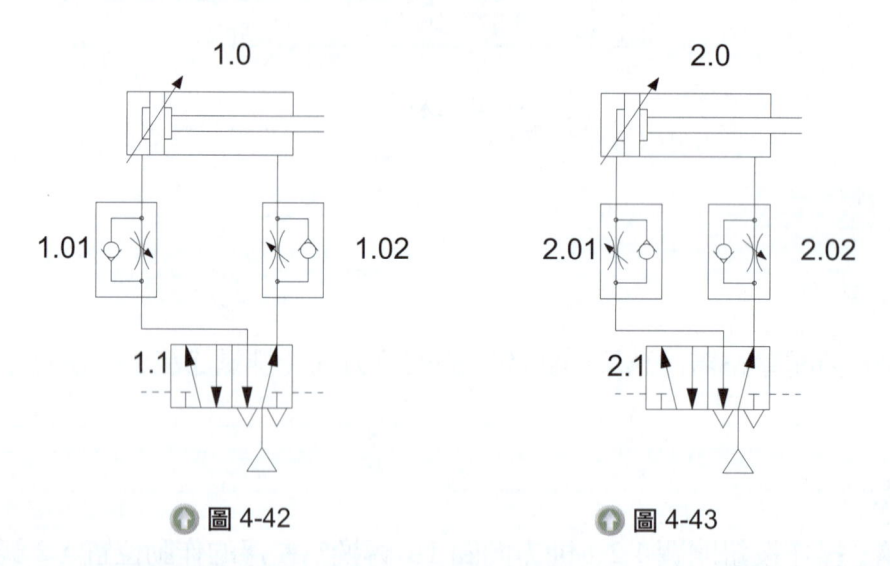

⬆ 圖 4-42　　　　　　　　⬆ 圖 4-43

上述兩種迴路圖,圖 4-43 只有前進的速度可控制,而圖 4-42 只有退後之速度可控制。使用了兩個單向節流閥,因裝設的方式不同,結果只得到單邊的速度控制,不但控制之目的無法達到,而且造成元件之浪費,徒增成本,欲達到最初設定的功能,只要更改其中之一的配管,改變進氣之方向即可。

氣壓控制元件與其應用之基本迴路

4. 一般在控制活塞之往復速度,如欲得到較平衡之控制速度,均採用排氣節流。**排氣節流**,提供抵抗運動的背壓來限制速度,故速度之穩定性佳,常用於雙動氣壓缸的速度控制。若採用**進氣節流**,此種方式的速度控制如活塞桿上之負荷有輕微變化,速度穩定性差,僅用於單動缸、小型氣壓缸或短行程氣壓缸。

5. 壓縮空氣流經管路和單向流量控制閥會產生壓降,故單向流量控制閥的安裝宜接近控制對象,效果較佳。

深入探索

1. 使用單向節流閥調整單動缸與雙動缸的運動速度時,應選用入口節流或出口節流,為什麼?

2. 如圖 4-44 氣壓迴路圖,請問此雙動氣壓缸的動作為何?

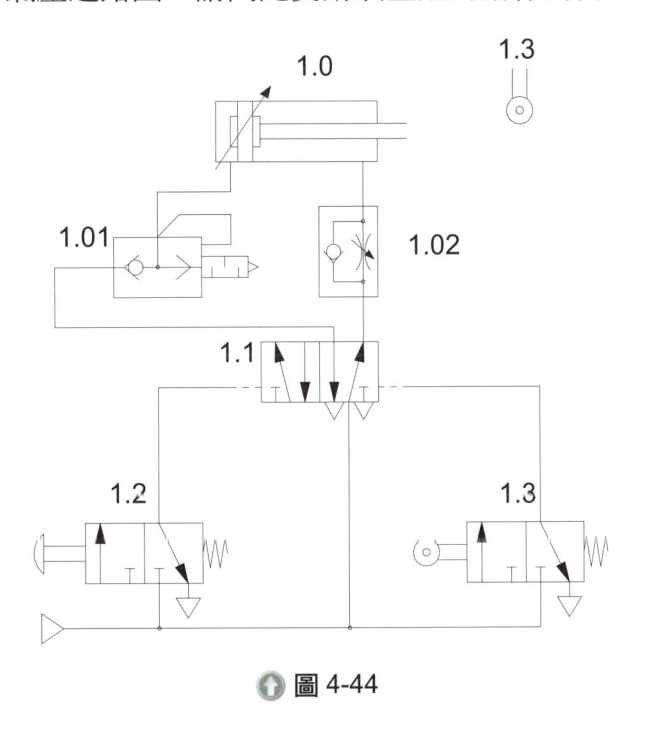

圖 4-44

4-6-10　5/3 雙邊氣壓引導方向閥

符號	功能	主要用途
(B A / R P S 符號圖)	5/3 閥，中位全閉式，實體圖如圖 4-45	雙動氣壓缸，可在任意位置停止
(B A / R P S 符號圖)	5/3 閥，中位排氣式（A、B 口均排氣）	雙動氣壓缸，停止後可能需要洩壓
(B A / R P S 符號圖)	5/3 閥，中位加壓式（P 通 A、B）	雙動氣壓缸，氣壓缸可在任意位置停止

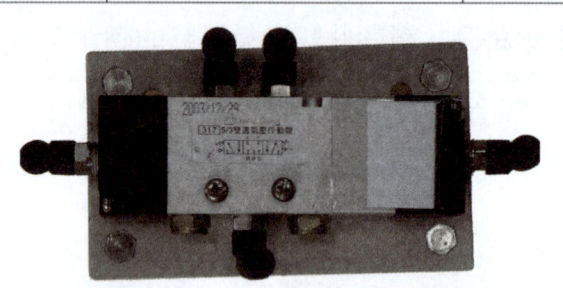

▲圖 4-45　5/3 中位全閉式方向閥

實習迴路十五：使用 5/3 中位全閉式方向閥直接控制雙動氣壓缸。

氣壓迴路圖：圖 4-46 所示。

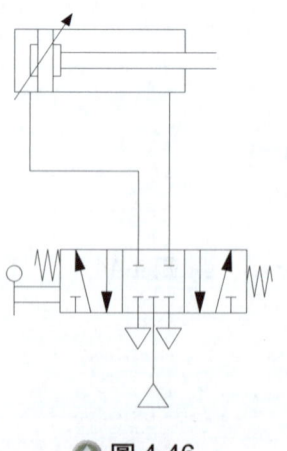

▲圖 4-46

深入探索

1. 當氣壓缸於行進間，將方向閥轉到中位，氣壓缸會如何動作？
2. 此迴路雖可使活塞桿停在任何位置，但因空氣具有可壓縮性，故負荷改變時，活塞桿有移動的可能，故無法做精確的中間位置定位。
3. 如圖 4-47 所示，使用雙軸雙桿氣壓缸有何優點？

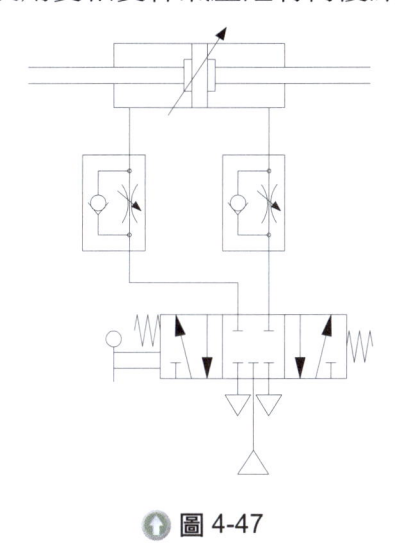

圖 4-47

實習迴路十六：使用 5/3 中位排氣式方向閥直接控制雙動氣壓缸。

氣壓迴路圖：如圖 4-48 所示。

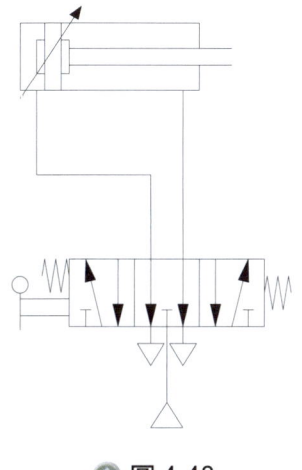

圖 4-48

深入探索

1. 當氣壓缸於行進間,將方向閥轉到中位,氣壓缸會如何動作?
2. 此迴路當方向閥位於中位時,可用手輕易移動停止於任何位置,此可稱為浮動位置或調定位置。

4-6-11 止回閥

種　類	符　號
止回閥	⟶◁⟵
附彈簧之止回閥	⟶◁〰〰
引導式止回閥	⟶◁〰〰

止回閥

　　止回閥可控制氣壓只能單方向流動,而不能逆向流動,它的構造如圖 4-49 所示,有受彈簧作用的那一端會將通口塞住,因此,就無法使氣壓流過,而在另一側,氣壓可將彈簧頂開,使閥門打開讓氣壓流通。

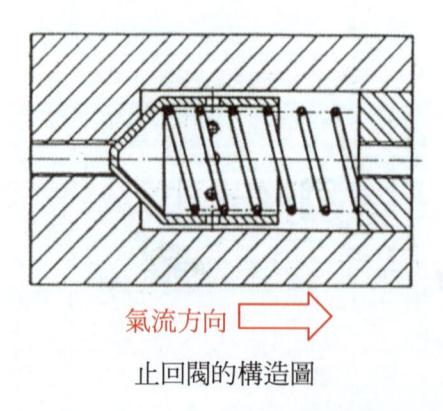

氣流方向 ⟹

止回閥的構造圖　　　　　止回閥的實體剖面圖

⬆ 圖 4-49　**止回閥的構造圖**

引導式止回閥

引導式止回閥則設有一個氣壓引導通氣口，此口通氣時，可將止回閥的閥塞頂開，允許氣壓可以逆流，其構造如圖 4-50 所示。

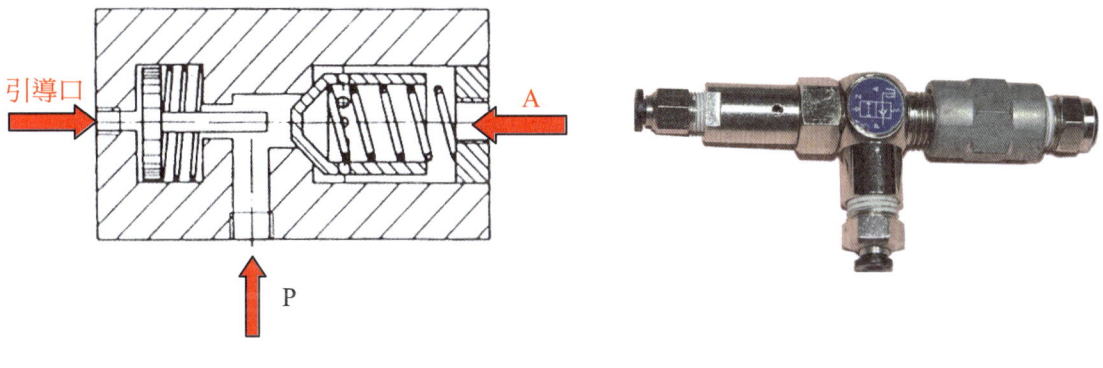

(a)引導式止回閥的構造圖　　　　(b)引導式止回閥的實體照片圖

圖 4-50　引導式止回閥的構造圖

鎖固定迴路

功能：如圖 4-51 所示，氣壓缸停止時，會鎖定停止於任何位置而不會滑動。

作動：

1. 當 5/3 電磁閥復歸中位時，止回閥引導口的訊號被切斷，氣壓缸即立即停止鎖固，管路中的氣壓被排放掉。
2. 利用 5/3 中位排氣型電磁閥控制氣壓缸的往復動作，並利用引導式止回閥執行氣壓缸的鎖固，引導式止回閥的安裝愈靠近氣壓缸效果愈好。
3. 為了使氣壓缸的速度穩定（氣壓缸可平滑地啟動，不會產生爆衝），除了使用單向節流閥以排氣節流之方式裝設之外，也可利用附止回減壓閥降壓，減壓閥中所附設之止回閥之目的，即在確保二次側壓力排放順暢。

▲ 圖 4-51

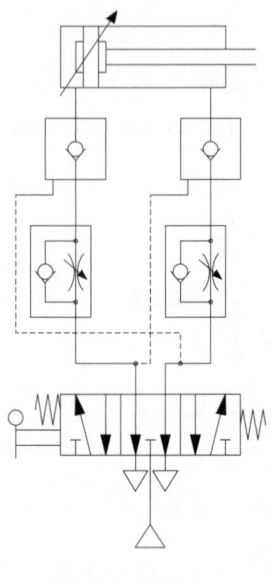

平衡迴路

功能：如圖 4-52 所示，負載缸於中間位置停止或緊急停止時，可用手輕易移動停止於任何位置而不會滑動。

作動：

1. 因負載缸活動塞兩側的有效斷面積不等，所以使用調壓閥將兩側分別作壓力調整，使活塞兩側趨於平衡，因此，啟動不會產生爆衝的動作。
2. 因為負載缸兩邊同時供氣，若對其施以外力，則可順著施力方向移動。
3. 為了使速度的穩定性更好，單向節流閥以排氣節流方式裝設，以提供抵抗運動之背壓來限制速度。

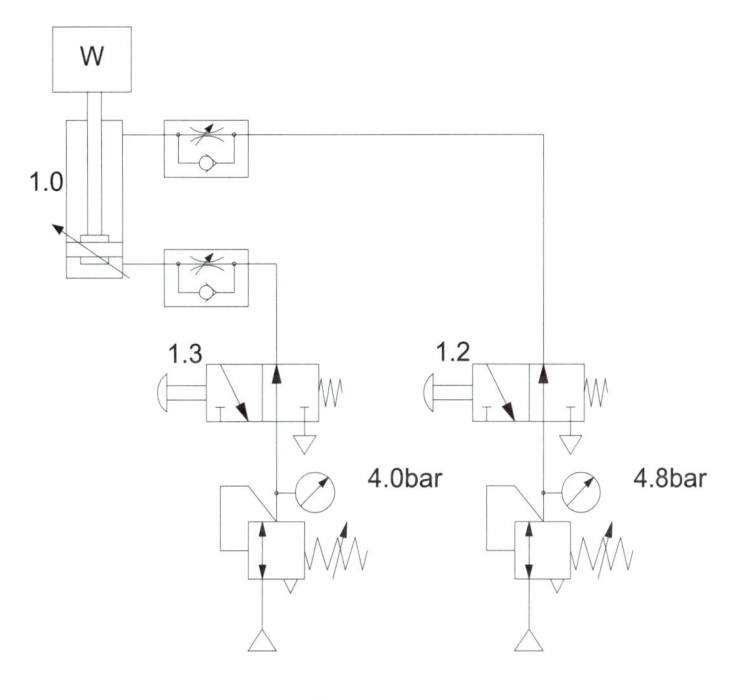

氣壓控制元件與其應用之基本迴路

▲ 圖 4-52

4-6-12 氣壓延時閥

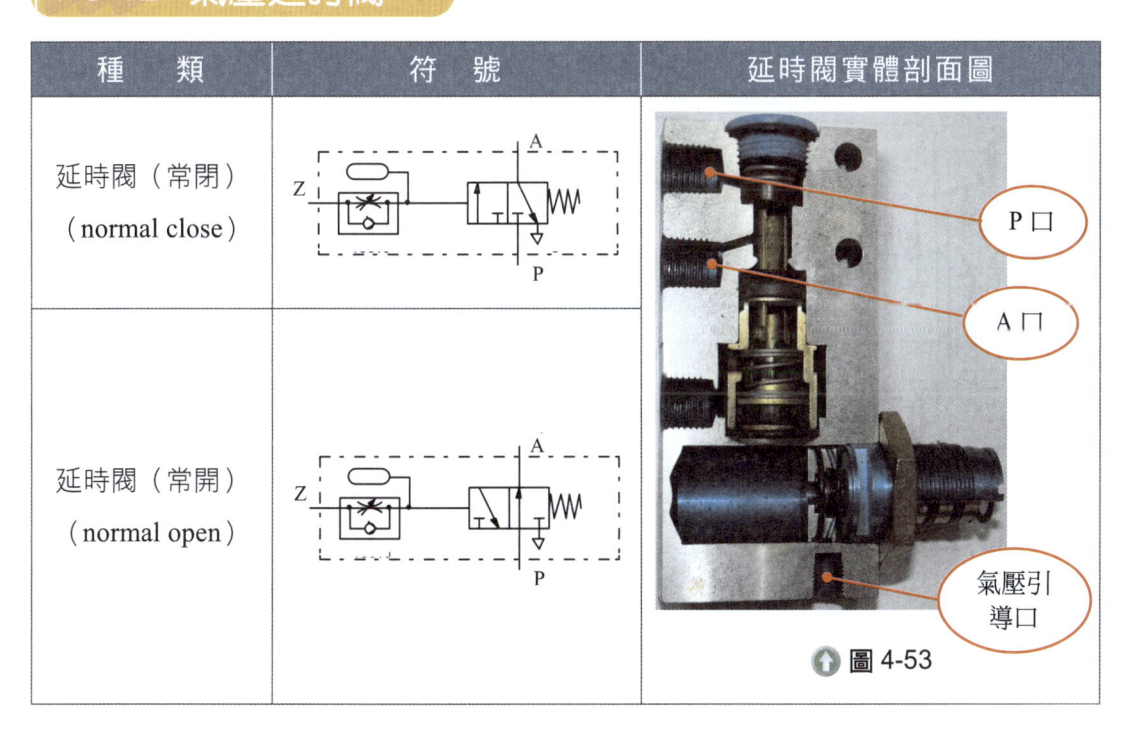

種　類	符　號	延時閥實體剖面圖
延時閥（常閉） （normal close）	(symbol diagram with ports A, Z, P)	(photo with labels P口, A口, 氣壓引導口) ▲ 圖 4-53
延時閥（常開） （normal open）	(symbol diagram with ports A, Z, P)	

109

氣壓延時閥為 3/2 彈簧復歸的方向閥與提供一延時功能的可調單向節流閥等雙重元件組合而成。其作動原理為引導氣壓由 Z 口進入，經單向節流閥進入空氣室，當空氣室充滿時則推動嚮導滑柱，使 3/2 方向閥位置轉換而使 P 口氣壓通往 A 口，如剖面圖 4-53，由此可知，當氣壓從 Z 口進入一直到 3/2 閥轉換，這段時間則是延時閥所延遲的時間，若要使延遲的時間加長，則控制單向節流閥的流量，以下實習迴路以型號 R333 延時閥（圖 4-54）為例，此閥可當成一選擇器或轉向器使用,若需要做更長時間的延遲,可在 7 號孔連結一個氣囊便可使時間延長，但若不使用，則必須以栓塞阻塞。

⬆ 圖 4-54　延時閥，型號 R333

實習迴路十七：按 ST 按鈕使氣壓缸前進，氣壓缸到達最前端時，停留 3 秒後，自動回行。

氣壓迴路圖：如圖 4-55 所示。

氣壓控制元件與其應用之基本迴路

圖 4-55

實驗步驟

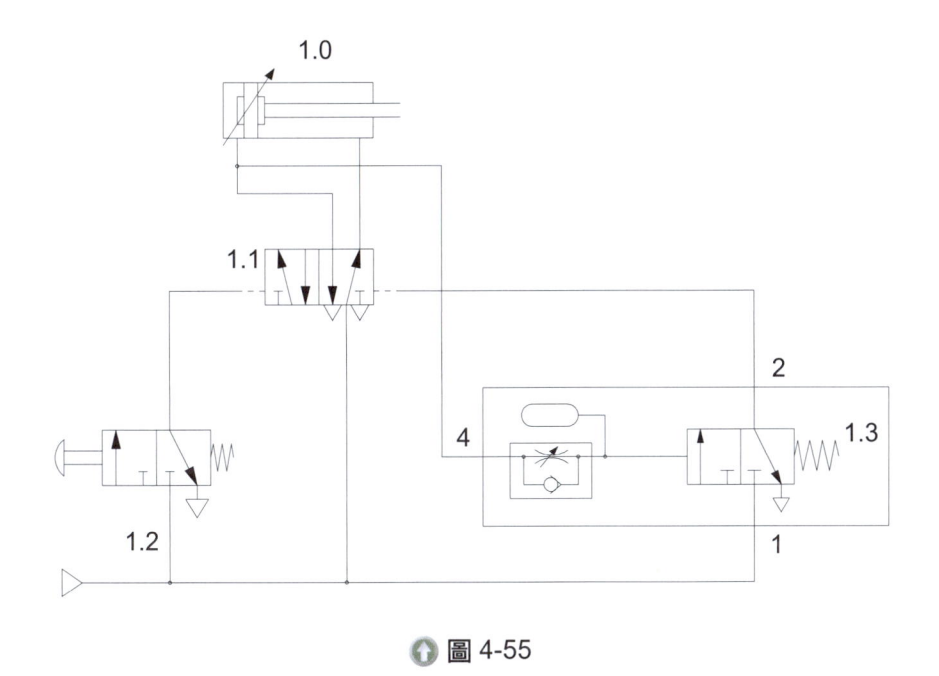

裝配迴路要領

- **Step 1** 依據氣壓迴路圖管線的繪製，先完成氣壓源的接線，再以**由下而上、由左而右**的原則來裝配管路。
- **Step 2** 將方向閥 1.1 編號 1 的接口、按鈕開關 1.2 的 3 號輸入口與延時閥 1.3 編號 1 的接口都接至壓力源。
- **Step 3** 將按鈕開關 1.2 的 4 號輸出口接至方向閥 1.1 的 4 號訊號輸入口。
- **Step 4** 方向閥 1.1 的兩個輸出口 8 號接至氣缸前端而 2 號輸出口接至三通接頭獲得二個輸出口，一個接至氣缸後端入口，另一則接至延時閥 1.3 的 4 號的訊號口，而延時閥 1.3 的 2 號輸出口接至方向閥 1.1 的 6 號訊號輸入口，則接線完成。
- **Step 5** 測試並調整延時閥的時間。

操作說明

Step 1 操作滑動洩壓閥開啟氣壓源，操作按鈕開關 1.2，則方向閥 1.1 換位氣缸前行。

Step 2 方向閥 2 號孔輸出之壓縮空氣除了產生氣缸的前進運動外，同時亦供應延時閥 1.3，使它開始計時，當計時完成後產生輸出，則方向閥 1.1 復位，氣缸回行。

Step 3 延時閥使用一字形螺絲起子作時間的調整，往下旋轉則延遲的時間越長，反之，則越短，必須注意的是要輕輕的調整不可太用力，否則延時閥很容易故障，以致失效。

使用上應注意事項

利用延時閥作氣缸端點位置之控制，氣缸是否能到達頂點，其變因非常多，**例如壓力降或氣缸在中間任何位置遇到阻力**，因此在異常狀況氣缸有可能在未達到端點位置時，因延時閥已計時完成，使方向閥復位，氣缸回行，所以設計者在選用此元件時，必須先有所體認。此類迴路，雖操作可靠性不高，但在無法裝設極限開關或某種特殊場合，卻可利用它來控制動作之進行。

◉ 深入探索

請於圖 4-55 迴路中之適當位置加入壓力錶，以觀察延時閥的運作情形。

實習迴路十八：按 ST 按鈕使氣壓缸前進，氣壓缸到達最前端碰到極限開關時，才開始計時 4 秒後自動回行。

氣壓迴路圖：如圖 4-56 所示。

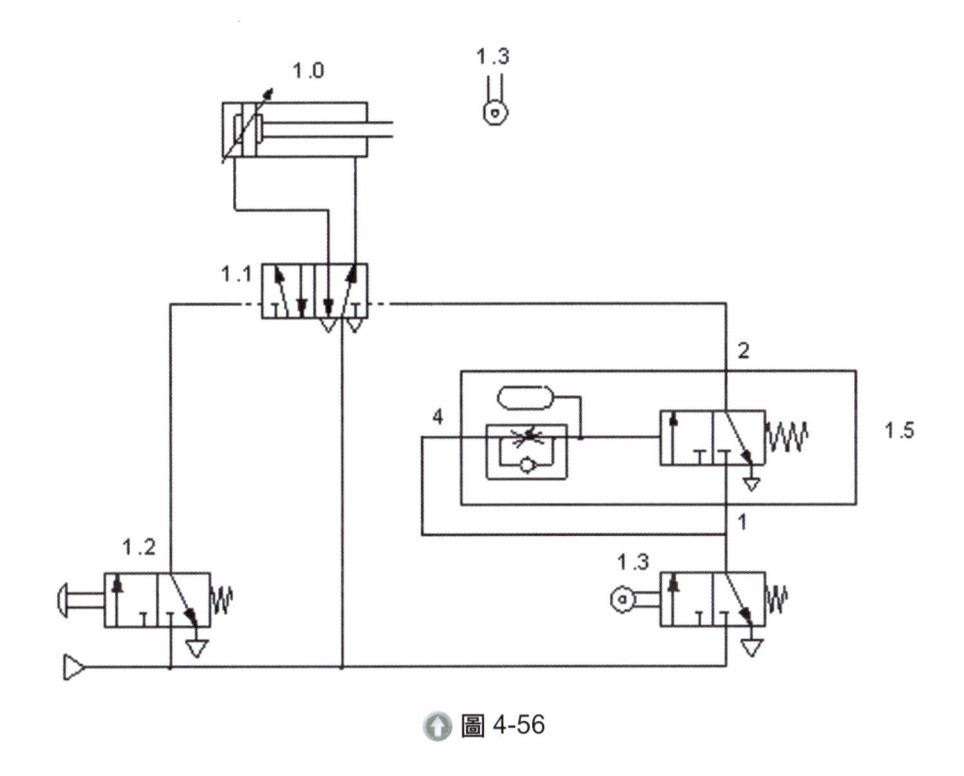

氣壓控制元件與其應用之基本迴路

↑ 圖 4-56

實驗步驟

裝配迴路要領

Step 1　依據氣壓迴路圖管線的繪製，先完成氣壓源的接線，再以<u>由下而上、由左而右</u>的原則來裝配管路。

Step 2　將方向閥 1.1 編號 1 的接口、按鈕開關 1.2 與極限開關 1.3 編號 P 的接口都接至壓力源。

Step 3　方向閥 1.1 的兩個輸出口 8 號接至氣缸前端而 2 號輸出口接至氣缸後端入口。

Step 4　將按鈕開關 1.2 的 4 號輸出口接至方向閥 1.1 的 4 號訊號輸入口。

Step 5　極限開關 1.3 的輸出口 A 接至三通接頭獲得二個輸出口，一個接至延時閥 1.5 的 1 號的壓源輸入口，另一個接至延時閥 1.5 的 4 號的訊號口，而延時閥 1.5 的 2 號輸出口接至方向閥 1.1 的 6 號訊號輸入口，則接線完成。

Step 6　測試並調整延時閥的時間。

操作說明

Step ❶ 操作滑動洩壓閥開啟氣壓源,操作按鈕開關 1.2,則方向閥 1.1 換位氣缸前行。

Step ❷ 當氣缸 1.0 到達前進端點,作動極限開關 1.3,則延時閥 1.5 開始計時,計時 4 秒完成延時閥 1.5 輸出,促使方向閥 1.1 復位,氣缸回行。

深入探索

請你在此迴路以排氣節流方式加入單向節流閥,以控制氣壓缸 2 秒到達最前端的極限開關,停留 5 秒後自動回行,並以 2 秒回到原點。

4-6-13 壓力控制閥

種　類	符　號	功　能　說　明
順序閥 （程序閥）	(符號圖)	順序閥於壓力達到所設定的壓力值時，會頂開其控制閥，使壓力源 P 通到 A 出口，其壓力的設定是調整螺絲對彈簧的作用力而定，其構造如圖 4-57、圖 4-58 所示。
調壓閥	(符號圖)	調壓閥是將較高的壓力調整為所使用的壓力，並使氣壓穩定不受流量因素的影響，如空氣調理組所用的調壓閥。
釋壓閥	(符號圖)	釋壓閥是用來防止系統內壓力超過一定值，以保護系統內元件與迴路安全的安全閥。
組合閥瓣	(符號圖)	順序閥（程序閥）
	(符號圖)	真空順序閥（真空程序閥），如圖 4-59 所示。

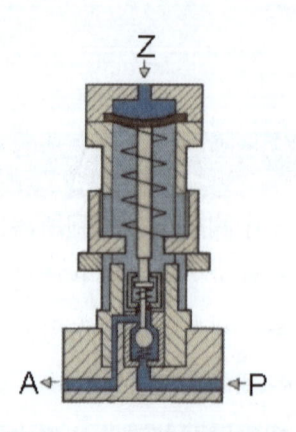

▲ 圖 4-57　順序閥實體圖　　▲ 圖 4-58　順序閥構造圖　　▲ 圖 4-59　真空順序閥實體圖

實習迴路十九：按 1.2 按鈕使氣壓缸前進，氣壓缸到達 1.5 極限開關時，而且達到某一壓力以上後，氣壓缸自動回行。

氣壓迴路圖：如圖 4-60 所示。

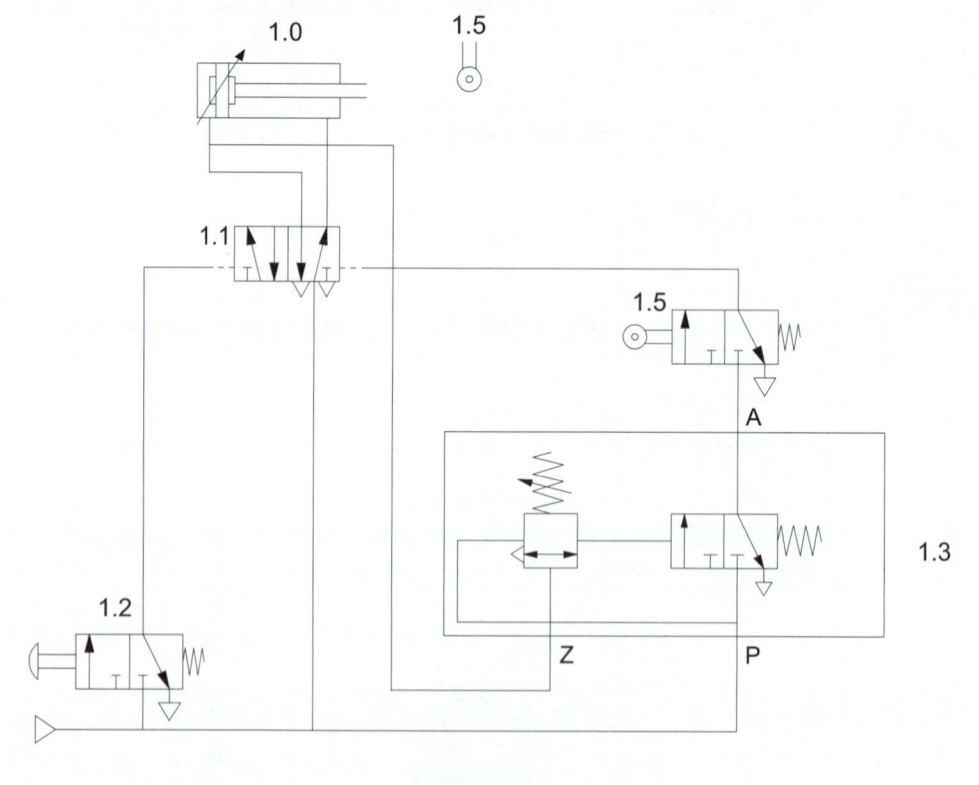

▲ 圖 4-60

氣壓控制元件與其應用之基本迴路

實驗步驟

裝配迴路要領

Step 1 依據氣壓迴路圖管線的繪製，先完成氣壓源的接線，再以<u>由下而上、由左而右</u>的原則來裝配管路。

Step 2 將方向閥 1.1 編號 1 的接口、按鈕開關 1.2 與程序閥 1.3 編號 P 的接口都接至壓力源。

Step 3 將按鈕開關 1.2 的 4 號輸出口接至方向閥 1.1 的 4 號訊號輸入口，方向閥 1.1 的兩個輸出口 8 號接至氣缸前端而 2 號輸出口接至三通接頭獲得二個輸出口，一個接至氣缸後端入口，另一則接至程序閥 1.3 的訊號輸入口 Z 口。

Step 4 程序閥 1.3 的輸出口 A 接至極限開關 1.5 的壓源輸入口 P，而其輸出口 A 接至方向閥 1.1 的 6 號訊號輸入口，則接線完成。

操作說明

Step 1 操作滑動洩壓閥開啟氣壓源，操作按鈕開關 1.2，則方向閥 1.1 換位氣缸前行。

Step 2 當氣缸 1.0 到達前進端點，作動極限開關 1.5，此時因活塞固定不動，只要壓力達到程序閥 1.3 之設定壓力，程序閥 1.3 則輸出壓縮空氣，通過作動的極限開關 1.5 促使方向閥 1.1 復位氣缸回行。

Step 3 程序閥壓力之調整為先將程序閥 1.3 的調整螺絲向上旋轉，(至於旋轉幾圈無一定的限制，視所設定壓力而定)，然先操作按鈕開關 1.2，使迴路產生循環動作，當氣缸到達前進端點作動極限開關 1.5，如果氣缸無稍作停頓而馬上回行，則必須再將調整螺絲往上旋轉，直到氣缸到達前進端點稍作停頓方才回行為止。

Step ④ 如果氣缸到達前進端點，作動極限開關 1.5，而氣缸無回行之動靜或停頓太久方才回行，此種現象為程序閥之設定壓力過高，因此需將調整螺絲往下旋轉，直到氣缸到達前進端點稍作停頓方才回行為止。

深入探索

1. 請於圖 4-60 迴路中之適當位置加入壓力錶，以觀察程序閥的運作情形。
2. 請於圖 4-60 迴路中，以**入口節流**方式加入單向節流閥，以觀察程序閥的運作情形，並設定程序閥的預設壓力為 5 bar？

實習迴路二十： 按 1.2 按鈕使氣壓缸前進，達到某一壓力以上後，氣壓缸自動回行（無前進端點的極限開關）。

氣壓迴路圖：如圖 4-61。

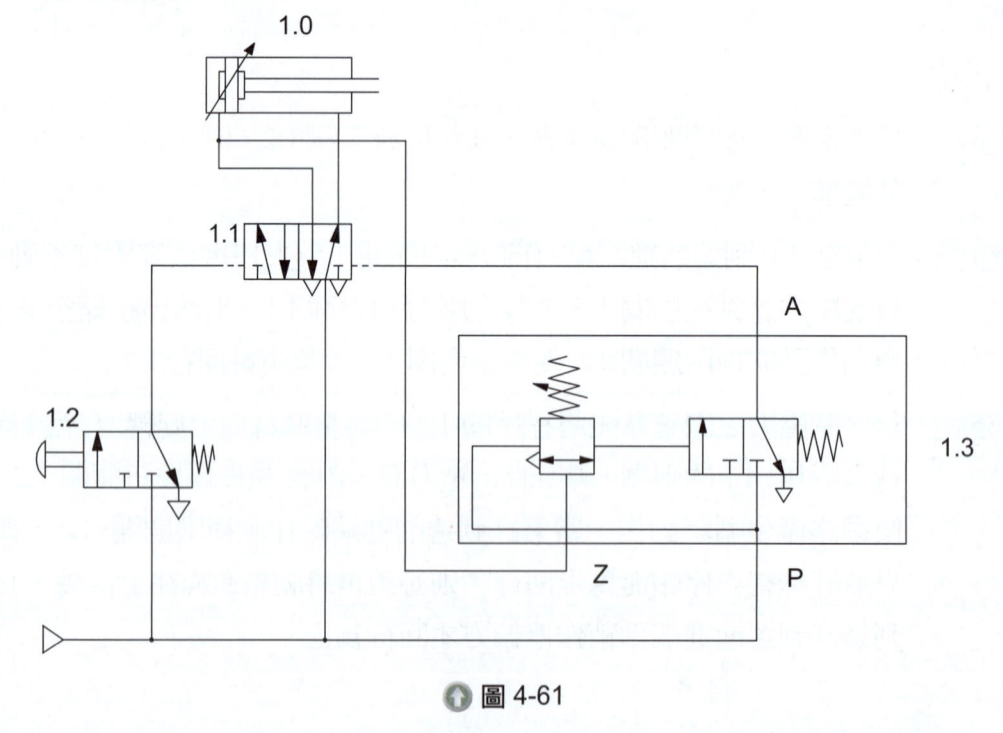

▲ 圖 4-61

實驗步驟

裝配迴路要領

Step 1 依據氣壓迴路圖管線的繪製，先完成氣壓源的接線，再以**由下而上、由左而右**的原則來裝配管路。

Step 2 將方向閥 1.1 編號 1 的接口、按鈕開關 1.2 編號 3 的接口與程序閥 1.3 編號 P 的接口都接至壓力源。

Step 3 將按鈕開關 1.2 的 4 號輸出口接至方向閥 1.1 的 4 號訊號輸入口，方向閥 1.1 的兩個輸出口 8 號接至氣缸前端而 2 號輸出口接至三通接頭獲得二個輸出口，一個接至氣缸後端入口，另一則接至程序閥 1.3 的訊號輸入口 Z 口。

Step 4 程序閥 1.3 的輸出口 A 接至方向閥 1.1 的 6 號訊號輸入口，則接線完成。

操作說明

Step 1 操作滑動洩壓閥開啟氣壓源，操作按鈕開關 1.2，則方向閥 1.1 換位氣缸前行。

Step 2 當氣缸 1.0 到達前進端點，此時因活塞固定不動，只要壓力達到程序閥 1.3 之設定壓力，程序閥 1.3 則輸出壓縮空氣促使方向閥 1.1 復位氣缸回行。

Step 3 程序閥壓力之調整要領同前一個例子。

使用上應注意事項

1. 程序閥壓力之設定，其開關接轉點（作動）的壓力必須小於有效工作壓力，如果壓力設定太高則無法完成全部行程（假設工作壓力為 6 bar，則程序閥的設定壓力必須小於 6 bar）。

2. 利用程序閥控制氣缸之回行，在正常狀況，程序閥只有在氣缸到達端點位置時，方才輸出訊號，但是，如果活塞停止在中間的任一位置（例如在行進之過程中遇到阻力而停止），只要能產生最大壓力（令程序閥作動），氣缸雖還未到達端點，亦會出現回行狀況。

3. 基於上述理由，此類控制只有在對操作確定性的要求不太大或無法使用極限開關或遭遇某一特別相反阻力需要回行之處使用。

4. 使用壓力操作控制必須注意節流閥的裝設位置，同時依功能需要在入口或出口裝設節流閥。

4-6-14 真空產生器

真空概述

真空的產生是利用文氏管原理，將壓縮空氣來產生真空，再配合適當大小的吸盤，就可輕易實現自動化的目的，目前已在許多產業有廣泛的應用，如汽車生產工廠內，車門與玻璃的搬運、半導體元件組裝、食品製作機械、塑膠成品產業、汽車零件組裝、電子產業與機器人等。總之，對於任何表面光滑且不透氣的物體皆可利用真空吸取後保持。

真空產生裝置的種類

真空產生裝置的種類有真空產生器與真空泵兩種。

種類名稱	符　號	功　能　說　明
真空產生器		真空產生器是利用文氏管原理，藉由壓縮空氣的流動而形成一定真空度的氣動元件，如圖 4-62。
吸　盤		吸盤是配合真空產生裝置而使用的，如圖 4-63。
真空泵		真空泵是吸入口形成負壓，排氣口直接通大氣，兩端壓力比很大的抽除氣體的機械。

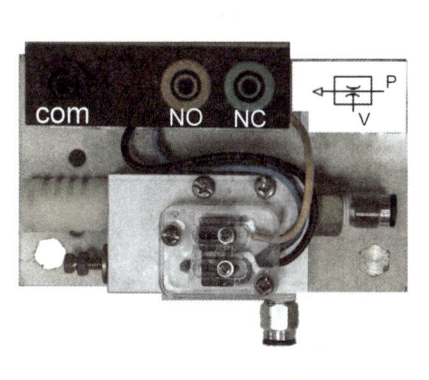

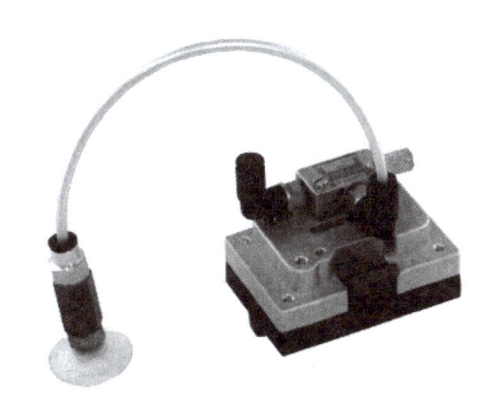

▲ 圖 4-62　　　　　　　　　　　　▲ 圖 4-63　真空產生器暨吸盤

負壓控制迴路

實習迴路二十二： 當 1.2 閥啟動真空產生器後，當真空壓力達到 -0.5kgf/cm² 時，負壓程序閥 1.3 即輸出並使 1.1 方向閥切換（真空產生器停止）。

氣壓迴路圖：如圖 4-64 所示。

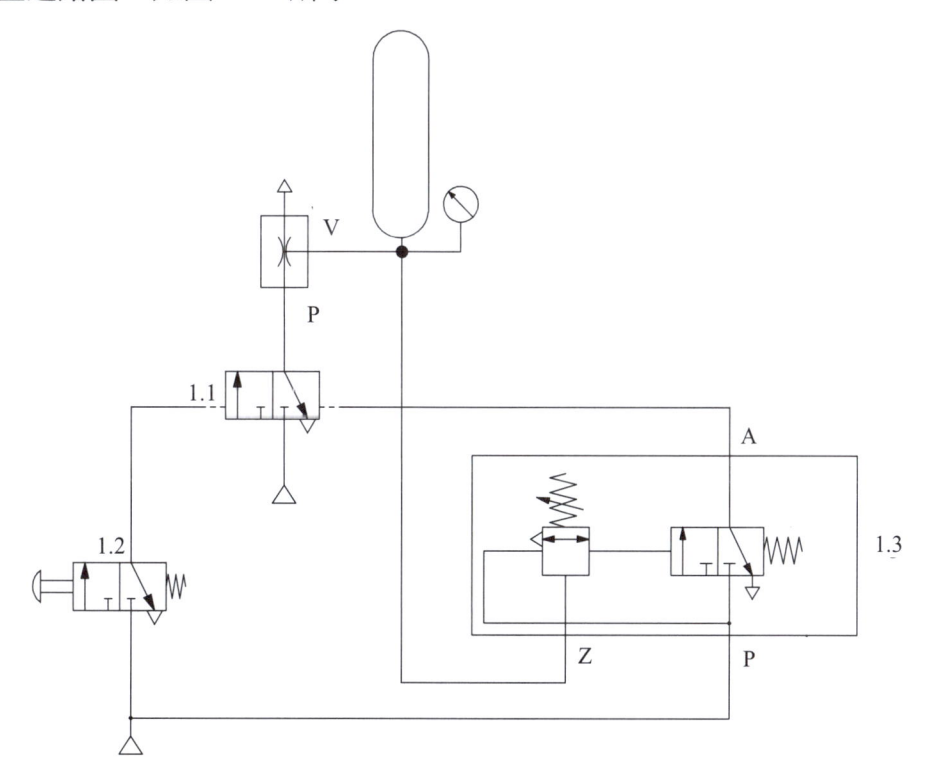

▲ 圖 4-64

實驗步驟

裝配迴路要領

- **Step 1** 依據氣壓迴路圖管線的繪製，先完成氣壓源的接線，再以由下而上、由左而右的原則來裝配管路。
- **Step 2** 將方向閥 1.1 編號 1 的接口、按鈕開關 1.2 編號 3 的接口與負壓程序閥 1.3 編號 P 的接口都接至壓力源。
- **Step 3** 將按鈕開關 1.2 的 4 號輸出口接至方向閥 1.1 的 4 號訊號輸入口，方向閥 1.1 的 2 號輸出口接至真空產生器的 P 口。
- **Step 4** 真空產生器的 V 口接至氣囊、負壓力表與負壓程序閥 1.3 的訊號輸入口 Z 口。
- **Step 5** 程序閥 1.3 的輸出口 A 接至方向閥 1.1 的 6 號訊號輸入口，則接線完成。

操作說明

- **Step 1** 操作滑動洩壓閥開啟氣壓源，操作按鈕開關 1.2，則方向閥 1.1 換位使真空產生器開始抽真空。
- **Step 2** 當負壓力表顯示真空壓力達到 -0.5 kgf/cm^2 時，負壓程序閥 1.3 即輸出並使 1.1 方向閥切換，此時，真空產生器停止動作。

使用上應注意事項

欲達到的真空壓力與其壓力源之大小有關，操作時若真空壓力未能達到較小的真空度，則應將壓力源之壓力調大。

4-6-15 氣壓計數器

種類名稱	符　號	功　能　說　明
減數計數器	(符號圖)	由預設數目依序往下遞減直到數字為 0，即氣源 P 口接通 A 口送出氣壓訊號，如圖 4-65。 PS：箭頭方向逆時針為減數計數器，X 口為訊號輸入端，R 口為重置端。
加數計數器	(符號圖)	由 0 依序往上遞增直到預設之數目為止。
差數計數器	(符號圖)	比較兩個訊號之次數差時使用。

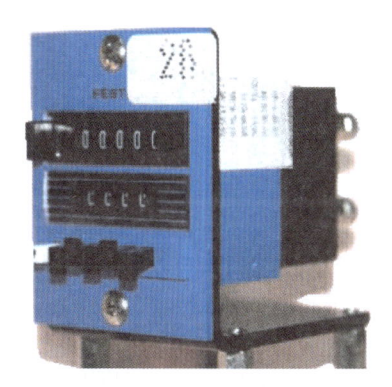

● 圖 4-65　計數器

計數器控制迴路

　　實習迴路二十二：按 1.2 按鈕 N 次（計數器設定的次數），使氣壓缸前進、後退往復一次。

　　氣壓迴路圖：如圖 4-66 所示。

◎ 圖 4-66

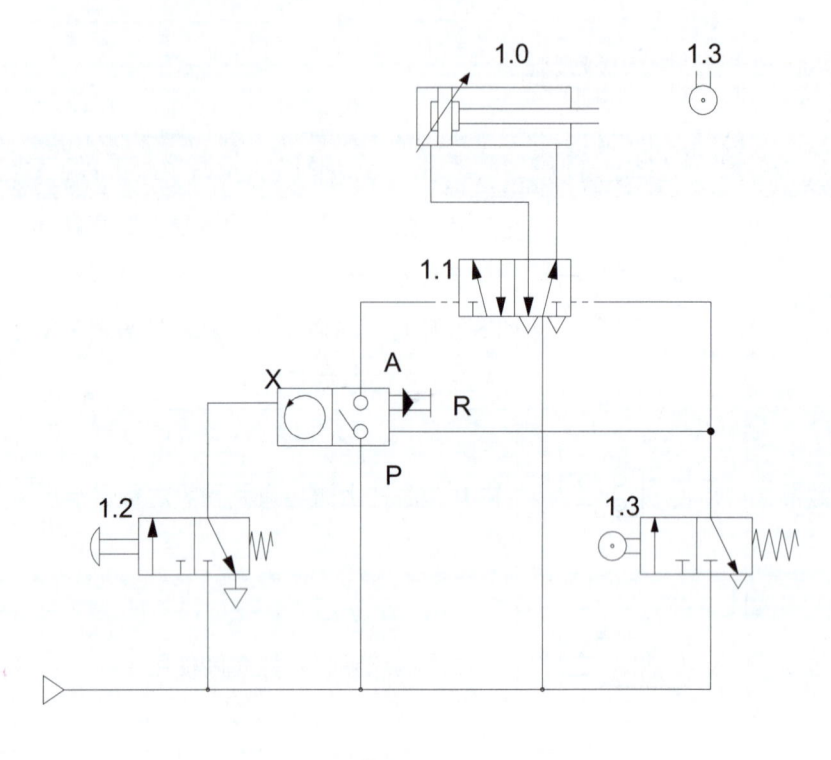

實驗步驟

裝配迴路要領

Step 1 依據氣壓迴路圖管線的繪製，先完成氣壓源的接線，再以**由下而上、由左而右**的原則來裝配管路。

Step 2 將方向閥 1.1 編號 1 的接口、按鈕開關 1.2 編號 3 的接口、輥輪開關 1.3 的 P 口與計數器編號 P 的接口都接至壓力源。

Step 3 將按鈕開關 1.2 的 4 號輸出口，接至計數器的 X 接口，再將計數器的 A 口接至方向閥 1.1 的 4 號引導口。

Step 4 將方向閥 1.1 的兩個輸出口，8 號接至氣壓缸前端接口，2 號接至氣壓缸後端接口。

Step 5 輥輪開關 1.3 的 A 口接到方向閥 1.1 的 6 號引導口與計數器編號 R 的接口。

操作說明

Step❶ 設定計數器的次數為 3。

Step❷ 操作滑動洩壓閥開啟氣壓源，壓放按鈕開關 1.2 一次，則計數器則顯示的次數減 1，每按一次則計數器的數字減 1，直到計數器的數字為 0 則 P 口的氣壓通往 A 口，使方向閥 1.1 位置轉換而氣壓缸前進。

Step❸ 氣壓缸前進到輥輪開關 1.3 後，1.3 之 P 口壓力使方向閥 1.1 復位，氣壓缸回行，另外一分支壓力使計數器歸零，可重新啟動。

● 深入探索

請修改圖 4-66 迴路圖為按鈕 1.2 啟動一次，則氣壓缸往復作動三次。

4-6-16　3/2 單向作動輥輪方向閥

此種方向閥只有單方向作動時會有輸出，在控制迴路中一般均用來作訊號之消除或只容許單向作輸出之場所，其外觀如圖 4-67 所示。

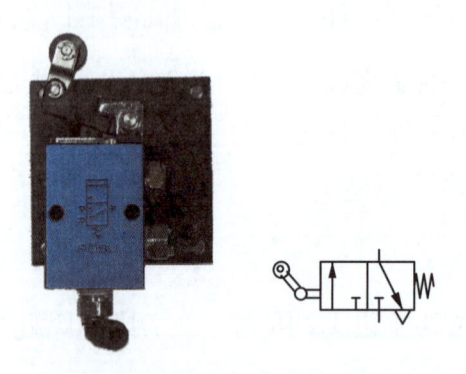

◆ 圖 4-67　3/2 單向作動輥輪方向閥暨符號

實驗步驟

使用上應注意事項

1. 使用單向作動輥輪開關來作訊號消除，在應用上須注意以下各點：
   (1) 因為閥必須完全通過，故訊號不能在端點位置產生。
   (2) 開關接轉點的位置視元件的細節設計，通過的快慢速度以及控制凸輪的長度而定（即速度快時碰撞之凸輪須較長，反之則較短即可，否則無法獲得一有效之控制訊號）。
   (3) 因為微動開關在端點位置再度釋放（微動開關並不是安裝在確實之頂點），當氣缸到達頂點位置時，微動開關已無作動之外力，故無訊號再作後續操作。
2. 如果接線無錯誤，元件及壓力均正常，但迴路無法啟動，此時必須檢查開關之作動是否確實。
3. 利用單向作動輥輪來作訊號消除時，最好加裝節流閥控制氣缸之速度。

第 4 章 學後評量

選擇題：

4-5 **1.** (　) 引導操作止回閥由控制信號開啟，其符號為：

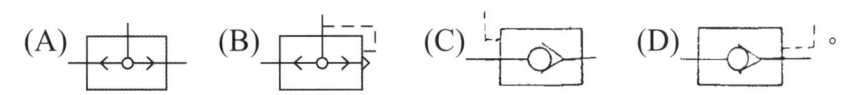

(A) ![] (B) ![] (C) ![] (D) ![] 。

4-5 **2.** (　) 快速排氣閥的符號是：

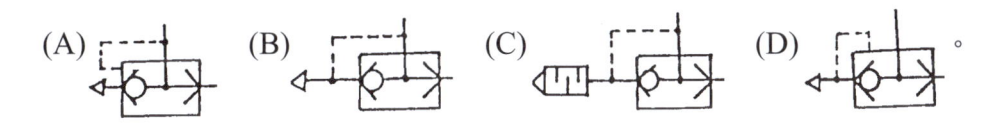

(A) ![] (B) ![] (C) ![] (D) ![] 。

4-6-12 **3.** (　) 此符號 ![] 所代表的控制閥是：
(A)延時啟動，瞬間復歸，常閉式延時閥
(B)延時啟動，瞬間復歸，常開式延時閥
(C)瞬間啟動延時復歸，常閉式延時閥
(D)瞬間啟動延時復歸，常開式延時閥。

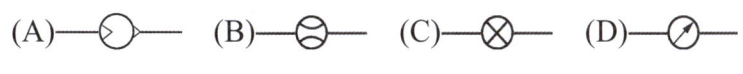

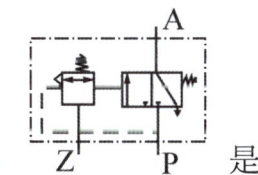

4-5 **4.** (　) 流量計的符號：
(A) ─⊖─　(B) ─⊗─　(C) ─⊗─　(D) ─⊘─

4-5 **5.** (　) 右圖 ![] 是
(A)止回閥　(B)脈衝頂出器　(C)真空順序閥　(D)氣壓噴射器。

4-6-2 **6.** (　) 節流閥的功用為
(A)增加壓力　(B)改變流量　(C)改變氣壓的方向　(D)減低壓力。

4-6-1 **7.** (　) 3/2 位閥在迴路控制中主要是作
(A)引導　(B)開關　(C)自保　(D)記憶　用。

4-6-12 8. （　）利用單向流量控制閥及氣壓操作彈簧偏位一常開式 3 口 2 位閥組合可得何種功能
(A)輸入短訊號（壓力）有長訊號（壓力）輸出
(B)輸入長訊號（壓力）有短訊號（壓力）輸出
(C)輸入訊號（壓力）後延一段時間後有訊號（壓力）輸出
(D)切斷輸入訊號（壓力）後延一段時間才切斷輸出訊號（壓力）。

4-1 9. （　）方向控制閥之符號中，A 通口表示　(A)氣源　(B)工作管路　(C)引導管路　(D)排放管路。

4-6-13 10. （　）順序閥是屬　(A)止回閥　(B)快速排放閥　(C)壓力控制閥　(D)方向閥的一種。

Chapter 5 氣壓迴路圖設計

5-1 運動順序與運動圖

5-2 直覺法（經驗法）

5-3 串級法

學後評量

上述章節已介紹了氣壓的基本元件與基本控制迴路，接下來我們將討論如何設計純氣壓迴路，初學者除了瞭解氣壓迴路設計之方法與步驟之外，更能瞭解當氣壓迴路出現故障時，如何進行偵錯並排除故障點。

5-1 運動順序與運動圖

單支氣壓缸的動作可能用文字敘述即可將其描述清楚，但是兩支以上的氣壓缸之運動順序，就必須使用運動圖才能清楚地描述其動作順序與氣壓缸彼此的關係，也助於迴路設計的工作。常用的運動圖可分為位移步驟圖與位移時間圖（時序圖）兩種，其差異在於座標軸單位的不同，茲說明如下。

5-1-1 位移步驟圖

位移步驟圖是以氣壓缸的位移為縱座標（Y 軸），運動順序的步驟（Step）為橫座標（X 軸），如圖 5-1 所示。

運動順序：A+　B+　A−　B−

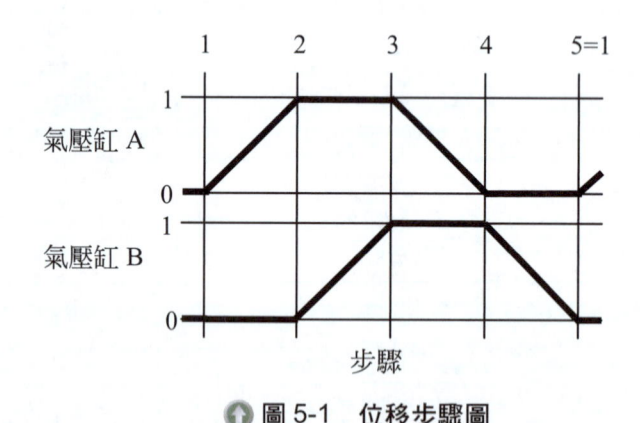

圖 5-1　位移步驟圖

5-1-2 位移時間圖（時序圖）

位移時間圖（時序圖）可顯示出各氣壓缸行程與時間的關係。橫軸（X 軸）可標示出時間的長短或間隔繪短表示時間較快，如圖 5-2、圖 5-3 所示。

運動順序：A＋ B＋ A－ B－

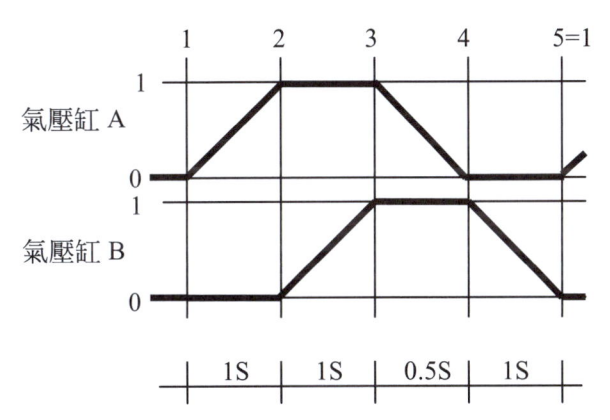

⬆ 圖 5-2　位移時間圖（X 軸標示出時間的長短）

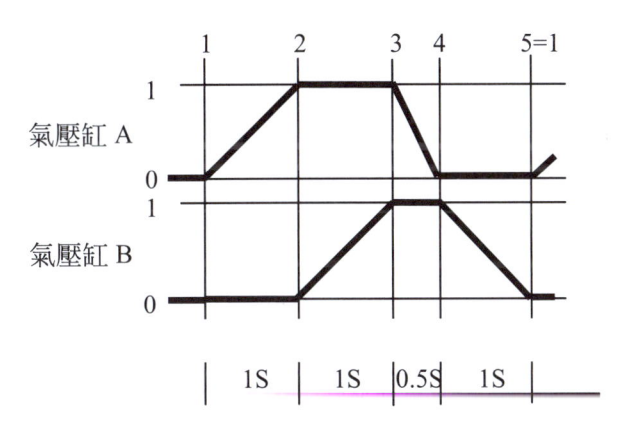

⬆ 圖 5-3　位移時間圖（X 軸以間隔繪短表示時間較快）

5-2 直覺法（經驗法）

　　直覺法就是按照設計者個人主觀意識與經驗來設計迴路，較簡單的動作順序可以此法很快地完成設計；此法缺乏客觀的理論分析，對於較複雜的控制系統需花費較多的時間去設計，不易偵錯和維修。直覺法之訊號切斷，一般採用單向輥輪切斷。

直覺法設計步驟

- Step 1　確定運動圖。
- Step 2　繪上氣壓缸及關聯的方向控制閥，並依據需求決定每一開關的位置及命名。
- Step 3　寫出工作元件的運動順序並決定每一動作所觸發的極限開關。
- Step 4　將運動順序由左至右一步一步轉移到氣壓迴路圖。

● 實驗說明 ● 1

　　某一機台有 A、B 兩支缸，動作順序是：A 缸前進之後 B 缸再前進，然後 A 缸後退，B 缸再後退，請設計其氣壓迴路圖。

直覺法設計步驟如下：

- Step 1　確定運動圖。

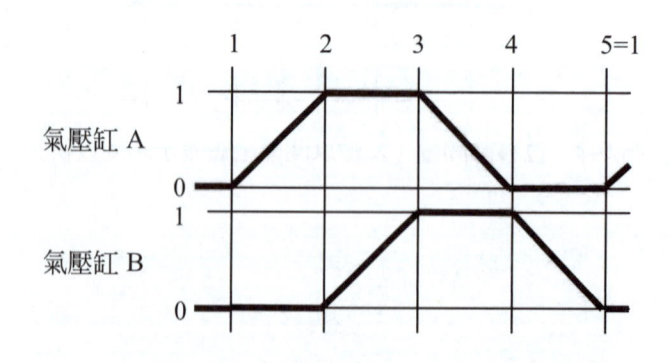

運動順序 A+ B+ A− B− 之位移步驟圖

Step 2 繪上氣壓缸及關聯的方向控制閥，並依據需求決定每一開關的位置及命名。

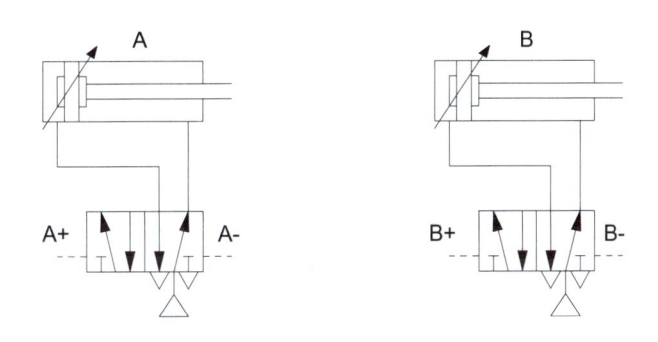

Step 3 寫出工作元件的運動順序並決定每一動作所觸發的極限開關。

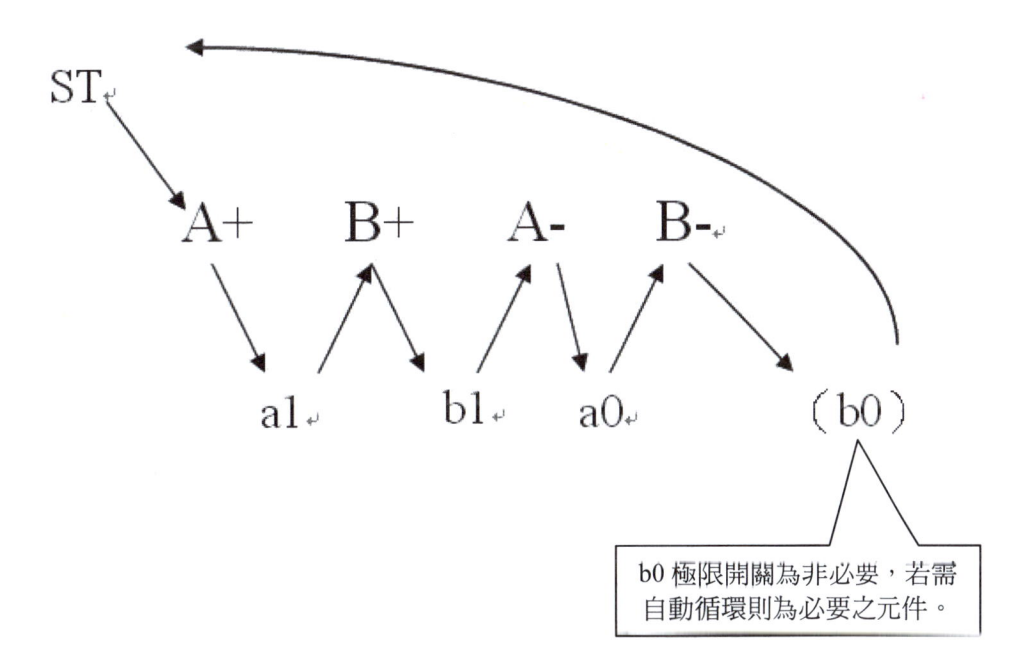

ST → A+ → B+ → A- → B-

A+ → a1, B+ → b1, A- → a0, B- → (b0)

b0 極限開關為非必要，若需自動循環則為必要之元件。

Step 4 將運動順序由左至右一步一步轉移到氣壓迴路圖。

(1) ST 按鈕為 A+ 的開關，故畫在 A+ 的下面。

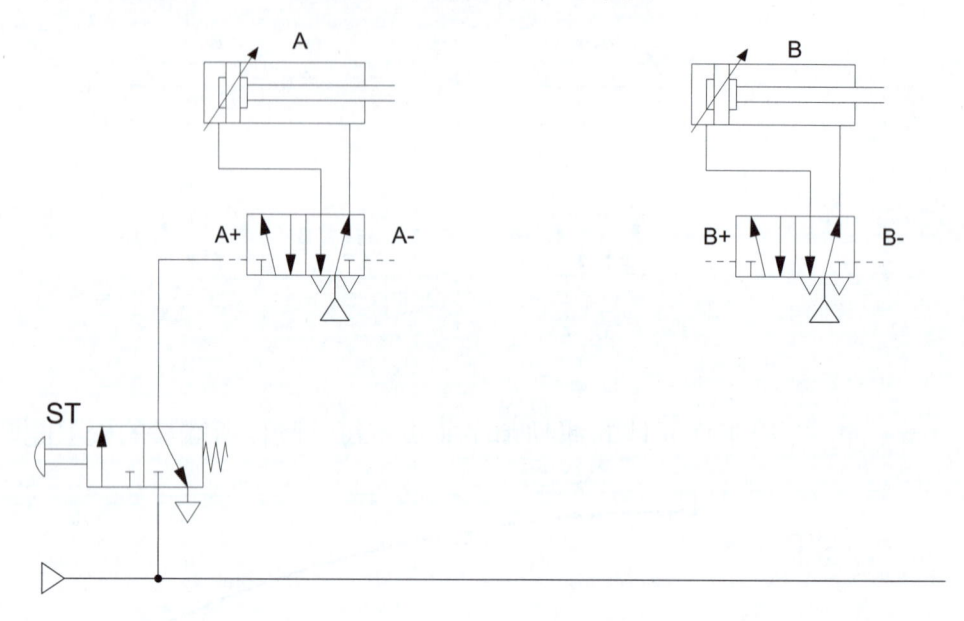

(2) A+ 的動作觸發 a1 極限開關，故 a1 為下一個動作 B+ 的開關，故畫在 B+ 的下面。

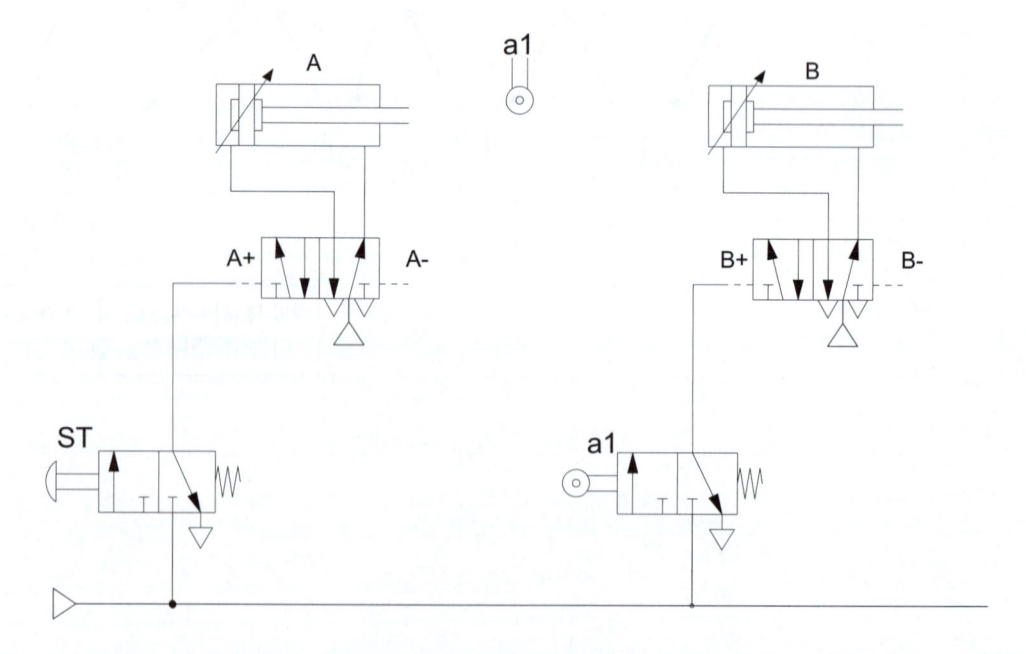

(3) B＋的動作觸發 b1 極限開關，故 b1 為下一個動作 A－的開關，故畫在 A－的下面。

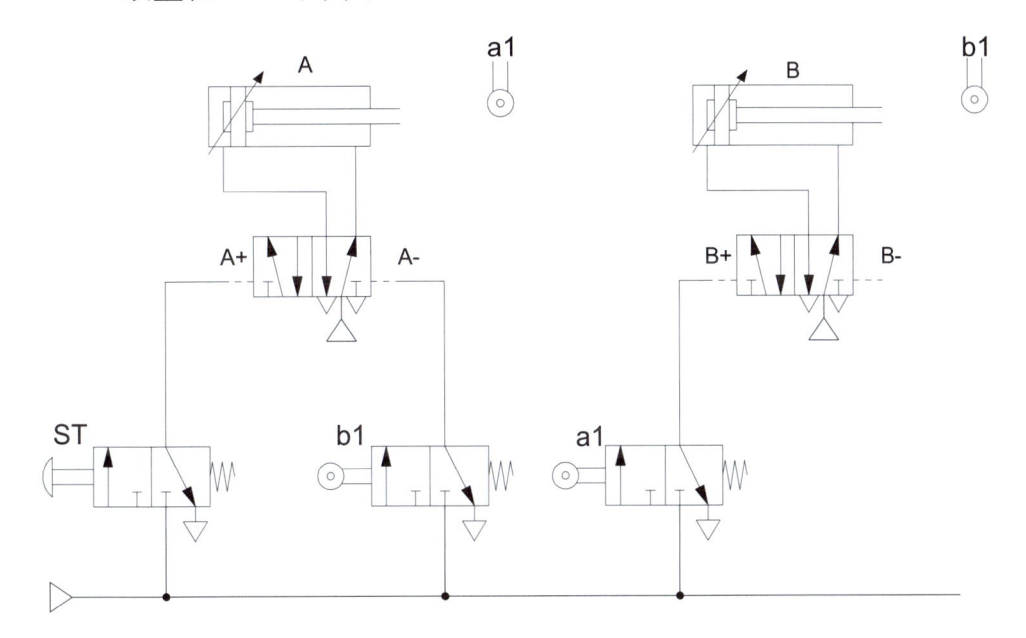

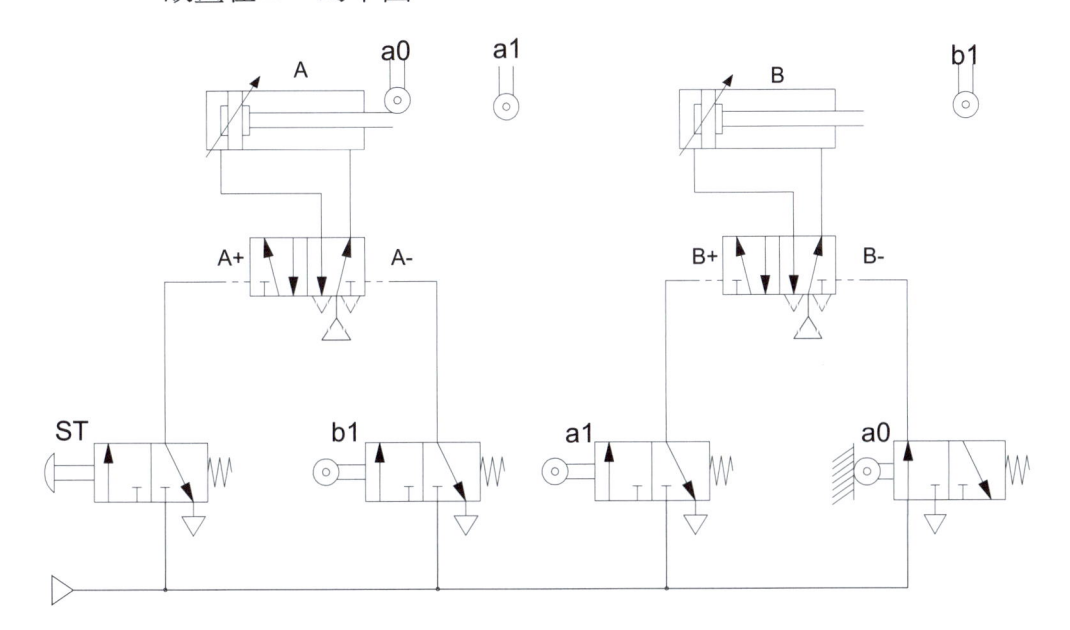

(4) A－的動作觸發 a0 極限開關，故 a0 為下一個動作 B－的開關，故畫在 B－的下面。

實驗步驟

裝配迴路要領

Step ❶ 將 A、B 兩缸之方向控制閥 P 口接上氣壓源，再將方向控制閥之 A、B 口分別接到兩支氣壓缸之前後接口，並清楚方向控制閥之 A＋、A－、B＋、B－之控制訊號接口位置。

Step ❷ 正確擺放極限開關（a0、a1、b1）之位置，並測試兩支氣壓缸能確實觸碰。

Step ❸ 依據氣壓迴路圖管線的繪製，先完成氣壓源的接線，再以由下而上、由左而右的原則來裝配管路，因此，由 ST、b1、a1、a0 等訊號元件之順序來裝配。

Step ❹ 將上述 ST、b1、a1、a0 等訊號元件的 P 口接至氣壓源。

Step ❺ 將 ST 啟動開關之 A 口接至所要控制的動作 A＋。

Step ❻ 將 b1 訊號元件之 A 口接至所要控制的動作 A－。

Step ❼ 將 a1 訊號元件之 A 口接至所要控制的動作 B＋。

Step ❽ 將 a0 訊號元件之 A 口接至所要控制的動作 B－，則接線完成。

深入探索

若要將此單一循環之控制迴路改為自動往復循環，應如何修改？

實驗說明 2

某一機台有 A、B 兩支缸，動作順序是：A 缸前進之後 B 缸再前進，然後 B 缸後退，A 缸再後退，請設計其氣壓迴路圖。

直覺法設計步驟如下

Step 1 確定運動圖。

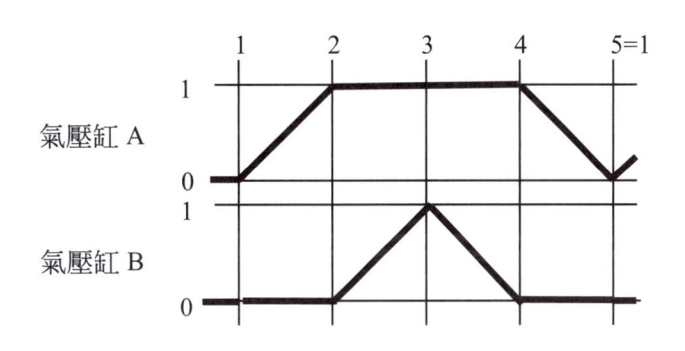

運動順序 A+ B+ B− A− 之位移步驟圖

Step 2 繪上氣壓缸及關聯的方向控制閥，並依據需求決定每一開關的位置及命名。

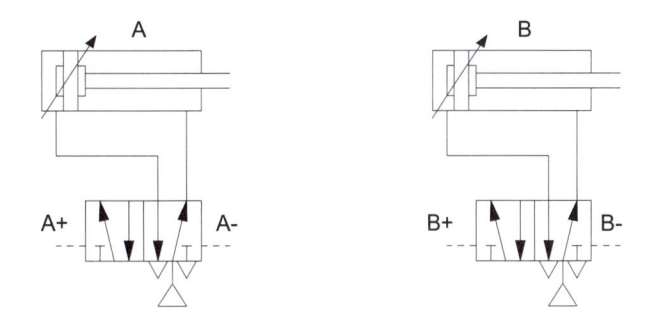

Step 3 寫出工作元件的運動順序並決定每一動作所觸發的極限開關。

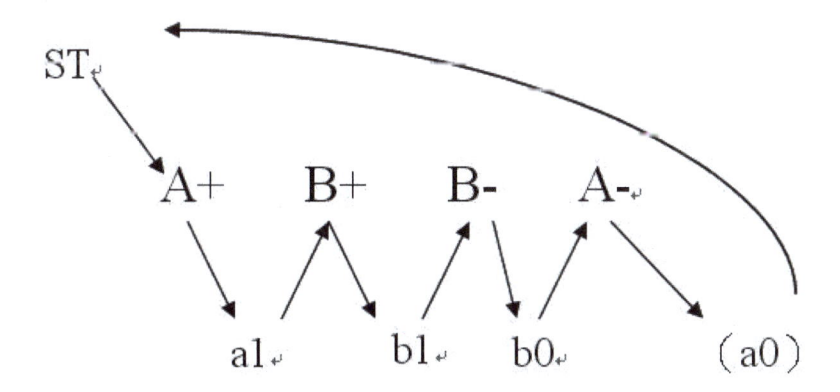

ST → A+ → B+ → B- → A-
         ↓   ↓   ↓   ↓
         a1   b1   b0   (a0)

Step ④ 將運動順序由左至右一步一步轉移到氣壓迴路圖。

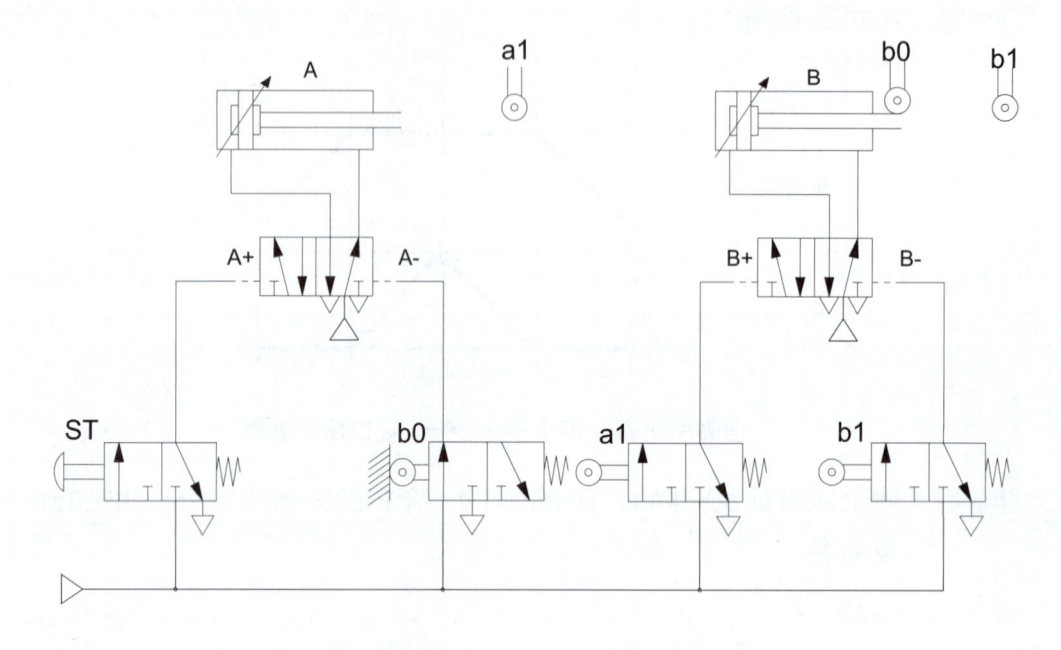

Step ⑤ 在繪出的迴路圖上驗證是否有訊號重疊的狀況。

　　　　狀況 1：由氣壓迴路圖可知，b0 極限開關起始位置為通路狀態，故 A 缸的方向控制閥 A－處，在迴路未操作前一直有控制訊號存在，當起動按鈕按下時，則 A 缸之方向控制閥兩邊同時有訊號存在，故無法作動。

　　　　狀況 2：同理，當 A 缸前進壓到 a1 要使 B＋處有控制訊號，B 缸前進，B 缸前進壓到 b1，要使 B－處有控制訊號，B 缸後退。此時，B 缸之方向控制閥兩邊同時有訊號存在，故無法作動。

　　由以上兩種狀況討論可知，為解決上述問題，必須作訊號切斷處理，亦即將某些極限開關改為單向輥輪作動方式。

那些極限開關要更換採用單向輥輪作動方式的原則為：

先到之控制訊號，必須在隨後抵達之控制訊號前，先行切斷。

基於此原則可知極限開關 a1、b0 必須改為單向輥輪作動方式。正確之迴路圖如下：

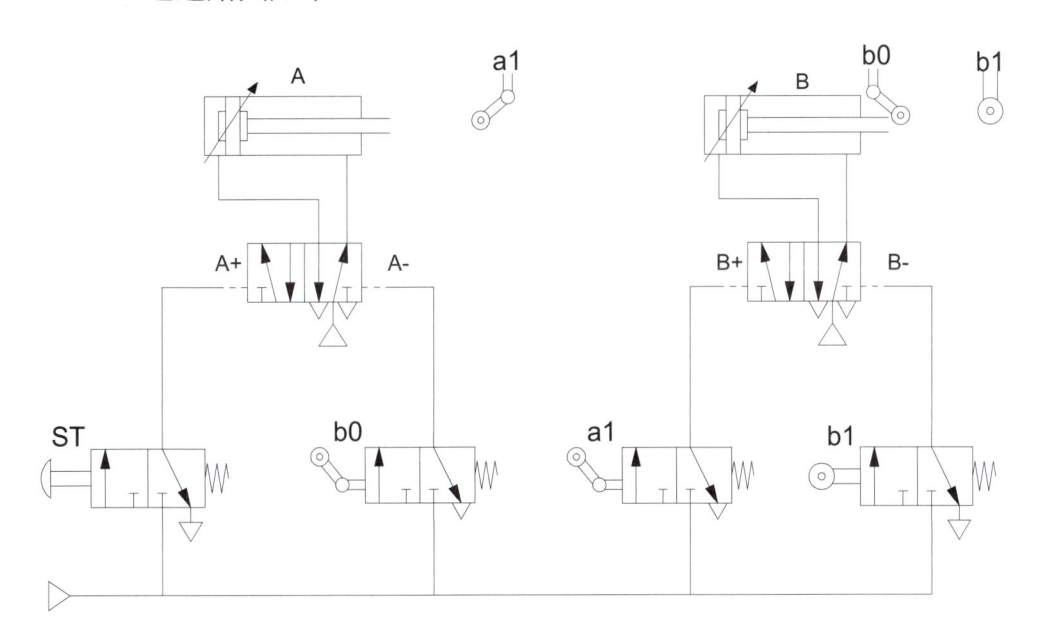

深入探索

1. 某一迴路作動順序為 A+ A− B+ B−，請繪出其位移步驟圖與氣壓迴路圖。
2. 若要將上題之單一循環控制迴路改為自動往復循環，應如何修改？

5-3 串級法（cascade method）

　　串級法為一種控制迴路的隔離法，主要特徵在於利用回動閥（亦稱記憶閥）作為訊號的轉接作用，亦即利用 4/2 閥或 5/2 閥以階梯方式順序連接，而保證在任一時間，只有一輸出管路接通氣壓，其他管路皆向大氣排放。

串級法設計步驟

Step ❶ 確定運動圖。

Step ❷ 分級（分組）。

Step ❸ 繪上氣壓缸及關聯的方向控制閥，並依據需求決定每一開關的位置及命名，與繪上輸出管路數及回動閥。

Step ❹ 寫出工作元件的運動順序並決定每一動作所觸發的極限開關。

Step ❺ 將運動順序由左至右一步一步轉移到氣壓迴路圖。

實驗說明 1

某一迴路作動順序為 A＋ B＋ B－ A－。

串級法設計步驟如下：

Step ❶ 確定運動圖。

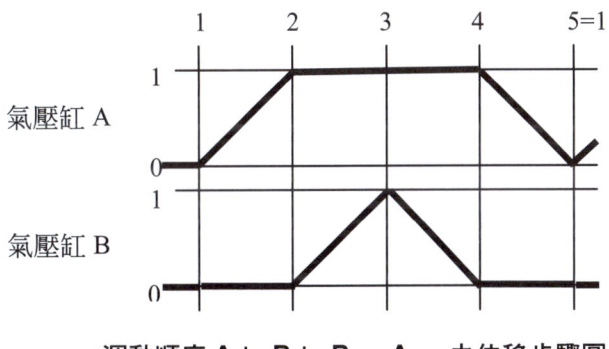

運動順序 A＋ B＋ B－ A－ 之位移步驟圖

Step ❷ 分級（分組）。

分組原則：

(1) 同一組內每一氣壓缸僅在每一組中出現一次；也就是說，每一組中不能有同一支氣壓缸前進或後退的動作。

(2) 組數越少越好。

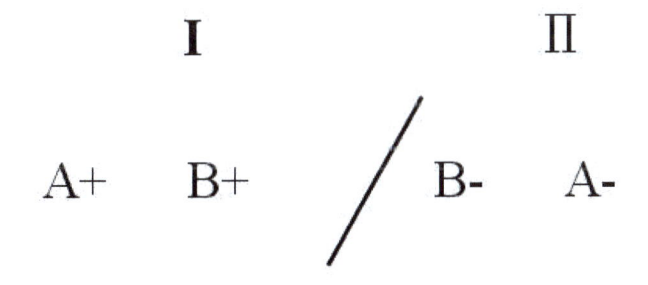

$$\text{I} \qquad \text{II}$$

$$\text{A+ \quad B+} \quad / \quad \text{B- \quad A-}$$

Step 3 繪上氣壓缸及關聯的方向控制閥，並依據需求決定每一開關的位置及命名，並繪上輸出管路數及回動閥。

◎ 串 n 級需要 n-1 個回動閥，串 2 至 4 級之基本迴路如圖 5-4 所示。

◎ 迴路分成 2 級，即使用一個 4/2 或 5/2 方向閥做為換級作用的閥，此閥稱為回動閥，功能就是使氣壓源從 I 級轉換到 II 級或 II 級轉換回 I 級；若是分為 3 級，則需使用 2 個回動閥，4 級時則需使用 3 個回動閥。

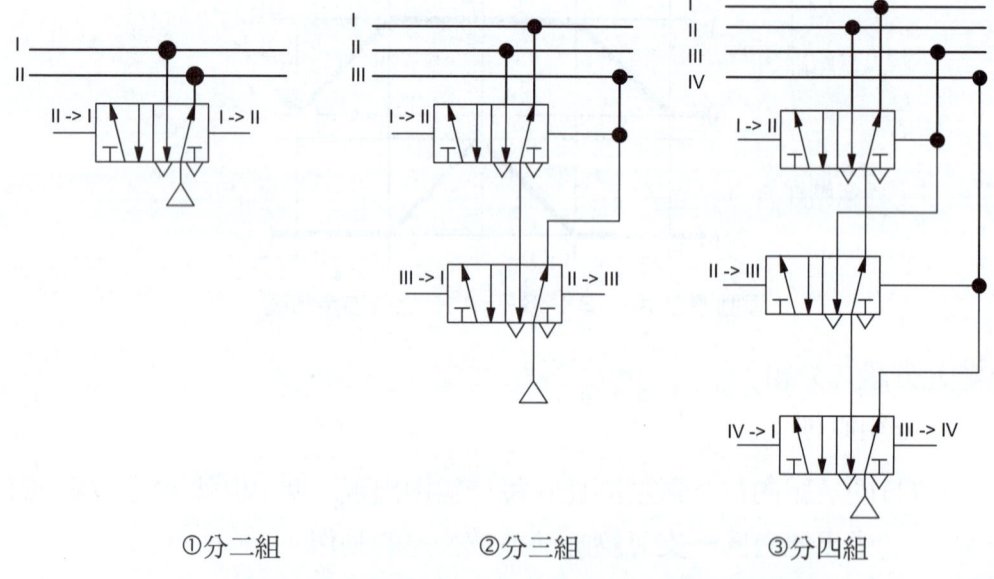

①分二組　　　②分三組　　　③分四組

圖 5-4　使用串級法分 2 至 4 級之管線裝配迴路

Ⅰ→Ⅱ：將氣壓源從Ⅰ級轉換到Ⅱ級的訊號。

Ⅱ→Ⅲ：將氣壓源從Ⅱ級轉換到Ⅲ級的訊號。

Ⅲ→Ⅳ：將氣壓源從Ⅲ級轉換到Ⅳ級的訊號。

Ⅳ→Ⅰ：將氣壓源從Ⅳ級轉換到Ⅰ級的訊號。

串級法通常最初的氣壓源是接給最後一組。

氣壓迴路圖之設計

故此迴路應分為二級，先繪出管路數及回動閥，如下圖。

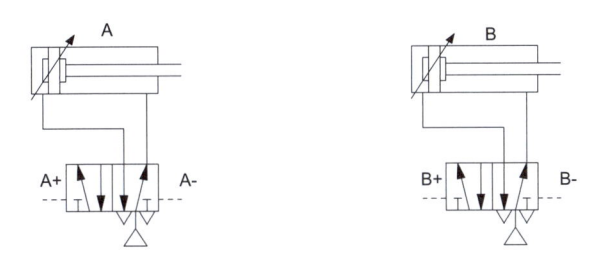

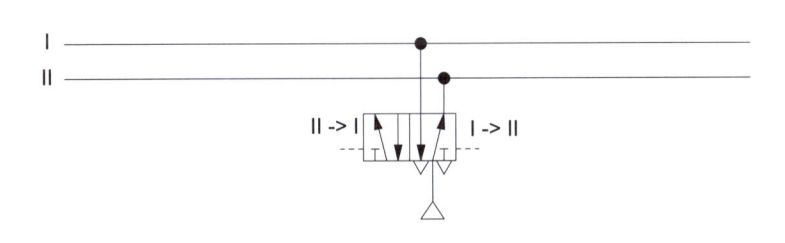

Step ④ 寫出工作元件的運動順序並決定每一動作所觸發的極限開關。

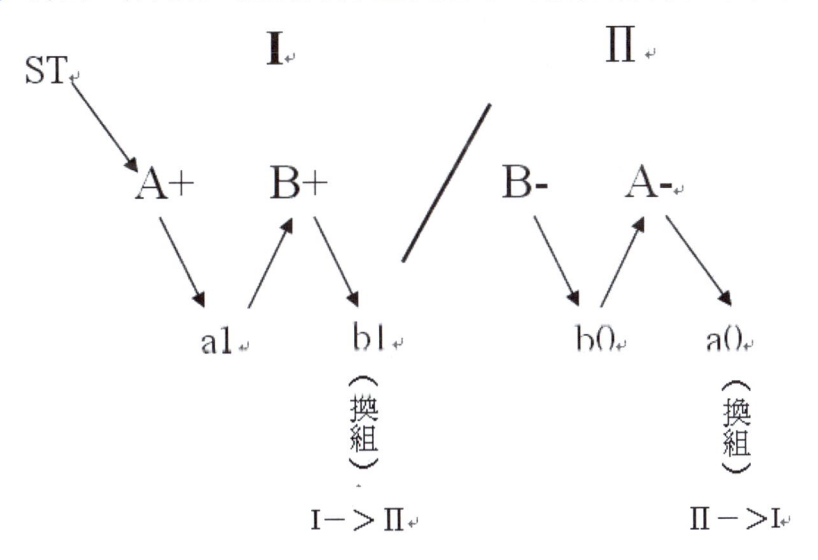

```
         I              II
ST
 ↓
A+  →  B+   /   B-  →  A-
 ↓     ↑ ↑      ↓     ↓ ↑
 a1    b1       b0    a0
      (換組)         (換組)
      I→II          II→I
```

Step 5 將運動順序由左至右一步一步轉移到氣壓迴路圖。

(1) ST 按鈕為 A＋的開關，故畫在 A＋的下面，氣壓源接在第一組管路（因為 A＋為第一組的動作）。

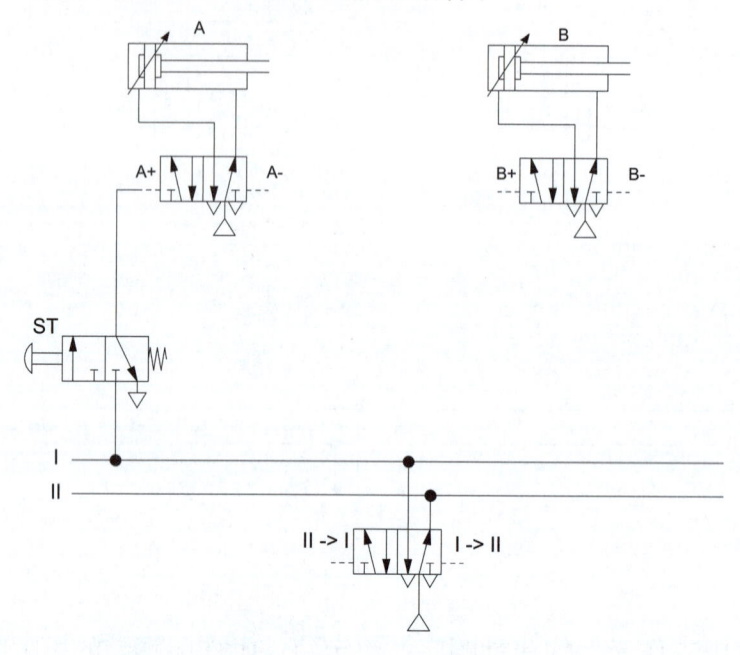

(2) A＋的動作觸發 a1 極限開關，故 a1 為下一個動作 B＋的開關，故畫在 B＋的下面，氣壓源接在第一組管路（因為 a1 是第一組所觸發的極限開關）。

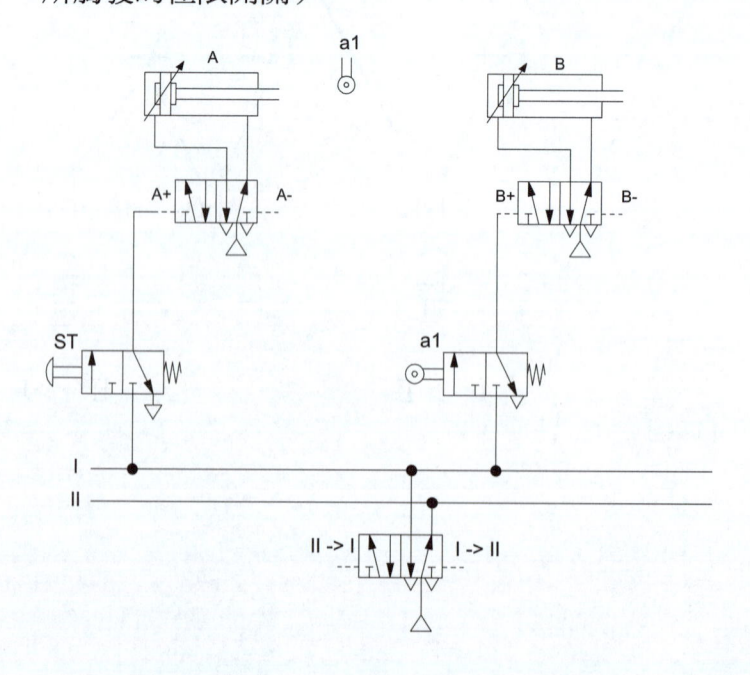

(3) B＋的動作觸發 b1 極限開關，因 b1 為第一組換第二組的訊號，故繪在回動閥（I→II 處），氣壓源接在第一組管路（因為 b1 是第一組所觸發的極限開關）。

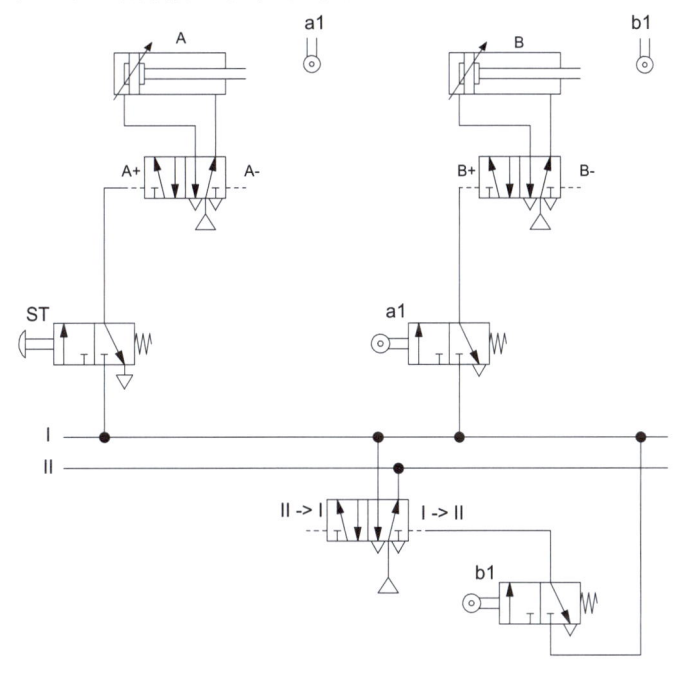

(4) 此時為第二管路連接到氣源，B－的動作為第二組的第一個動作，故直接由 B－連接第二管路。

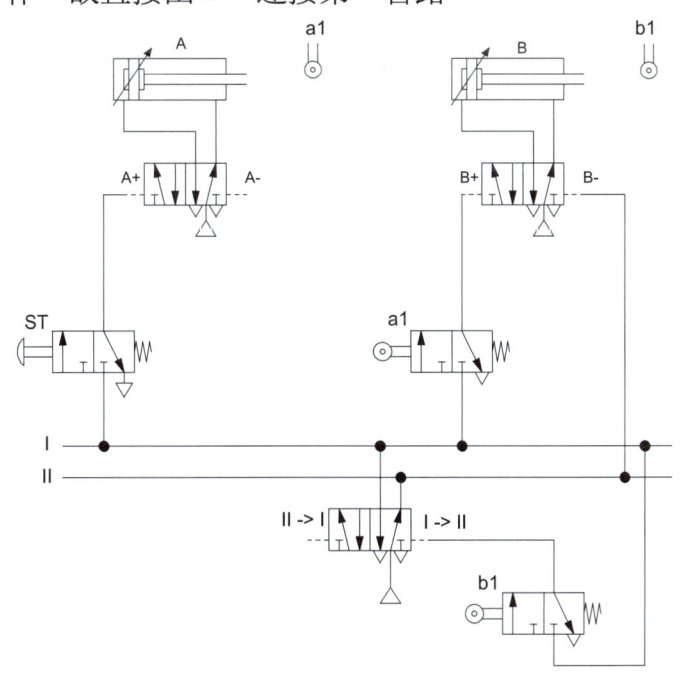

(5) B－的動作觸發 b0 極限開關，故 b0 為下一個動作 A－的開關，故畫在 A－的下面，氣壓源接在第二組管路（因為 b0 是第二組所觸發的極限開關）。

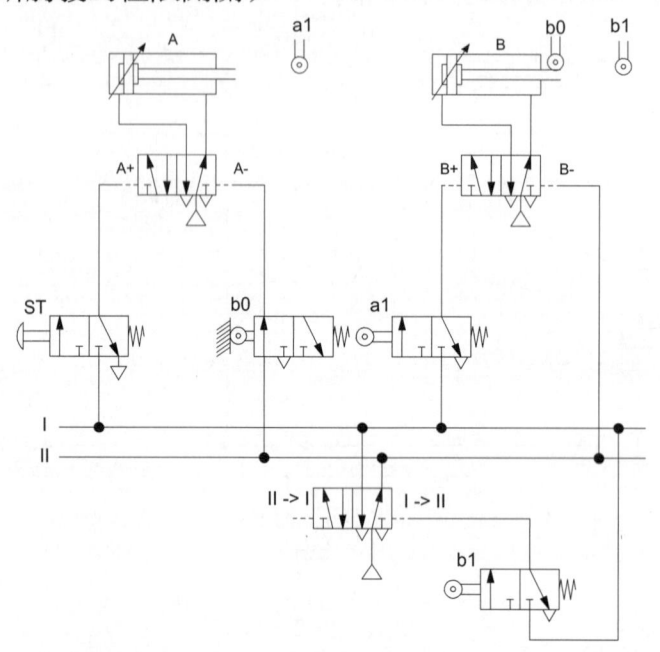

(6) A－的動作觸發 a0 極限開關，因 a0 為第二組換第一組的訊號，故繪在回動閥（II→I 處），氣壓源接在第二組管路（因為 a0 是第二組所觸發的極限開關）。

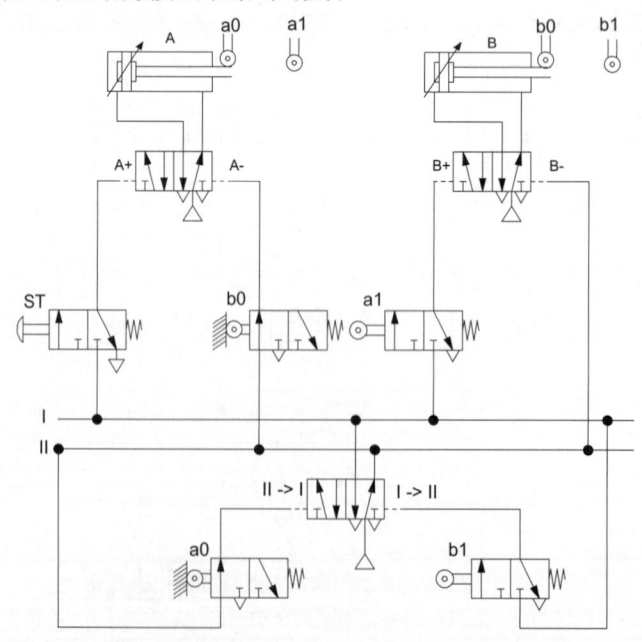

實驗步驟

裝配迴路要領

Step 1 將 A、B 兩缸之方向控制閥 P 口接上氣壓源，再將方向控制閥之 A、B 口分別接到兩支氣壓缸之前後接口，並清楚方向控制閥之 A＋、A－、B＋、B－之控制訊號接口位置。

Step 2 正確擺放極限開關（a0、a1、b0、b1）之位置，並測試兩支氣壓缸能確實觸碰。

Step 3 放置回動閥再將 P 口接上氣壓源，開啟氣壓源並測試回動閥之出氣接口，該出氣位置為串級最後一組的氣源（第二組）。

Step 4 將上述回動閥的出氣接口以軟管連接兩個三通（三條訊號），兩條接至配置在第二組之訊號元件（a0 與 b0）的 P 口及第三條訊號直接控制 B－，該訊號元件的 A 口分別接至所要控制的動作（如 b0 要控制 A－、a0 是使回動閥第二組換成第一組的訊號等）。

Step 5 將上述回動閥的另一個出口以軟管連接兩個三通，再接至配置在第一組之訊號元件（ST、a1、b1）的 P 口，該訊號元件的 A 口並接至所要控制的動作（如 ST 要控制 A＋、a1 要控制 B＋、b1 要控制 A－、b1 是使回動閥第一組換成第二組的訊號等），則接線完成。

加入緊急停止與暫停的輔助狀況

設計步驟如下

Step 1 依據前述串級法設計步驟完成基本迴路設計。

Step 2 暫停之輔助功能：於 5/2 回動閥之氣壓源入口加入一個 3/2 常開方向閥（PSE），控制其氣壓源之啟動與關閉，則可達到暫停之功能。

Step 3 緊急停止之輔助功能：

(1) 於兩支氣壓缸之 A－與 B－的控制訊號與回動閥之 I→II 的控制訊號，各加入一個梭動閥，藉以隨時控制兩支氣壓缸之縮回與回動閥回復到最後一組作動。

(2) 於回動閥之氣壓源入口前，加入一個 5/2 壓扣式方向閥（EMS）以控制氣壓源之啟動與關閉，則可達到緊急停止之功能，如下圖所示。

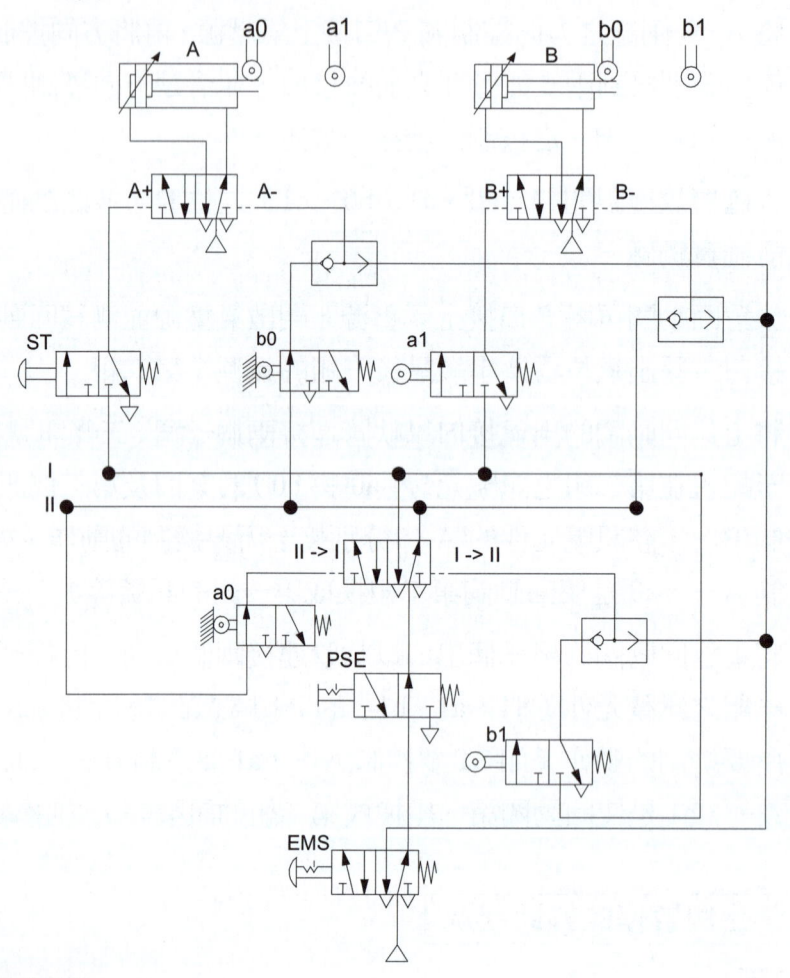

深入探索

1. 請將下列動作順序作分組？
   ① A+ B+ C+ C− B− A−
   ② A+ B+ B− A− C+ C−

2. 動作順序為 A+ A− B+ B−，請試以串級法設計其氣壓迴路，並加入**緊急停止與暫停**的輔助狀況。

第 5 章　學後評量

選擇題：

5-2　1.　(　　) 依照一般繪氣壓迴路圖原則，下圖中何者有錯誤　(A)氣源開關（AS）　(B)啟動開關(S)　(C)極限開關 a0　(D)氣壓缸 A。

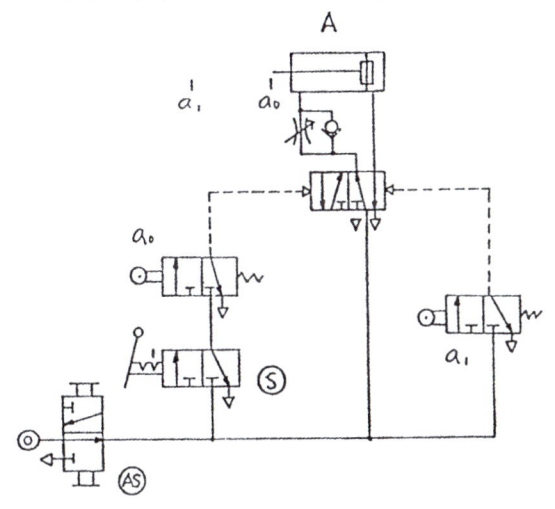

5-2　2.　(　　) 參閱下圖，下列各種敘述何者正確：操作啟動開關 S 後　(A)立即切換至原來位置（使產生脈衝訊號）則氣壓缸 A 不會運動　(B)立即切換至原來位置（使產生脈衝訊號）則氣壓缸 A 伸出後停留在前端位置　(C)並鎖在"通"的閥位，則氣壓缸 A 伸出至端點再退回到原來位置後停止　(D)並鎖在通閥位，則氣壓缸 A 連續作往復運動。

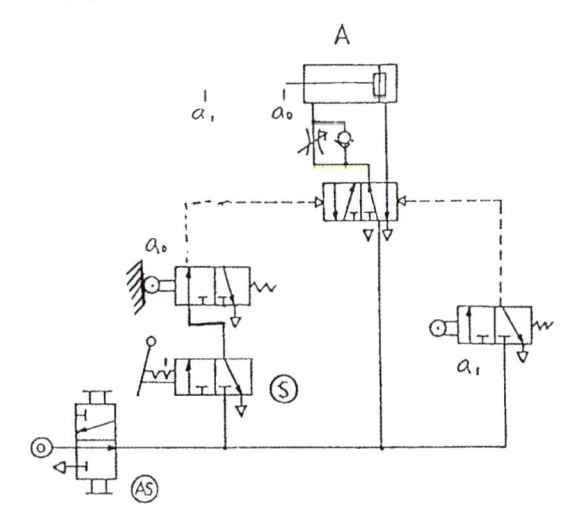

綜合 3.（　）下列何者不是方向控制閥的機械操作方式　(A)氣壓導引　(B)凸輪　(C)旋鈕　(D)滾輪。

綜合 4.（　）節流閥使用時應安裝距氣壓缸何處？　(A)愈遠愈好　(B)中間位置　(C)愈近愈好　(D)無所謂。

綜合 5.（　）真空產生器，一般所用的氣壓壓力為　(A)0～2大氣壓　(B)3～5大氣壓　(C)4～7大氣壓　(D)氣壓愈高愈好。

5-3 6.（　）應用串級法設計迴路時，對 A＋B＋B－A－ 之運動順序，下列之區分成組何者正確　(A)A＋/B＋B－/A－　(B)A＋B＋B－/A－　(C)A＋B＋/B－A－　(D)A－/A＋B＋B－。

綜合 7.（　）沖壓床之安全迴路可用下列何種迴路達成　(A)AND 迴路　(B)OR 迴路　(C)NOR 迴路　(D)NOT 迴路。

綜合 8.（　）高危險性工廠，如炸藥工廠，動力源應以何種類型優先考慮設計　(A)純氣壓　(B)電氣氣壓　(C)氣-電混合　(D)以上均可。

電氣氣壓篇

Chapter 6 電氣氣壓元件介紹

6-1　手動操作元件

6-2　信號檢測元件

6-3　迴路控制元件

6-4　負載驅動元件

學後評量

6-1　手動操作元件

6-1-1　按鈕開關

按鈕開關（Push Button Switch）簡稱 PB。一般電氣氣壓控制系統中，按鈕開關通常被用來啟動或停止電氣迴路；常用的按鈕開關如圖 6-1 所示。

▲ 圖 6-1　常用的按鈕開關

按鈕開關的基本結構如圖 6-2 所示。一般按鈕開關通常由一組或多組常開（Normal Open）及常閉（Normal Close）接點所組成，常開接點又稱為 NO 接點或 a 接點，常閉接點又稱為 NC 接點或 b 接點。

如圖 6-2(a)，按鈕開關無外力作用時，a 接點為斷路狀態，而 b 接點為導通狀態；如圖 6-2(b)，當操作者壓按開關時，a 接點導通，b 接點斷開；當操作者放開按鈕時，復歸彈簧使接點恢復為原來的狀態。圖 6-3 為常用的按鈕開關符號。

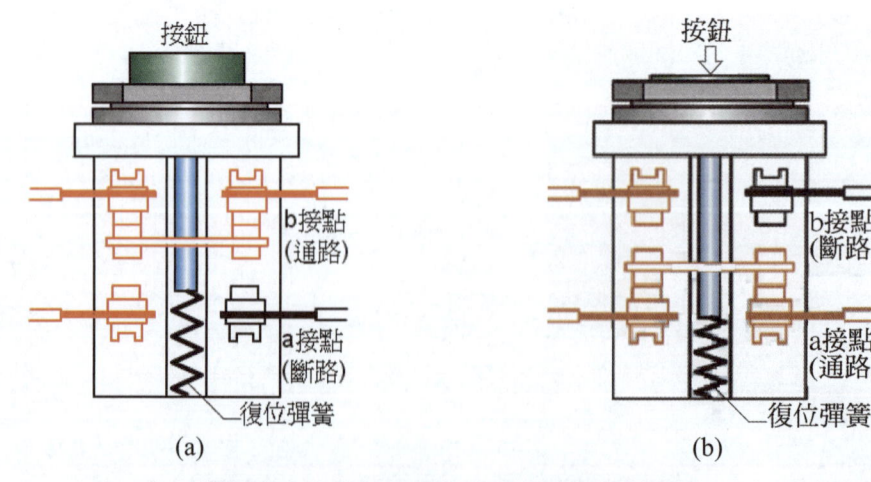

▲ 圖 6-2　按鈕開關的基本結構及接點狀態

```
CNS    o-o        o o        o o
                   o          o o

DIN    E--\       E--\       E--\
           \         \          \\
```

　　　　　　a 接點　　　　b 接點　　　組合接點

🔼 圖 6-3　按鈕開關的符號

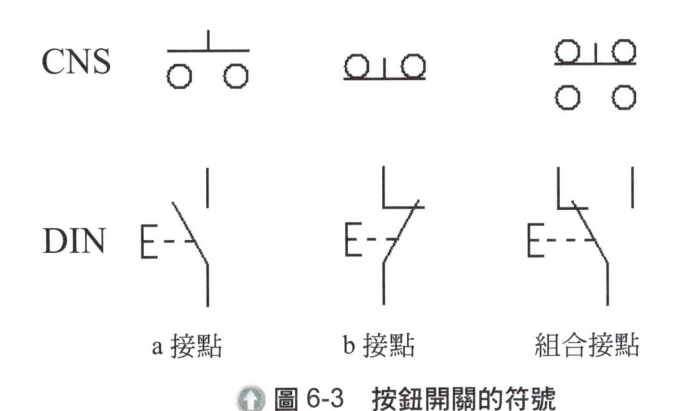

6-1-2 選擇開關

　　選擇開關（Choose Switch）簡稱 CS，又稱為切換開關（Change Over Switch）簡稱 COS。一般控制系統中，常利用選擇開關切換各種不同的操作模式，例如：自動／手動切換、正轉／逆轉切換或步進/連續循環切換等。電氣氣壓控制系統中常用的選擇開關如圖 6-4 所示。

🔼 圖 6-4　常用的選擇開關

　　常用的選擇開關分為二段式、三段式或多段式，其符號如圖 6-5 所示。選擇開關與按鈕開關操作上的最主要差異，在於選擇開關具有自保作用，而按鈕開關則不具自保能力；也就是說，選擇開關的接點狀態不會因外力消失而改變。為了避免發生危險，選擇開關與按鈕開關皆不可直接啟閉大電流負載。

CNS

DIN

二段式　　　三段式

▲ 圖 6-5　選擇開關的符號

6-1-3 緊急停止開關

緊急停止開關（Emergency Stop Switch）簡稱 EMS，其外型一般設計成磨菇狀，並以醒目的亮紅色表示其應於緊急情況下立即操作的特性。圖 6-6 為電氣氣壓系統中常用的緊急停止開關。

▲ 圖 6-6　緊急停止開關

緊急停止開關的接點符號如圖 6-7 所示。一般控制系統中，都會使用緊急停止開關的 b 接點與系統電源串接，當緊急狀況發生時，操作者按下急停開關，b 接點立即斷開系統電源（斷電優先），藉由緊急停止開關的機械結構將急停動作栓鎖，達成緊急停止的目的。當緊急狀況排除後，再由操作者以手動方式解除栓鎖狀態（通常是旋轉或拉拔磨菇鈕）。

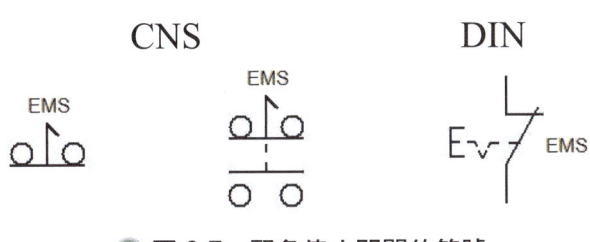

▲ 圖 6-7　緊急停止開關的符號

6-2　信號檢測元件

6-2-1　極限開關

極限開關（Limit Switch）簡稱 LS，又稱為限制開關。一般應用於機械運動之極限控制，常用的極限開關如圖 6-8 所示。

▲ 圖 6-8　常用的極限開關

電氣氣壓控制系統中，經常使用極限開關檢測氣缸活塞的移動位置，如直線氣壓缸的前/後頂點，或旋轉缸的左/右極限等。如圖 6-9，當氣缸的活塞或其連動裝置觸碰到極限開關的導引機構，迫使開關的接點狀態改變。一般極限開關的其接點符號如圖 6-10 所示。

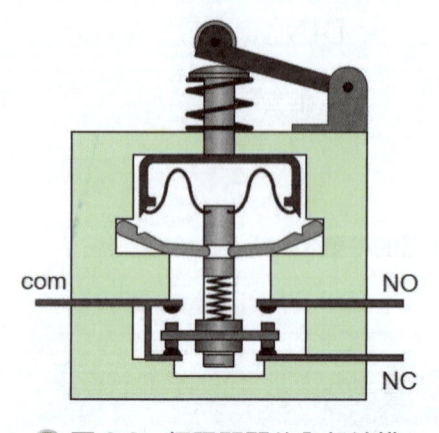

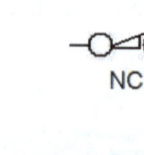

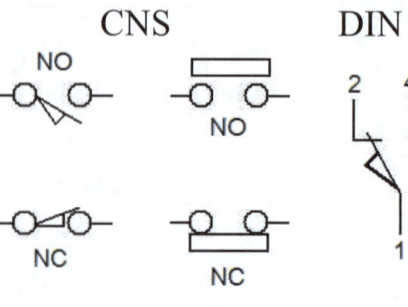

▲ 圖 6-9　極限開關的內部結構

▲ 圖 6-10　極限開關的符號

6-2-2 近接開關

近接開關（Proximity Switch）是一種廣泛應用於控制系統中的感測元件。近接開關不需要與待檢知對象實際接觸，只要待檢知物件進入近接開關的感測範圍內即可產生檢知信號；因此，相較於極限開關，近接開關具有較高的穩定性及較長的使用壽命。常用的近接開關分為：磁簧開關、電容式近接開關及電感式近接開關等，其外觀如圖 6-11 所示。

(a)磁簧開關　　(b)電感式近接開關　　(c)電容式近接開關

▲ 圖 6-11　常用的近接開關

一、磁簧開關（Reed Switch）

磁簧開關是一種磁性驅動的近接開關，通常由一組簧片接點及充有惰性氣體的玻璃管所構成，當簧片受到磁力作用時接點閉合。磁簧開關的構造及接點符號如圖 6-12 所示。

● 圖 6-12　磁簧開關的構造及接點符號

如圖 6-13，在電氣氣壓系統中，經常將磁簧開關裝置於氣壓缸外壁，利用氣缸活塞後端的永久磁鐵作動近接開關，藉以檢知活塞運動的相關位置。

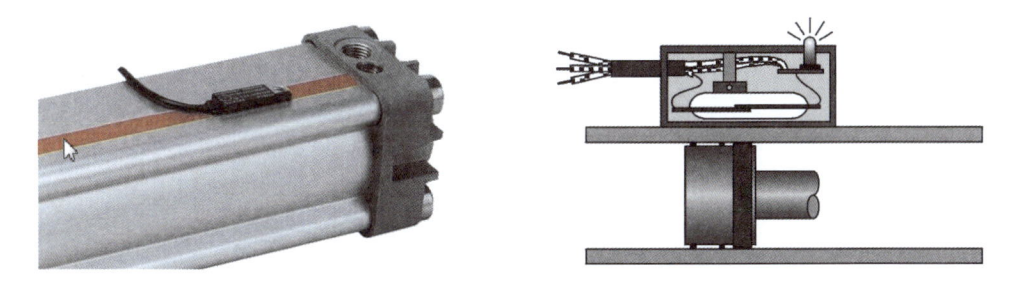

● 圖 6-13　磁簧開關裝設及動作情形

二、電感式近接開關（Inductive Proximity Switch）

電感式近接開關是藉由內部線圈振盪頻率的改變檢知金屬物件。如圖 6-14，電感式近接開關接上電源後，線圈周圍產生高頻的交變磁場，當金屬物件接近時，振盪頻率產生變化，經正反器檢知其變化並放大後，產生檢知信號。電感式近接開關的接點符號如圖 6-15 所示。

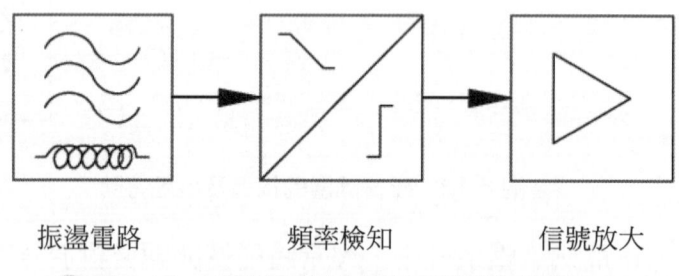

▲ 圖 6-14　電感式近接開關的信號檢知過程

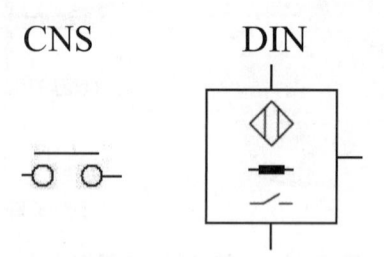

▲ 圖 6-15　電感式近接開關的接點符號

三、電容式近接開關（Capacitive Proximity Switch）

電容式近接開關的信號檢知過程如圖 6-16 所示。電容式近接開關通常是由一組 RC 振盪電路搭配頻率檢出器及信號放大驅動電路所組成。不論是金屬或非金屬物件（如：塑膠、玻璃或木料等）接近時，內部電容器的電容量改變，使振盪頻率產生變化，經頻率檢出及放大後送出檢知信號。電容式近接開關的接點符號如圖 6-17 所示。

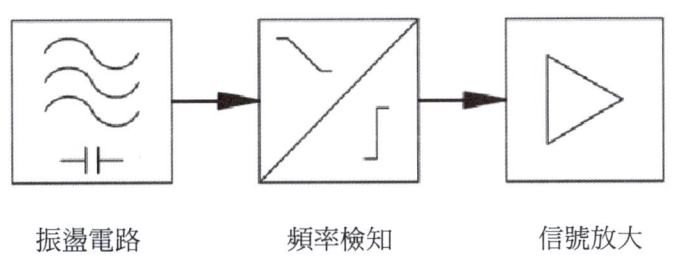

振盪電路　　　頻率檢知　　　信號放大

⬆ 圖 6-16　電容式近接開關的信號檢知過程

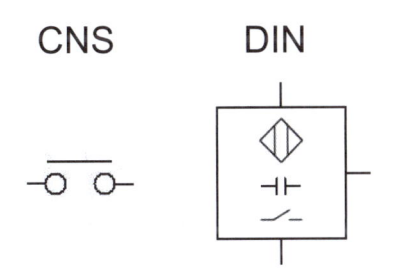

CNS　　　DIN

⬆ 圖 6-17　電容式近接開關的接點符號

6-2-3 壓力開關

壓力開關（Pressure Switch）簡稱 PS。在電氣氣壓控制系統中，經常使用壓力開關作為氣電／信號的轉換介面。常用的壓力開關分為正壓力開關（Positive Pressure Switch）及負壓力開關（Negative Pressure Switch）兩種，其外觀如圖 6-18 所示。

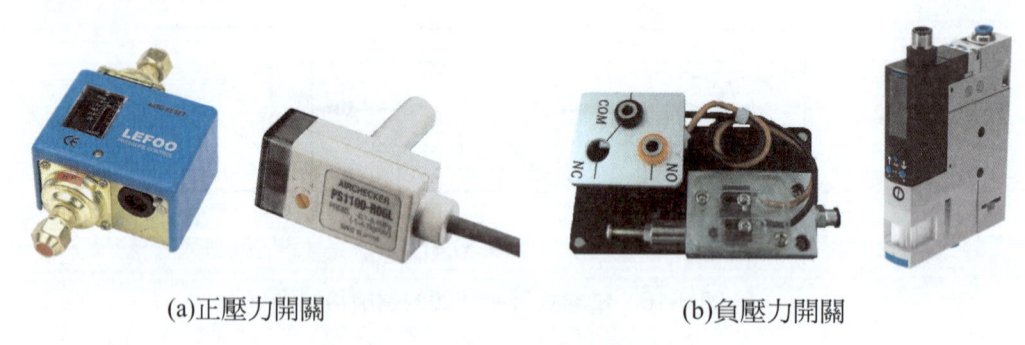

(a)正壓力開關　　　　　　　　　(b)負壓力開關

▲ 圖 6-18　常用的壓力開關

一、正壓力開關

圖 6-19 為正壓力開關的內部結構，當外加壓力大於彈簧的回行力量時，藉由其內部的機械結構改變接點的狀態。正壓力開關的接點號如圖 6-20 所示。

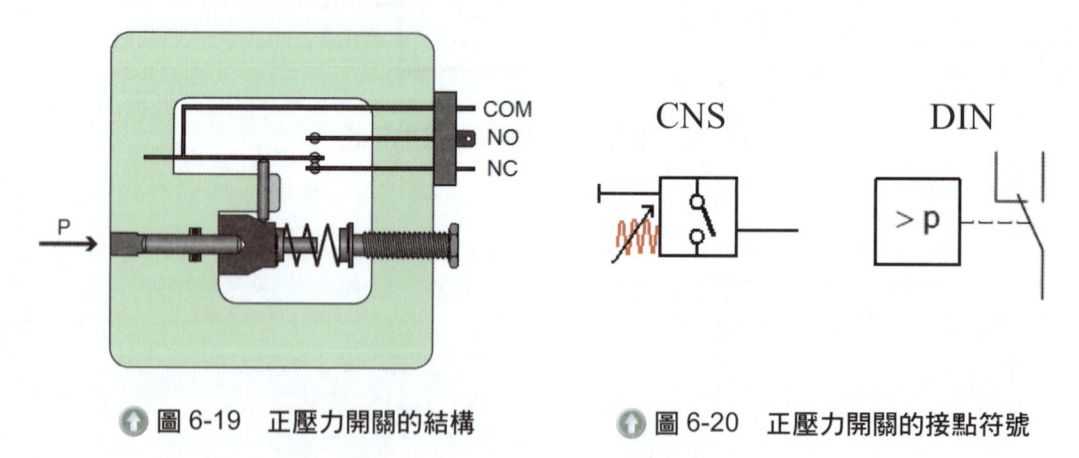

▲ 圖 6-19　正壓力開關的結構　　　▲ 圖 6-20　正壓力開關的接點符號

二、負壓力開關

負壓力開關又稱為真空開關（Vacuum Switch）。在電氣氣壓迴路中，負壓力開關經常搭配氣囊或吸盤使用。如圖 6-21，當真空開關產生的負壓大於設定值，則接點改變狀態。負壓力開關的接點符號如圖 6-22 所示。

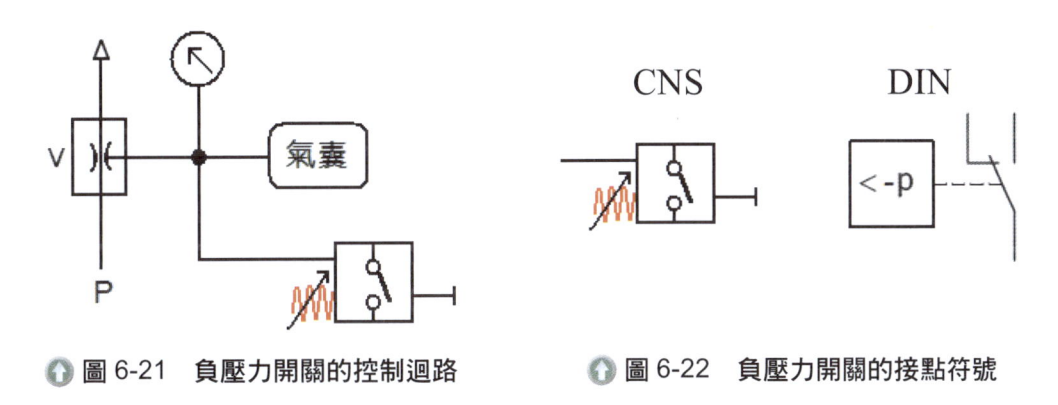

▲ 圖 6-21　負壓力開關的控制迴路　　　　▲ 圖 6-22　負壓力開關的接點符號

6-3　迴路控制元件

6-3-1　繼電器

繼電器（Relay）又稱為電驛。在電氣氣壓的控制迴路中，經常組合多個繼電器的線圈與接點，以達成順序控制的目的。常用的繼電器如圖 6-23 所示。

▲ 圖 6-23　常用的繼電器

繼電器的內部結構如圖 6-24 所示，當繼電器的線圈接上電壓時，線圈因電磁效應而激磁，可動的懸臂鐵片被鐵芯所吸引，使接點改變狀態；當線圈因斷電失磁，復歸彈簧使接點恢復為原來的狀態。

一般常用的繼電器，通常由一組線圈同步驅動多組接點產生 ON/OFF 動作。繼電器的線圈與接點符號如圖 6-25 所示。

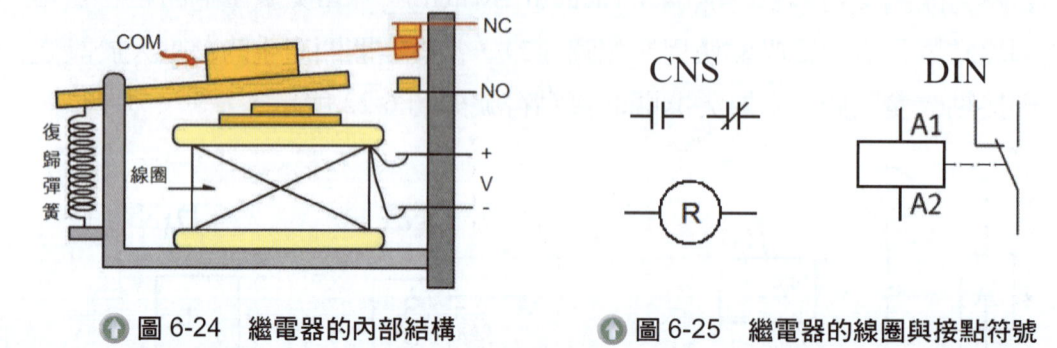

▲圖 6-24 繼電器的內部結構　　▲圖 6-25 繼電器的線圈與接點符號

在電氣氣壓的控制系統中，經常使用繼電器搭配按鈕開關或其他開關接點，構成一個簡單的自保迴路。如圖 6-26 所示，當操作者按下 PB1，電流經 PB1 及 PB2 使繼電器線圈 R 激磁，繼電器的 a 接點隨即閉合；此時，即使操作者放開 PB1，電流仍可經由繼電器的 a 接點，使繼電器的線圈繼續保持激磁狀態。也就是說，當外力消失時，繼電器仍藉由自己的接點保持線圈的操作狀態。這種迴路型態稱為自保持電路，或簡稱自保迴路。

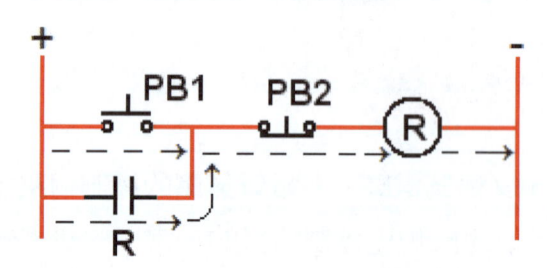

▲圖 6-26 使用繼電器構成自保迴路

6-3-2 計時器

計時器（Timer）又稱為限時電驛（Timing Relay），簡稱 TR。在電氣氣壓控制系統中，經常使用計時器控制氣壓缸的動作時序。常用的計時器如圖 6-27 所示。

電氣氣壓元件介紹

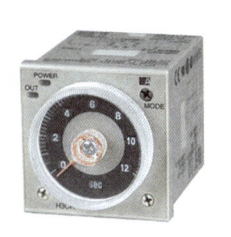

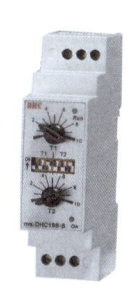

▲ 圖 6-27　常用的計時器

　　圖 6-28(a)為機械式計時器的內部結構，計時時間的長短由撥桿的位置來設定，當計時器的線圈接上電壓時，線圈激磁，並由馬達帶動撥桿開始計時；此時，可動懸臂鐵片因止檔機構的限制，計時器的接點狀態並未改變；當計時時間達設定值，撥桿撥開止檔機構，計時器的接點改變狀態；當線圈因斷電失磁，則撥桿移回設定位置，止檔回復呈原始狀態，接點復歸。

　　圖 6-28(b)為電容充電式計時器的內部結構，計時時間的長短由可變電阻 R1 的值來設定，當計時器的電源電路接上電壓時，電流經 R1 向 C1 充電，充電時間由 RC 電路的時間常數來決定，當 C1 飽和後形成斷路，線圈激磁，並驅動計時器的接點改變狀態；當計時器的電源斷電後，C1 經 D1 及 R2 瞬間放電，計時器的線圈失磁，接點恢復為原來的狀態。

(a)機械式　　　　　　　　　　　(b)電容充電式

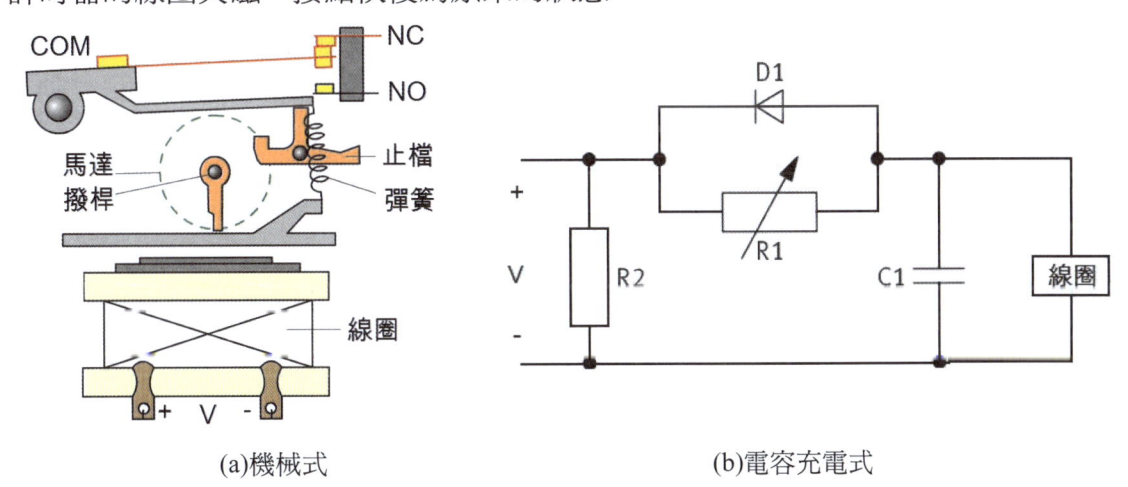

▲ 圖 6-28　計時器的內部結構

一般常用的計時器依時間延遲方式之不同，可分為通電延時接點（ON delay contact）、斷電延時接點（Off delay contact）及雙設定延時接點（ON-Off delay contact），其接點符號及動作時序如圖 6-29 所示。

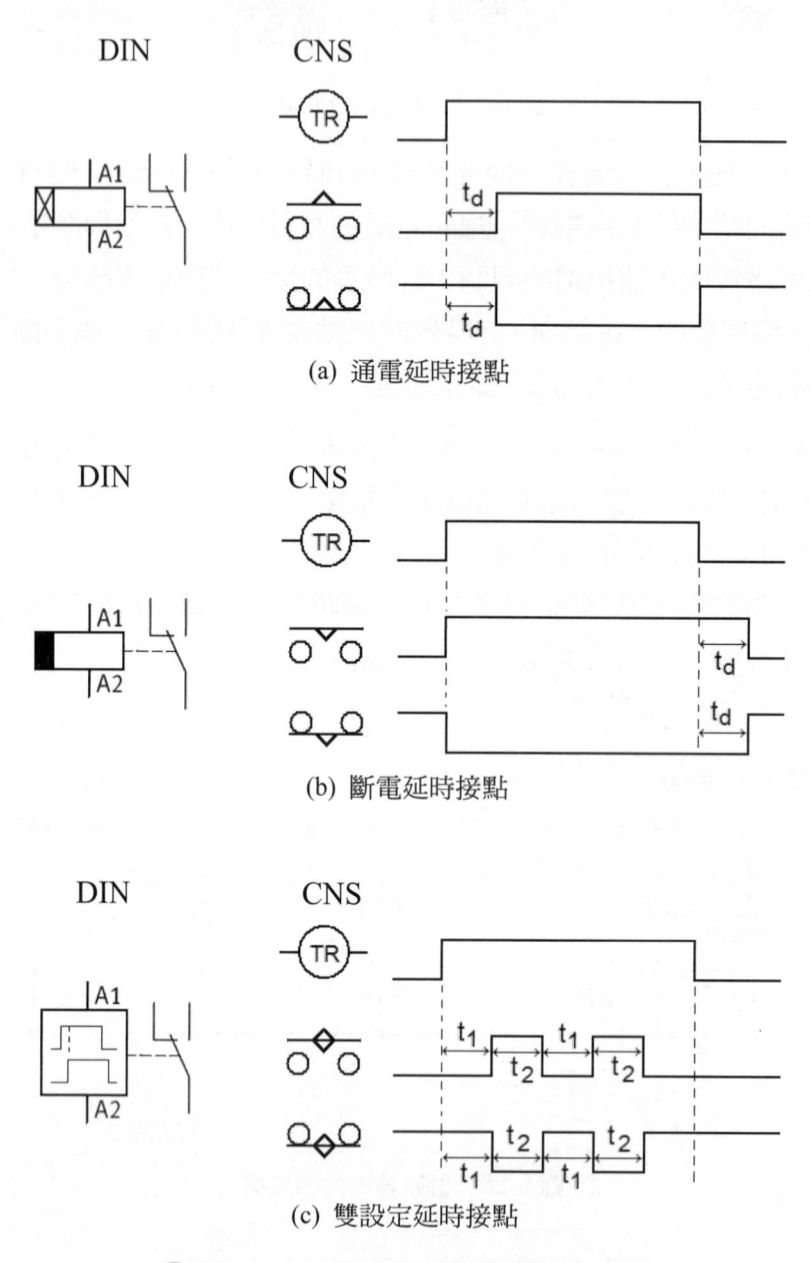

(a) 通電延時接點

(b) 斷電延時接點

(c) 雙設定延時接點

圖 6-29　計時器的接點符號及動作時序

6-3-3 計數器

計數器（Counter）是一種具有記憶功能的元件，在電氣氣壓控制系統中，通常被用來計數氣壓缸的動作次數，或是用來計數程序流程的循環次數。常用的計數器如圖 6-30 所示。

○ 圖 6-30　常用的計數器

圖 6-31(a)為機械式計數器的內部結構，當線圈因外加觸發信號而激磁，電磁鐵吸引導桿並帶動數字輪作一個步序的旋轉，累計數值加 1。圖 6-31(b)是由 JK 正反器串接而成的二位元漣波計數器(Ripple Counter)，若以 A 及 B 為輸出，當第一個時序脈波送入時，BA＝01，當第二個時序脈波送入時，BA＝10，當第三個時序脈波送入時，BA＝11，當第四個時序脈波送入時，BA＝00；也就是說，這個簡易的計數器可以作為 0～3 的循環計數。當然，只要繼續串接 JK 正反器，即可不斷擴增其計數範圍。

(a) 機械式　　　　　　　　　(b) 漣波計數器

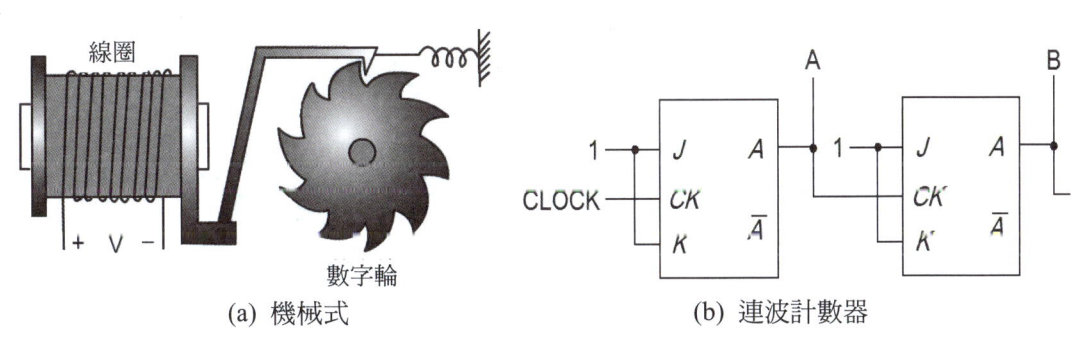

○ 圖 6-31　計數器的內部結構

一般常用的計數器，通常能提供操作者設定上數或下數的功能，其接點符號如圖 6-32 所示。

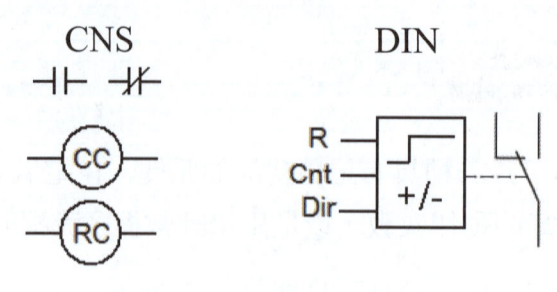

▲ 圖 6-32　計數器的接點符號

6-4　負載驅動元件

6-4-1　電磁閥

電磁閥（Electromagnetic Valve）是一種利用電磁線圈產生的磁力驅動方向閥的元件。常用的電磁閥如圖 6-33 所示。

▲ 圖 6-33　常用的電磁閥

電氣氣壓控制系統中，電磁閥的主要功能是用來控制氣壓缸的運動。如圖 6-34 所示，當電磁閥的線圈激磁後，藉由線圈產生的磁力，驅動方向閥向右換位，氣源經方向閥（P→A）注入氣壓缸，推動氣壓缸活塞前進；當電磁閥線圈失磁，方向閥內部的復歸彈簧逆推閥體向左回到原來位置，氣壓缸內的氣體經方向閥（A→R）排入大氣，氣壓缸活塞藉著回行彈簧的作用而後退。

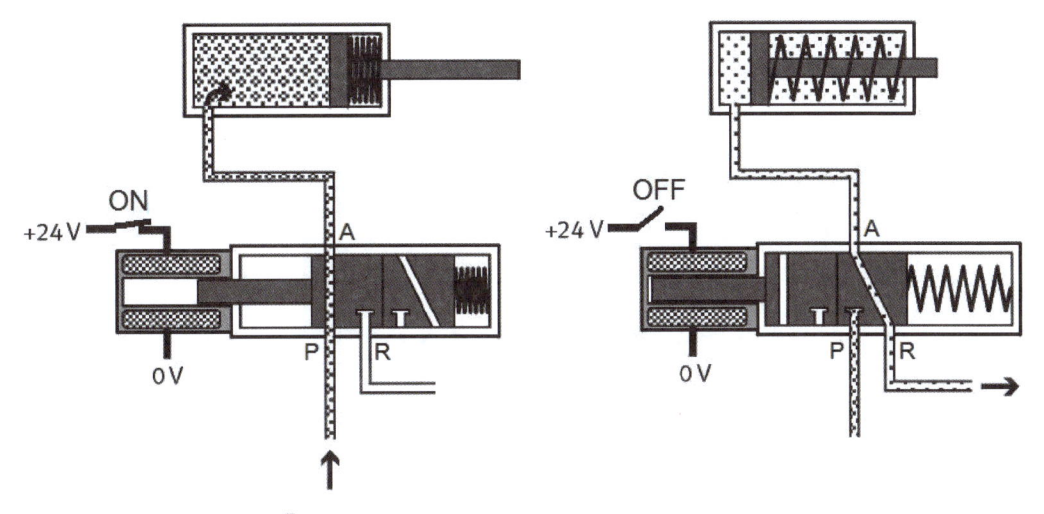

▲ 圖 6-34　電磁閥驅動氣壓缸的動作情形

電磁閥依動作方式分為直接作動電磁閥及導引式電磁閥。如圖 6-34，直接作動電磁閥是以電磁線圈所產生的磁力直接驅動方向閥換位，常用於流量較小或工作壓力較低的電氣氣壓系統。如圖 6-35，導引式電磁閥則是以電磁線圈產生的磁力驅動方向閥內部的引導閥，引導壓縮空氣推動方向閥換位，達成間接控制的目的。導引式電磁閥適用於流量較大或工作壓力較高的電氣氣壓系統。

圖 6-35 是一組五口二位導引式電磁閥的內部結構。當電磁閥線圈尚未激磁時，回行彈簧將滑柱推向左位，氣口 1-2 及 4-5 連通。當電磁閥線圈通電激磁後，柱塞被吸引使導引通道打開，壓縮空氣流經導引通道將滑柱推向右位，氣口 1-4 及 2-3 連通，達成方向閥換位的目的。

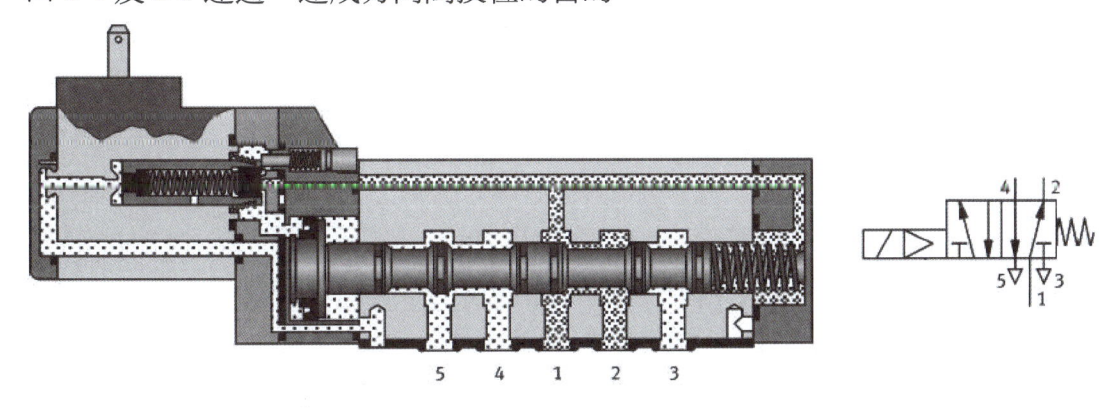

▲ 圖 6-35　五口二位導引式電磁閥的動作情形

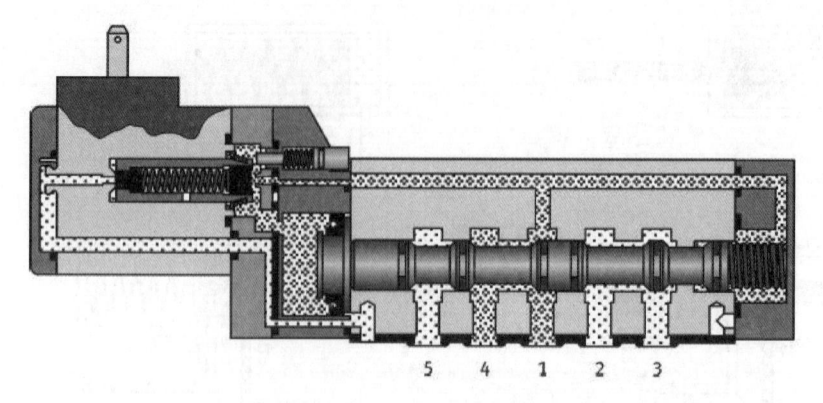

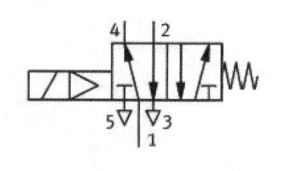

▲ 圖 6-35　五口二位導引式電磁閥的動作情形（續）

常用的電磁閥符號如圖 6-36 所示。在氣壓迴路圖中，為了區別直接作動電磁閥與導引式電磁閥，通常會在導引式電磁閥的線圈符號上劃記一個小三角形，表示『導引』之意。相對的，如果電磁閥的線圈符號沒有標記三角形，則表示該電磁閥為直接作動式的電磁閥。

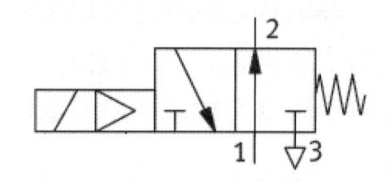

(a) 3/2 常開單線圈電磁閥 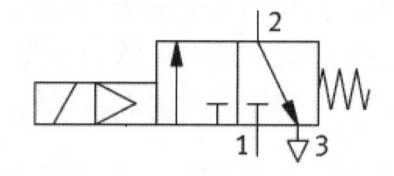　　　　　　(b) 3/2 常閉單線圈電磁閥

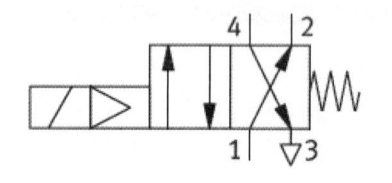

(c) 4/2 單線圈電磁閥 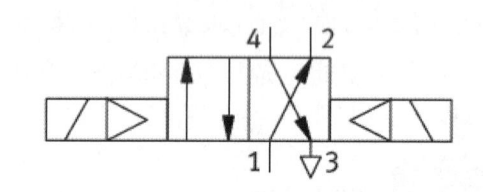　　　　　　　　(d) 4/2 雙線圈電磁閥

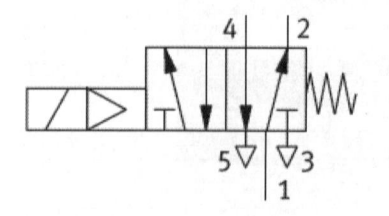

(d) 5/2 單線圈電磁閥 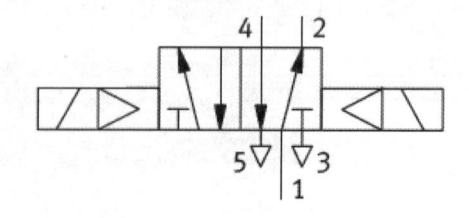　　　　　　　　(e) 5/2 雙線圈電磁閥

▲ 圖 6-36　常用的電磁閥符號

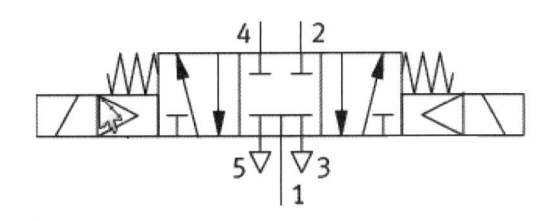

(f) 5/3 中位全閉式雙線圈電磁閥

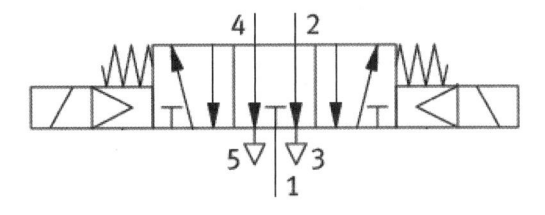

(g) 5/3 中位排氣式雙線圈電磁閥

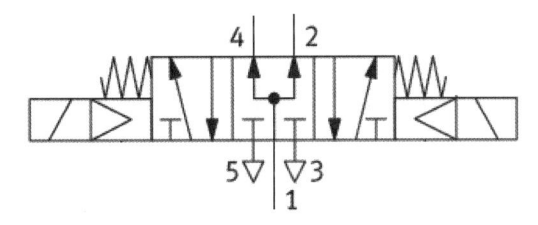

(h) 5/3 中位加壓式雙線圈電磁閥

🔼 圖 6-36　常用的電磁閥符號（續）

　　設計電氣氣壓控制系統時，須選用適當的電磁閥，並搭配合適的氣壓缸，以達成系統功能的要求。通常單動缸以 3/2 電磁閥來控制，雙動缸以 5/2 或 5/3 電磁閥來控制。單線圈電磁閥不具自保作用，而雙線圈電磁閥具自保作用。

一般的氣壓缸僅有伸出（前位）及縮回（後位）兩個作動位置。然而，在某些情況下，如果想要使氣壓缸的活塞停在中間位置，就必須選用五口三位的電磁閥。圖 6-36(f)為中位全閉式電磁閥，當兩邊的電磁線圈都沒有激磁時，方向閥停在中間位置，氣壓缸活塞呈閉鎖狀態，不再移動。圖 6-36(g)為中位排氣式電磁閥，當方向閥停在中間位置時，氣壓缸停止運動且活塞兩側均不受力，可由手動方式自由移動活塞桿。圖 6-36(h)為中位加壓式電磁閥，當方向閥停在中間位置時，氣壓缸活塞兩邊同時承受壓源的推力，使活塞桿保持不動的狀態。

電氣氣壓控制迴路中，常用的電磁閥線圈符號如圖 6-37 所示。

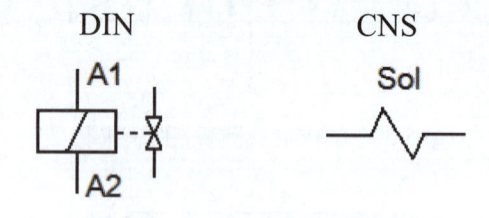

圖 6-37　電磁閥線圈符號

第 6 章　學後評量

選擇題：

6-4-1　1. (　) 間接作動電磁閥的符號
　　　　　　 (A) (B) (C) (D) 。

6-3-2　2. (　) 延時導通，延時復歸計時器接點符號
　　　　　　 (A) (B) (C) (D) 。

6-3-1　3. (　) 右圖 ─┤├─ 表示
　　　　　　 (A)常開接點　(B)常閉接點　(C)殘留接點　(D)共通點

6-4-1　4. (　) 下列何者是直動式電磁閥之線圈氣壓符號
　　　　　　 (A) (B) (C) (D) 。

補充　5. (　) 右圖 是
　　　　　　 (A)NOR　(B)OR　(C)NAND　(D)XOR　邏輯。

6-4-1　6. (　) 所謂電磁閥應答時間是
　　　　　　 (A)當開關導通，到電磁線圈激磁所需之時間
　　　　　　 (B)當開關導通，到電磁閥開始切換之時間
　　　　　　 (C)當開關導通，到電磁閥出口開始排氣之時間
　　　　　　 (D)當開關導通，到電磁閥閥軸開始移動之時間。

6-3-1　7. (　) 繼電器線圈接腳號碼為
　　　　　　 (A)1 和 2　(B)9 和 10　(C)11 和 12　(D)10 和 11。

6-3-1　8. (　) 2a3b 的繼電器中，請問有幾個 NC 接點　(A)2　(B)3　(C)4　(D)5。

補充　9. (　) 三用電表不用時，不要撥至
　　　　　　 (A)歐姆檔　(B)ACV 檔　(C)DCV 檔。　(D)DCmA 檔。

補充　10. (　) 欲量測電路電壓時，電壓表應與欲測電路
　　　　　　 (A)並聯　　　　　　　　(B)串聯
　　　　　　 (C)串聯一個電阻　　　　(D)先串聯再並聯。

6-4-1 11. (　) 常壓直動式電磁閥，最低操作壓力為
(A)0bar　　(B)1bar　　(C)2bar　　(D)3bar。

補充 12. (　) DC24V 的電磁閥，其電流值為 240mA，則其消耗功率為：
(A)5760W　(B)576W　(C)57.6W　(D)5.76W。

6-4-1 13. (　) 一般常用的電磁閥是用來做
(A)方向控制　(B)流量控制　(C)壓力控制　(D)溫度控制。

6-2-2 14. (　) 選用磁簧開關應考慮
(A)氣壓缸移動方向　　　(B)氣壓缸移動速度
(C)氣壓缸行程　　　　　(D)氣壓缸出力。

6-4-1 15. (　) 在氣壓系統中，電磁閥的線圈在選用時要考慮的因素之一是
(A)氣壓缸的內徑　　　　(B)氣壓缸的速度
(C)氣壓缸的空氣消耗量　(D)氣壓缸的作動頻率。

6-2-3 16. (　) 壓力開關符號：
(A)　(B)　(C)　(D)　。

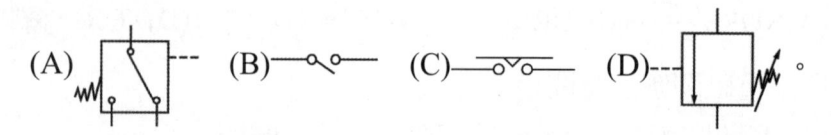

Chapter 7 電氣氣壓基本迴路

7-1 單動缸驅動迴路

7-2 雙動缸驅動迴路

7-3 連續往復運動控制迴路

7-4 壓力開關與計時計數控制迴路

7-5 多氣壓缸控制迴路

7-1 單動缸驅動迴路

7-1-1 使用 3/2 單線圈電磁閥直接控制單動缸

實驗說明

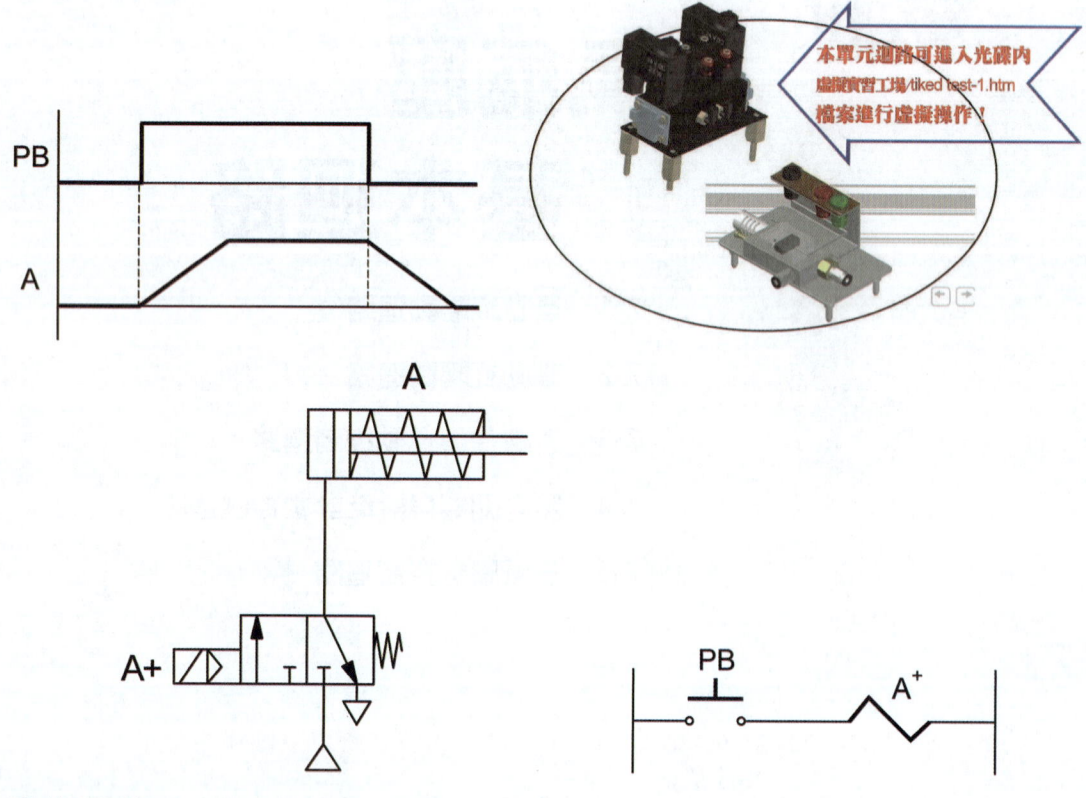

本單元迴路可進入光碟內虛擬實習工場/tiked test-1.htm 檔案進行虛擬操作！

動作要求

按下按鈕開關 PB，單動缸 A 前進；

放開按鈕開關 PB，單動缸 A 後退。

認識元件

單動缸、3/2 單線圈電磁閥及按鈕開關（電氣用）
（請參閱 第 6 章 電氣氣壓元件介紹）

實驗步驟

準備工作

Step 1 判讀動作時序圖，瞭解動作要求。

Step 2 關閉氣壓源，將工作壓力調整為 6 bar。

Step 3 於工作台面上之適當位置，放置單動缸（×1）、3/2 單線圈電磁閥（×1）及電氣按鈕開關（×1）。

完成氣壓迴路

Step 1 選用適當管徑之氣壓管，連接供氣模組（氣壓源）與 3/2 電磁閥的進氣口。

Step 2 連接 3/2 電磁閥的出氣口與單動缸的進氣口。
（ ☆ 注意：請使用正確的方法裝卸氣壓管，嚴禁使用暴力。）

測試氣壓迴路

Step 1 打開氣源。此時，氣壓缸之活塞應停在後頂點且靜止不動。

Step 2 使用平口螺絲起子，將電磁閥上的強制驅動開關旋轉至 1 的位置。此時，氣壓缸之活塞應前進至前頂點並停止運動。

Step 3 復歸強制驅動開關。此時，氣壓缸應後退並回到後頂點。

完成電氣迴路

Step 1 選用紅色導線，連接工作台上 DC 24V 電源之正端（紅色端子）與按鈕開關的其中一個接點。

Step 2 選用藍色導線，連接按鈕開關的另外一個接點與電磁閥線圈的接點（建議為紅色接點）。

Step 3 選用黑色導線，連接工作台上 DC 24V 電源之負端（黑色端子）與電磁閥線圈的接點（建議為黑色接點）。

學習成效

1. 能正確配接氣壓迴路及電氣迴路，並依動作要求執行操作。
2. 能清楚說明氣壓迴路及電氣迴路的動作原理。

深入探索

1. 當外力消失時，單動缸復歸的動力來源為何？（請觀察單動缸剖面元件）
2. 在相同行程的條件下，如何調整活塞的運動速率？
3. 如何使活塞快速伸出慢速縮回？（請實作看看！）
4. 如何使活塞慢速伸出快速縮回？（請實作看看！）

7-1-2 使用自保迴路控制單動缸

實驗說明

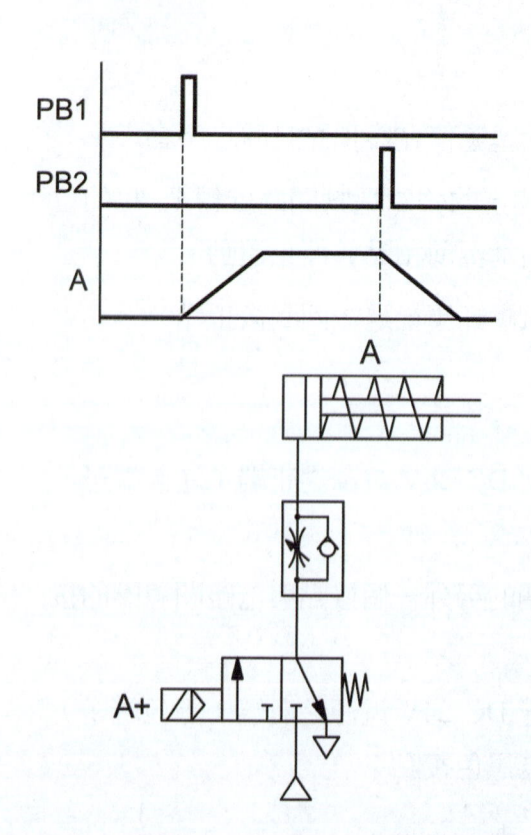

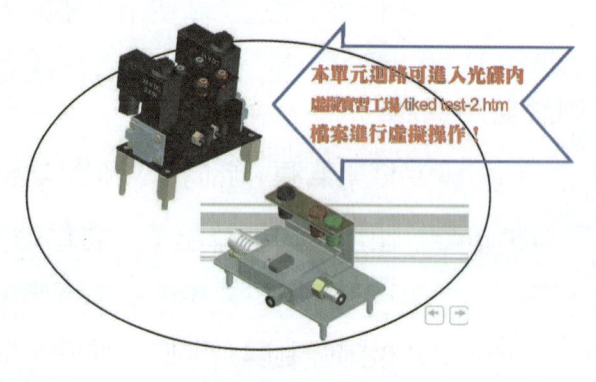

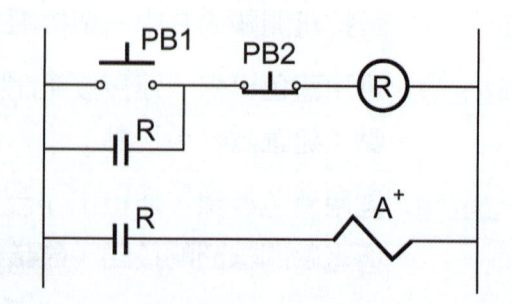

本單元迴路可進入光碟內虛擬實習工場/tiked test-2.htm 檔案進行虛擬操作！

電氣氣壓基本迴路

動作要求

按一下（pulse）按鈕開關 PB1，單動缸 A 前進，並保持在前頂點；

按一下（pulse）按鈕開關 PB2，單動缸 A 後退。

認識元件 單動缸、節流閥、3/2 單線圈電磁閥、繼電器（Relay）

及按鈕開關（請參閱 第六章 電氣氣壓元件介紹）

實驗步驟

準備工作

Step ❶ 判讀動作時序圖，瞭解動作要求。

Step ❷ 關閉氣壓源，將工作壓力調整為 6 bar。

Step ❸ 於工作台面上之適當位置，放置單動缸（×1）、節流閥（×1）、3/2 單線圈電磁閥（×1）、繼電器模組（×1）及電氣按鈕開關（×2）。

完成氣壓迴路

Step ❶ 選用適當管徑之氣壓管，依氣壓迴路圖，連接各元件完成氣壓迴路。

Step ❷ 以進氣節流方式裝配節流閥，並調整適當的空氣流量。
（ ☆ 注意：請使用正確的方法裝卸氣壓管，嚴禁使暴力。）

測試氣壓迴路

Step ❶ 打開氣源。使用平口螺絲起子強制驅動電磁閥換位。此時，氣壓缸的活塞應前進至前頂點並停止運動。

Step ❷ 復歸強制驅動開關，此時，氣壓缸之活塞應後退至後頂點並停止運動。

完成電氣迴路

Step 1 選定繼電器模組上的其中一顆繼電器,並於電氣迴路圖上標示繼電器的線圈編號(A_1A_2)。

Step 2 在選定的繼電器中,分別取用兩組 a 接點(**11,14** 及 **21,24**),並將編號清楚標示於電氣迴路圖上的對應接點位置。

Step 3 依電氣迴路圖,完成電氣控制迴路之接線。(注意自保迴路的接線方式)

Step 4 為了提高偵錯的效率,請選用適當顏色的導線配接線路。(正電源請用紅色導線,負電源請用黑色線,控制線請用藍色導線)

Step 5 電磁閥的線圈雖無極性,也請將紅色接點接上正電源,黑色接點接上負電源。

學習成效

1. 能正確配接氣壓迴路及電氣迴路,並依動作要求執行操作。
2. 能清楚說明自保迴路的動作原理。
3. 能正確區分繼電器中,接點與線圈的關係。
4. 能清楚說明 a 接點與 b 接點的觀念。

深入探索

1. 按下 PB1 時,氣壓缸的活塞開始前進,當活塞尚未到達前頂點就放開 PB1,則活塞會繼續前進嗎?為什麼呢?
2. 當活塞位於後頂點且靜止不動時時,同時按下 PB1 及 PB2,則活塞會前進嗎?(請實作測試,並探究其原因)
3. 本實驗的電氣迴路,還可以更精簡嗎?(請想想看,並實作測試)

7-1-3 使用極限開關控制單動缸自動回行

● 實驗說明 ●

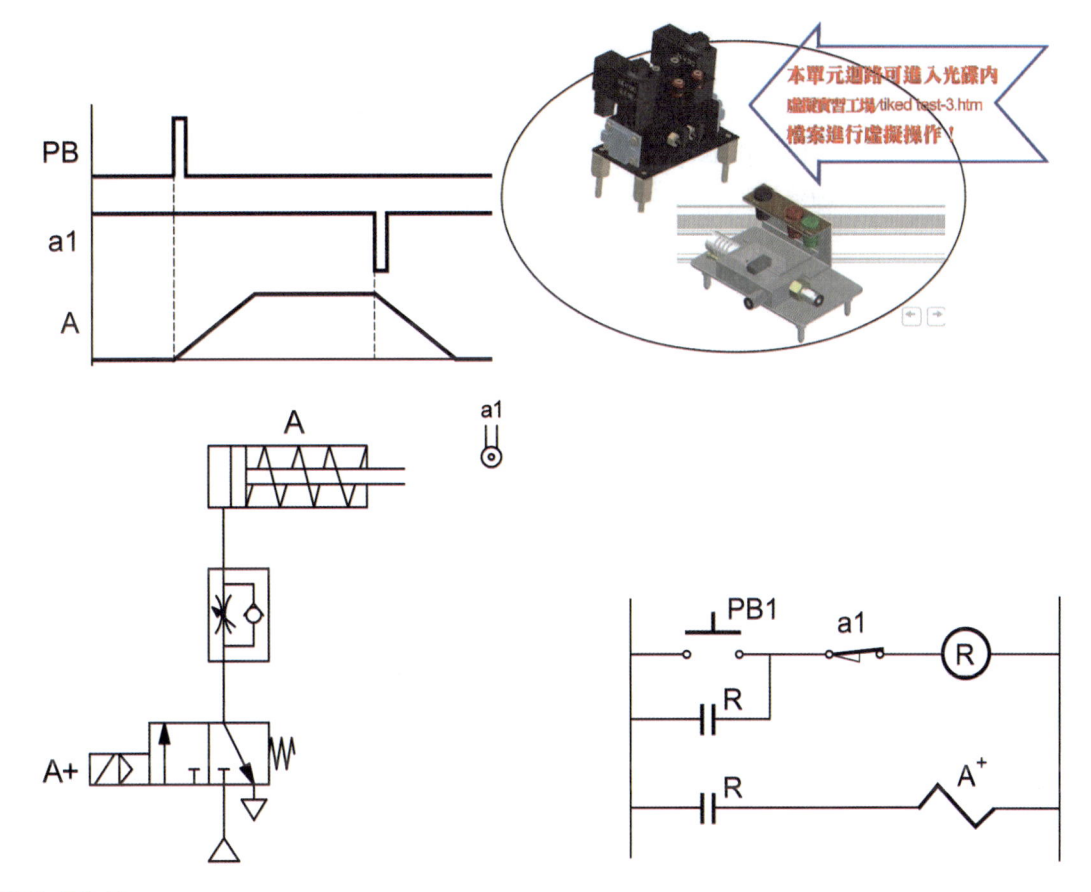

本單元迴路可進入光碟內
虛擬實習工場/tiked test-3.htm
檔案進行虛擬操作！

動作要求

按一下（pulse）按鈕開關 PB1，單動缸 A 前進；

當單動缸 A 的活塞桿頭碰觸到前頂點 a1 時，A 缸的活塞自動回行。

● 認識元件 ● 單動缸、節流閥、3/2 單線圈電磁閥、繼電器、極限開關（Limit Switch）及按鈕開關。（請參閱 第 6 章 電氣氣壓元件介紹）

實驗步驟

準備工作

Step ❶ 判讀動作時序圖，瞭解動作要求。

Step ❷ 關閉氣壓源，將工作壓力調整為 6 bar。

Step ❸ 於工作台面上之適當位置，放置單動缸（×1）、節流閥（×1）、3/2 單線圈電磁閥（×1）、繼電器模組（×1）、極限開關（×1）及電氣按鈕開關（×1）。

完成氣壓迴路

Step ❶ 選用適當管徑之氣壓管，依氣壓迴路圖，連接各元件完成氣壓迴路。

Step ❷ 以進氣節流方式裝配節流閥，並調整適當的空氣流量。
（☆ 注意：請使用正確的方法裝卸氣壓管，嚴禁使用暴力。）

測試氣壓迴路

Step ❶ 打開氣源。使用平口螺絲起子強制驅動電磁閥換位。此時，氣壓缸的活塞應前進至前頂點並停止運動。

Step ❷ 調整極限開關的位置，使活塞桿頭與極限開關正確觸碰。

Step ❸ 復歸強制驅動開關。此時，氣壓缸之活塞應後退至後頂點並停止運動。

完成電氣迴路

Step ❶ 選定繼電器模組上的其中一顆繼電器，並於電氣迴路圖上標示繼電器的線圈編號（A_1A_2）。

Step 2 在選定的繼電器中，分別取用兩組 a 接點（**11,14** 及 **21,24**），並將編號清楚標示於電氣迴路圖上的對應接點位置。

Step 3 依電氣迴路圖，完成電氣控制迴路之接線。
（注意：極限開關的接點請取用 b 接點，即 COM , NC）

Step 4 為了提高偵錯的效率，請選用適當顏色的導線配接線路。（正電源請用紅色導線，負電源請用黑色線，控制線請用藍色導線）

Step 5 電磁閥的線圈雖無極性，也請將紅色接點接上正電源，黑色接點接上負電源。

學習成效

1. 能正確配接氣壓迴路及電氣迴路，並依動作要求執行操作。
2. 能清楚說明氣壓迴路及電氣迴路的動作原理。
3. 能清楚說明極限開關的 a 接點與 b 接點的動作情形。

深入探索

1. 本實驗的電氣迴路，還可以更精簡嗎？（請想想看，並實作測試）
2. 如果將極限開關的接點更改為 a 接點，即（COM , NO），則動作情形會變成如何呢？（請想想看，並實作測試）
3. 請設計一個迴路，使單動缸不停地自動來回運動。（挑戰看看！）

7-1-4 使用兩個繼電器控制單動缸前進與後退

● 實驗說明 ●

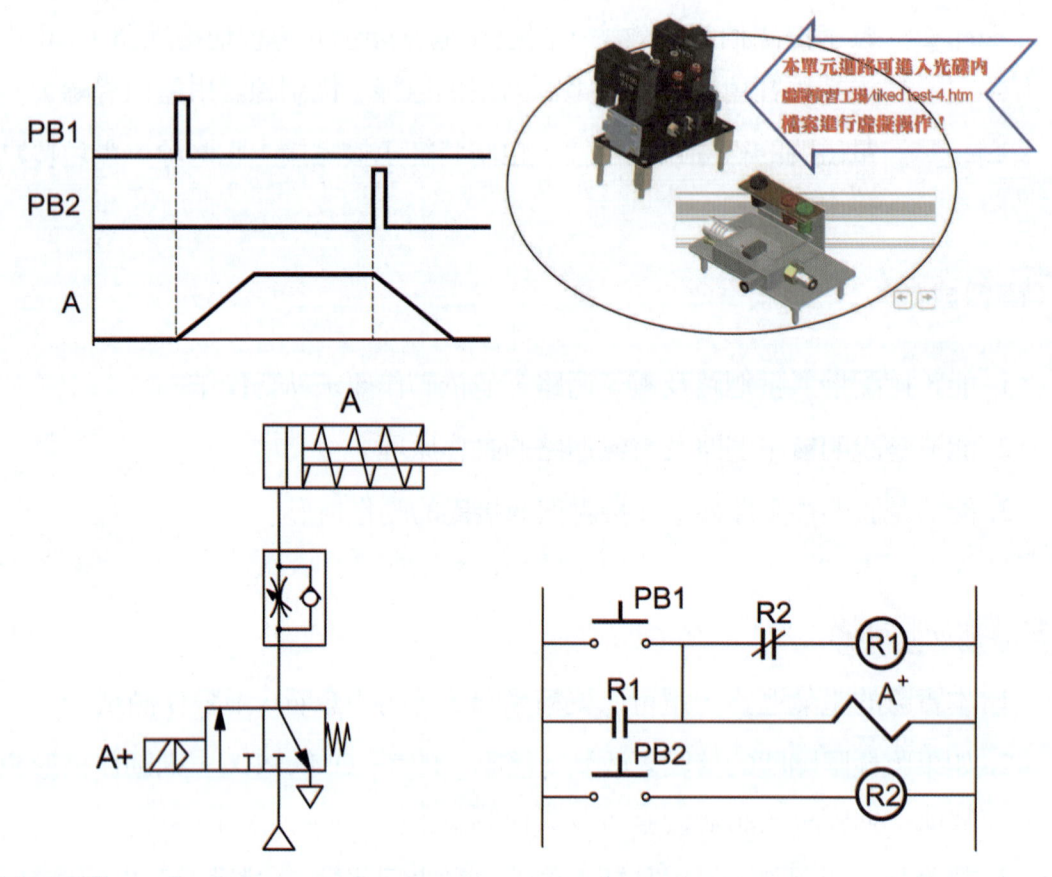

動作要求

按一下（pulse）按鈕開關 PB1，單動缸 A 前進，並保持在前頂點；

按一下（pulse）按鈕開關 PB2，單動缸 A 後退。

認識元件 單動缸、節流閥、3/2 單線圈電磁閥、繼電器（Relay）及按鈕開關（請參閱 第 6 章 電氣氣壓元件介紹）

實驗步驟

準備工作

Step 1 判讀動作時序圖,瞭解動作要求。

Step 2 關閉氣壓源,將工作壓力調整為 6 bar。

Step 3 於工作台面上之適當位置,放置單動缸(×1)、節流閥(×1)、3/2 單線圈電磁閥(×1)、繼電器模組(×1)及電氣按鈕開關(×2)。

完成氣壓迴路

Step 1 選用適當管徑之氣壓管,依氣壓迴路圖,連接各元件完成氣壓迴路。

Step 2 以進氣節流方式裝配節流閥,並調整適當的空氣流量。
（ ☆ 注意:請使用正確的方法裝卸氣壓管,嚴禁使用暴力。）

測試氣壓迴路

Step 1 打開氣源。使用平口螺絲起子強制驅動電磁閥換位。此時,氣壓缸的活塞應前進至前頂點並停止運動。

Step 2 復歸強制驅動開關。此時,氣壓缸之活塞應後退至後頂點並停止運動。

完成電氣迴路

Step 1 選定繼電器模組上的兩顆繼電器,並於電氣迴路圖上標示繼電器的線圈編號（A_1A_2 及 B_1B_2）。

Step 2 在 R1 的繼電器中,取用一組 a 接點（**11,14**）;在 R2 的繼電器中,取用一組 b 接點（**11,12**）,並將編號清楚標示於電氣迴路圖上。

Step ❸ 依電氣迴路圖，完成電氣控制迴路之接線。（注意自保迴路的接線方式）

Step ❹ 為了提高偵錯的效率，請選用適當顏色的導線配接線路。（正電源請用紅色導線，負電源請用黑色線，控制線請用藍色導線）

Step ❺ 電磁閥的線圈雖無極性，也請將紅色接點接上正電源，黑色接點接上負電源。

學習成效

1. 能正確配接氣壓迴路及電氣迴路，並依動作要求執行操作。
2. 能清楚說明自保迴路的動作原理。
3. 能正確區分繼電器中，接點與線圈的關係。
4. 能清楚說明 a 接點與 b 接點的觀念。

深入探索

1. 按下 PB1 時，氣壓缸的活塞開始前進，當活塞尚未到達前頂點就放開 PB1，則活塞會繼續前進嗎？為什麼呢？
2. 當活塞位於後頂點且靜止不動時，同時按下 PB1 及 PB2，則活塞會前進嗎？（請實作測試，並探究其原因）
3. 本實驗的電氣迴路，還可以更精簡嗎？（請想想看，並實作測試）

7-2 雙動缸驅動迴路

7-2-1 使用 5/2 雙線圈電磁閥直接控制雙動缸

實驗說明

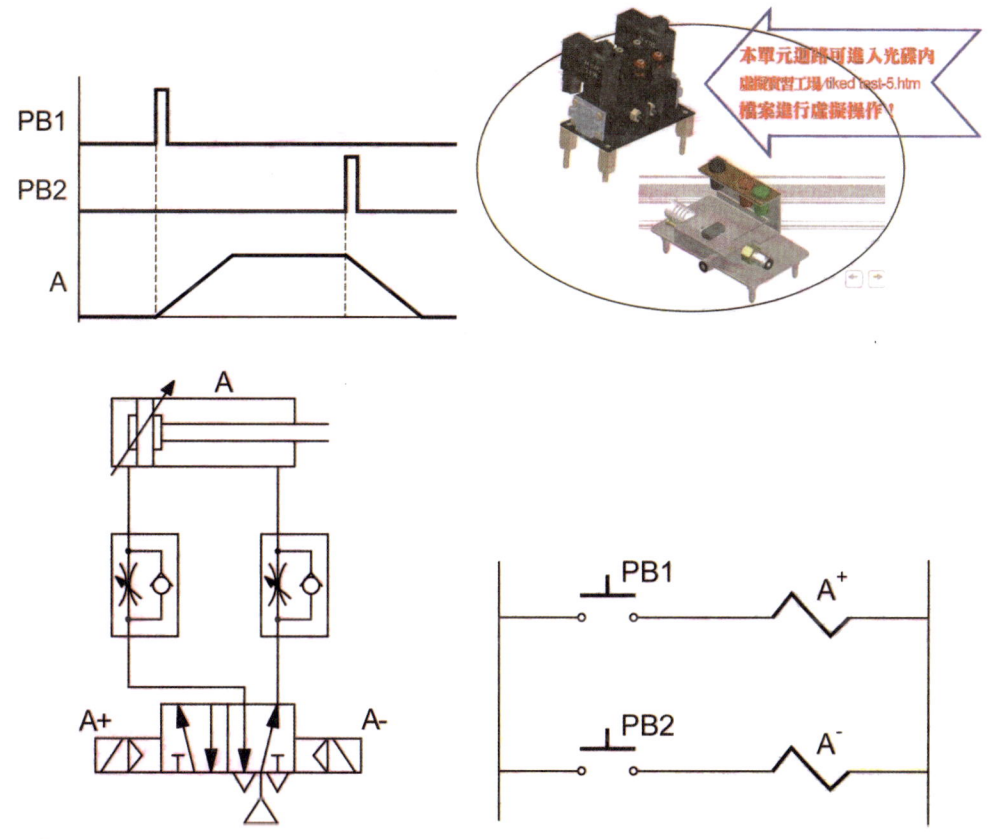

動作要求

按一下（pulse）按鈕開關 PB1，雙動缸 A 前進，並保持在前頂點；

按一下（pulse）按鈕開關 PB2，雙動缸 A 後退。

認識元件 雙動缸、節流閥、5/2 雙線圈電磁閥及按鈕開關（電氣用）
（請參閱 第 6 章 電氣氣壓元件介紹）

實驗步驟

準備工作

Step 1 判讀動作時序圖，瞭解動作要求。

Step 2 關閉氣壓源，將工作壓力調整為 6 bar。

Step 3 於工作台面上之適當位置，放置雙動缸（×1）、節流閥（×2）、5/2 雙線圈電磁閥（×1）及電氣按鈕開關（×2）。

完成氣壓迴路

Step 1 選用適當管徑之氣壓管，連接供氣模組（氣壓源）與 5/2 電磁閥的進氣口。

Step 2 對應連接 5/2 電磁閥的兩個出氣口與節流閥的進氣口（採用進氣節流的方式）。

Step 3 對應連接節流閥的出氣口與雙動缸的前後氣口。
（☆ 注意：請使用正確的方法裝卸氣壓管，嚴禁使用暴力。）

測試氣壓迴路

Step 1 打開氣源。使用平口螺絲起子，旋轉電磁閥右側（A$^-$）的強制驅動開關至 0 的位置。同時，旋轉電磁閥左側（A$^+$）的強制驅動開關至 1 的位置。此時，氣壓缸的活塞應前進至前頂點並停止運動。

Step 2 再使用平口螺絲起子，旋轉電磁閥左側（A$^+$）的強制驅動開關至 0 的位置。同時，旋轉電磁閥右側（A$^-$）的強制驅動開關至 1 的位置。此時，氣壓缸的活塞應後退至後頂點並停止運動。

Step 3 依上述操作，若氣壓缸活塞的運動方向相反時，則將電磁閥兩出氣口的氣管交換位置即可正常動作。（Why？）

Step 4 氣壓迴路測試完畢後，請將左右兩個強制驅動開關復歸至 0 的位置。

完成電氣迴路

Step ① 選用紅色導線，連接工作台上 DC 24V 電源之正端（紅色端子）與 PB1 及 PB2 的接點。

Step ② 選用藍色導線，分別連接 PB1 的另一點與 A^+ 的紅色接點及 PB2 的另一點與 A^- 的紅色接點。

Step ③ 選用黑色導線，連接工作台上 DC 24V 電源之負端（黑色端子）與 A^+ 及 A^- 的黑色接點。

學習成效 >>>

1. 能正確配接氣壓迴路及電氣迴路，並依動作要求執行操作。
2. 能清楚說明氣壓迴路及電氣迴路的動作原理。
3. 能分辨並說明單線圈電磁閥與雙線圈電磁閥的差異及作動方式。
   （自動復歸與自保的觀念）

深入探索

1. 按下 PB1 時，氣壓缸的活塞開始前進，當活塞尚未到達前頂點就放開 PB1，活塞仍會繼續前進嗎？為什麼呢？
2. 不論前進或後退，當活塞行進至前頂點與後頂點之間的任意位置時，同時按下 PB1 及 PB2，則活塞會繼續運動嗎？（請實作測試，並調整活塞運動速度，仔細觀察）

7-2-2 使用極限開關控制雙動缸自動回行

實驗說明

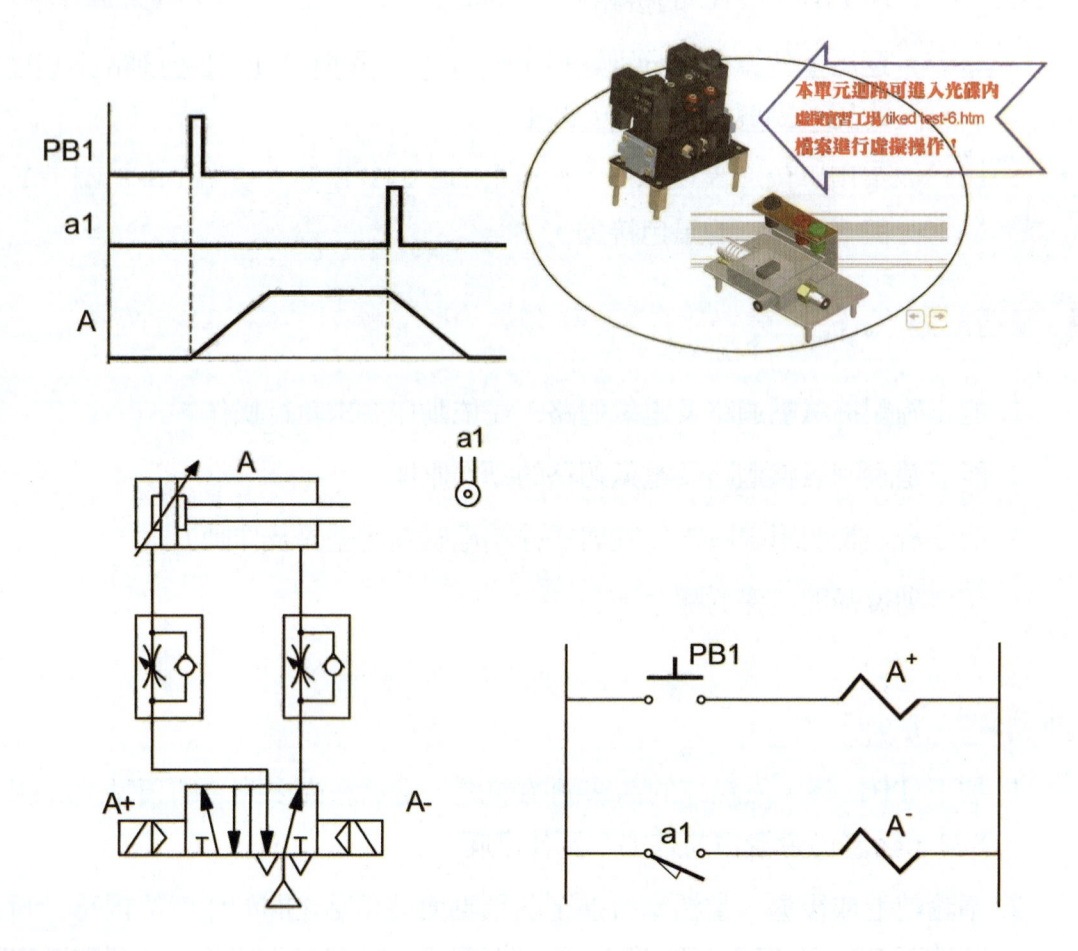

本單元迴路可進入光碟內虛擬實習工場 /iked test-6.htm 檔案進行虛擬操作。

動作要求

按一下（pulse）按鈕開關 PB1，雙動缸 A 前進；

當雙動缸 A 的活塞桿頭碰觸到前頂點 a1 時，A 缸的活塞自動回行。

認識元件 雙動缸、節流閥、5/2 雙線圈電磁閥、極限開關（Limit Switch）及按鈕開關。（請參閱 第 6 章 電氣氣壓元件介紹）

實驗步驟

準備工作

Step ❶ 判讀動作時序圖,瞭解動作要求。

Step ❷ 關閉氣壓源,將工作壓力調整為 6 bar。

Step ❸ 於工作台面上之適當位置,放置雙動缸(×1)、節流閥(×2)、5/2 雙線圈電磁閥(×1)、極限開關(×1)及電氣按鈕開關(×1)。

完成氣壓迴路

Step ❶ 選用適當管徑之氣壓管,依氣壓迴路圖,連接各元件完成氣壓迴路。

Step ❷ 以進氣節流方式裝配節流閥,並調整適當的空氣流量。
（ ☆ 注意：請使用正確的方法裝卸氣壓管,嚴禁使用暴力。）

測試氣壓迴路

Step ❶ 打開氣源。使用平口螺絲起子,旋轉電磁閥右側（A^-）的強制驅動開關至 0 的位置。同時,旋轉電磁閥左側（A^+）的強制驅動開關至 1 的位置。此時,氣壓缸的活塞應前進至前頂點並停止運動。

Step ❷ 調整極限開關的位置,使活塞桿頭與極限開關正確觸碰。

Step ❸ 再使用平口螺絲起子,旋轉電磁閥左側（A^+）的強制驅動開關至 0 的位置。同時,旋轉電磁閥右側（A^-）的強制驅動開關至 1 的位置。此時,氣壓缸的活塞應後退至後頂點並停止運動。

Step ❹ 依上述操作,若氣壓缸活塞的運動方向相反時,則將電磁閥兩出氣口的氣管交換位置即可正常動作。（Why？）

Step ❺ 氣壓迴路測試完畢後,請將左右兩個強制驅動開關復歸至 0 的位置。

完成電氣迴路

Step 1 依電氣迴路圖，完成電氣控制迴路之接線。
（注意：極限開關的接點請取用 a 接點，即 **COM , NO**）

Step 2 為了提高偵錯的效率，請選用適當顏色的導線配接線路。（正電源請用紅色導線，負電源請用黑色線，控制線請用藍色導線）

Step 3 電磁閥的線圈雖無極性，也請將紅色接點接上正電源，黑色接點接上負電源。

學習成效 »»

1. 能正確配接氣壓迴路及電氣迴路，並依動作要求執行操作。
2. 能清楚說明氣壓迴路及電氣迴路的動作原理。
3. 能清楚說明極限開關的 a 接點與 b 接點的動作情形。

深入探索

1. 如果將極限開關的接點更改為 b 接點，即（**COM , NC**），則動作情形會變為如何呢？（請想想看，並實作測試）
2. 請設計一個迴路，使雙動缸不停地自動來回運動。（挑戰看看！）

7-2-3 互鎖電路控制雙動氣壓缸

● 實驗說明 ●

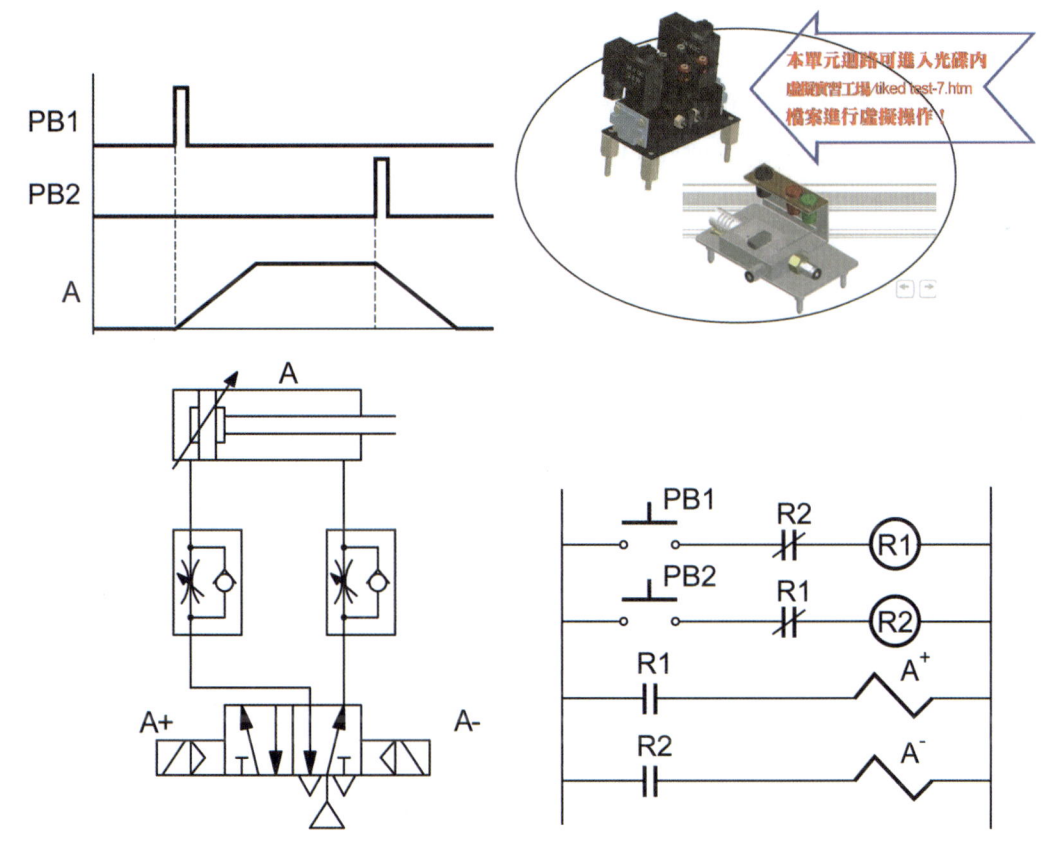

動作要求

按一下（pulse）按鈕開關 PB1，雙動缸 A 前進，並保持在前頂點；

按一下（pulse）按鈕開關 PB2，雙動缸 A 後退。

當 PB1 被按住時，則 PB2 無效；相對地，當 PB2 被按住時，則 PB1 無效。

認識元件 雙動缸、節流閥、5/2 雙線圈電磁閥、繼電器及按鈕開關。
（請參閱 第 6 章 電氣氣壓元件介紹）

實驗步驟

準備工作

Step 1 判讀動作時序圖，瞭解動作要求。

Step 2 關閉氣壓源，將工作壓力調整為 6 bar。

Step 3 於工作台面上之適當位置，放置雙動缸（×1）、節流閥（×2）、5/2 雙線圈電磁閥（×1）、繼電器模組（×1）及電氣按鈕開關（×2）。

完成氣壓迴路

Step 1 選用適當管徑之氣壓管，依氣壓迴路圖，連接各元件完成氣壓迴路。

Step 2 以進氣節流方式裝配節流閥，並調整適當的空氣流量。
（☆ 注意：請使用正確的方法裝卸氣壓管，嚴禁使用暴力。）

測試氣壓迴路

Step 1 打開氣源。使用平口螺絲起子，旋轉電磁閥右側（A^-）的強制驅動開關至 0 的位置。同時，旋轉電磁閥左側（A^+）的強制驅動開關至 1 的位置。此時，氣壓缸的活塞應前進至前頂點並停止運動。

Step 2 再使用平口螺絲起子，旋轉電磁閥左側（A^+）的強制驅動開關至 0 的位置。同時，旋轉電磁閥右側（A^-）的強制驅動開關至 1 的位置。此時，氣壓缸的活塞應後退至後頂點並停止運動。

Step 3 依上述操作，若氣壓缸活塞的運動方向相反時，則將電磁閥兩出氣口的氣管交換位置即可正常動作。（Why？）

Step 4 氣壓迴路測試完畢後，請將左右兩個強制驅動開關復歸至 0 的位置。

完成電氣迴路

Step 1 選定繼電器模組上的兩組繼電器，並於電氣迴路圖上標示繼電器的線圈編號（A_1A_2 及 B_1B_2）。

Step 2 在 R1 的繼電器中，分別取用一組 a 接點（**11,14**）及一組 b 接點（**21,22**）；同時在 R2 的繼電器中，亦取用一組 a 接點（**11,14**）及一組 b 接點（**21,22**），並將編號清楚標示於電氣迴路圖上。

Step 3 依電氣迴路圖，完成電氣控制迴路之接線。（注意：請勿混淆兩組繼電器之 a 接點及 b 接點）

Step 4 為了提高偵錯的效率，請選用適當顏色的導線配接線路。（正電源請用紅色導線，負電源請用黑色線，控制線請用藍色導線）

Step 5 電磁閥的線圈雖無極性，也請將紅色接點接上正電源，黑色接點接上負電源。

學習成效 >>>

1. 能正確配接氣壓迴路及電氣迴路，並依動作要求執行操作。
2. 能清楚說明氣壓迴路及電氣迴路的動作原理。
3. 能清楚說明繼電器之 a 接點與 b 接點的動作情形。

深入探索

1. 若持續壓住 PB1 不放，則當按下 PB2 時，氣壓缸的動作情形為何？（請想想看，並實作測試）。
2. 若持續壓住 PB2 不放，則當按下 PB1 時，氣壓缸的動作情形為何？（請想想看，並實作測試）
3. 若瞬間同時按下 PB1 及 PB2，則氣壓缸的動作情形又是如何？（請想想看，並實作測試）

7-3 連續往復運動控制迴路

7-3-1 使用一個繼電器控制雙動缸連續往復運動

● 實驗說明

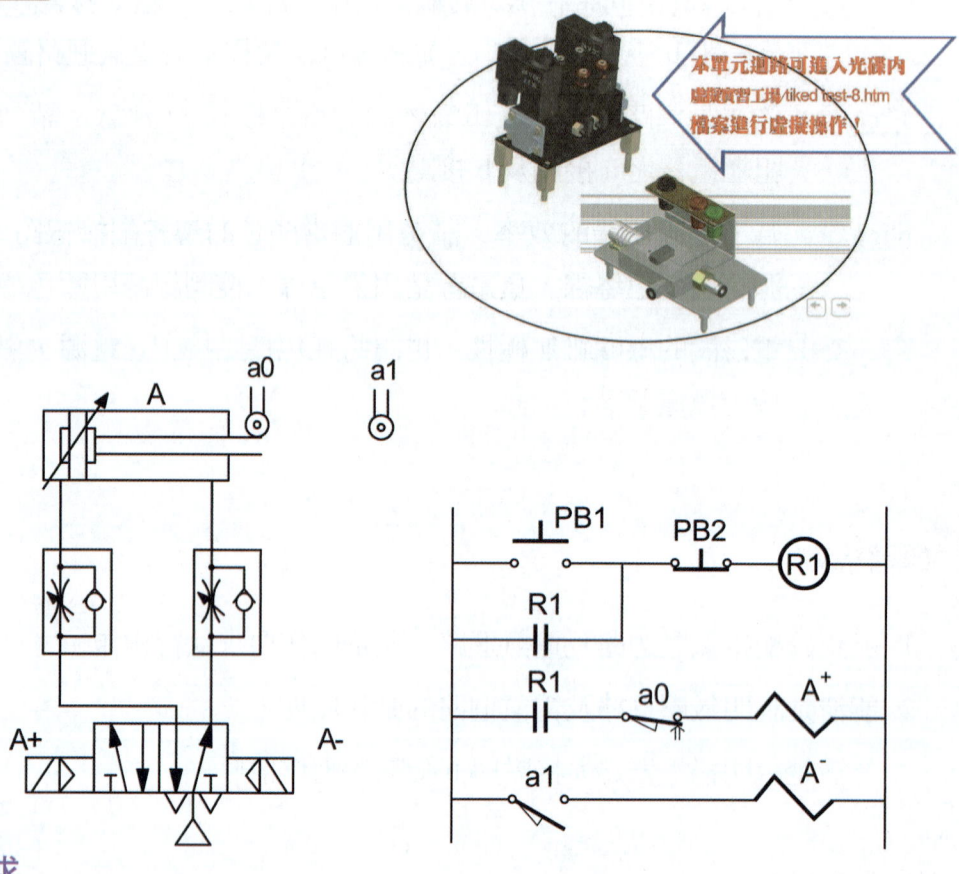

本單元迴路可進入光碟內虛擬實習工場/tiked test-8.htm 檔案進行虛擬操作。

動作要求

按一下（pulse）按鈕開關 PB1，雙動缸 A 前進；當雙動缸 A 的活塞桿頭碰觸到前頂點 a1 時，A 缸的活塞自動回行。

接著，當 A 缸的活塞桿頭碰觸到後頂點 a0 時，A 缸的活塞再次自動前進，依此連續往復運動。

按一下（pulse）按鈕開關 PB2，則 A 缸停止運動，並退回後頂點 a0。

認識元件 雙動缸、節流閥、5/2 雙線圈電磁閥、繼電器、極限開關（Limit Switch）及按鈕開關。（請參閱 第 6 章 電氣氣壓元件介紹）

實驗步驟

準備工作

Step ① 判讀動作時序圖，瞭解動作要求。

Step ② 關閉氣壓源，將工作壓力調整為 6 bar。

Step ③ 於工作台面上之適當位置，放置雙動缸（×1）、節流閥（×2）、5/2 雙線圈電磁閥（×1）、繼電器模組（×1）、極限開關（×2）及電氣按鈕開關（×2）。

完成氣壓迴路

Step ① 選用適當管徑之氣壓管，依氣壓迴路圖，連接各元件完成氣壓迴路。

Step ② 以進氣節流方式裝配節流閥，並調整適當的空氣流量。
（ ☆ 注意：請使用正確的方法裝卸氣壓管，嚴禁使用暴力。）

測試氣壓迴路

Step ① 使用平口螺絲起子，旋轉電磁閥右側（A⁻）的強制驅動開關至 0 的位置。同時，旋轉電磁閥左側（A⁺）的強制驅動開關至 1 的位置。此時，氣壓缸的活塞應前進至前頂點並停止運動。

Step ② 調整 a1 極限開關的位置，使活塞桿頭與極限開關正確觸碰。

Step ③ 再使用平口螺絲起子，旋轉電磁閥左側（A⁺）的強制驅動開關至 0 的位置。同時，旋轉電磁閥右側（A⁻）的強制驅動開關至 1 的位置。此時，氣壓缸的活塞應後退至後頂點並停止運動。

Step ④ 調整 a0 極限開關的位置，使活塞桿頭與極限開關正確觸碰。

Step ⑤ 氣壓迴路測試完畢後，請將左右兩個強制驅動開關復歸至 0 的位置。

完成電氣迴路

Step 1 選定繼電器模組上的其中一組繼電器，並於電氣迴路圖上標示繼電器的線圈編號（A_1A_2）。

Step 2 在選定的繼電器中，分別取用兩組 a 接點（**11,14 及 21,24**），並將編號清楚標示於電氣迴路圖上的對應接點位置。

Step 3 依電氣迴路圖，完成電氣控制迴路之接線。（注意：極限開關的接點請取用 a 接點，即 **COM , NO**）

學習成效 >>>

1. 能正確配接氣壓迴路及電氣迴路，並依動作要求執行操作。
2. 能清楚說明氣壓迴路及電氣迴路的動作原理。
3. 能清楚說明極限開關的 a 接點與 b 接點的動作情形。

深入探索

1. 如果將電氣迴路中的 a0 接點拿掉（忽略不接），則動作情形會變成如何呢？（請想想看，並實作測試）
2. 請老師在你的氣壓迴路及電氣迴路中，分別設定一個故障點。接著，自己嘗試找出故障點並修正錯誤，使系統回復正常運作。（挑戰一下！）

7-3-2 使用二個繼電器控制雙動缸連續往復運動

實驗說明

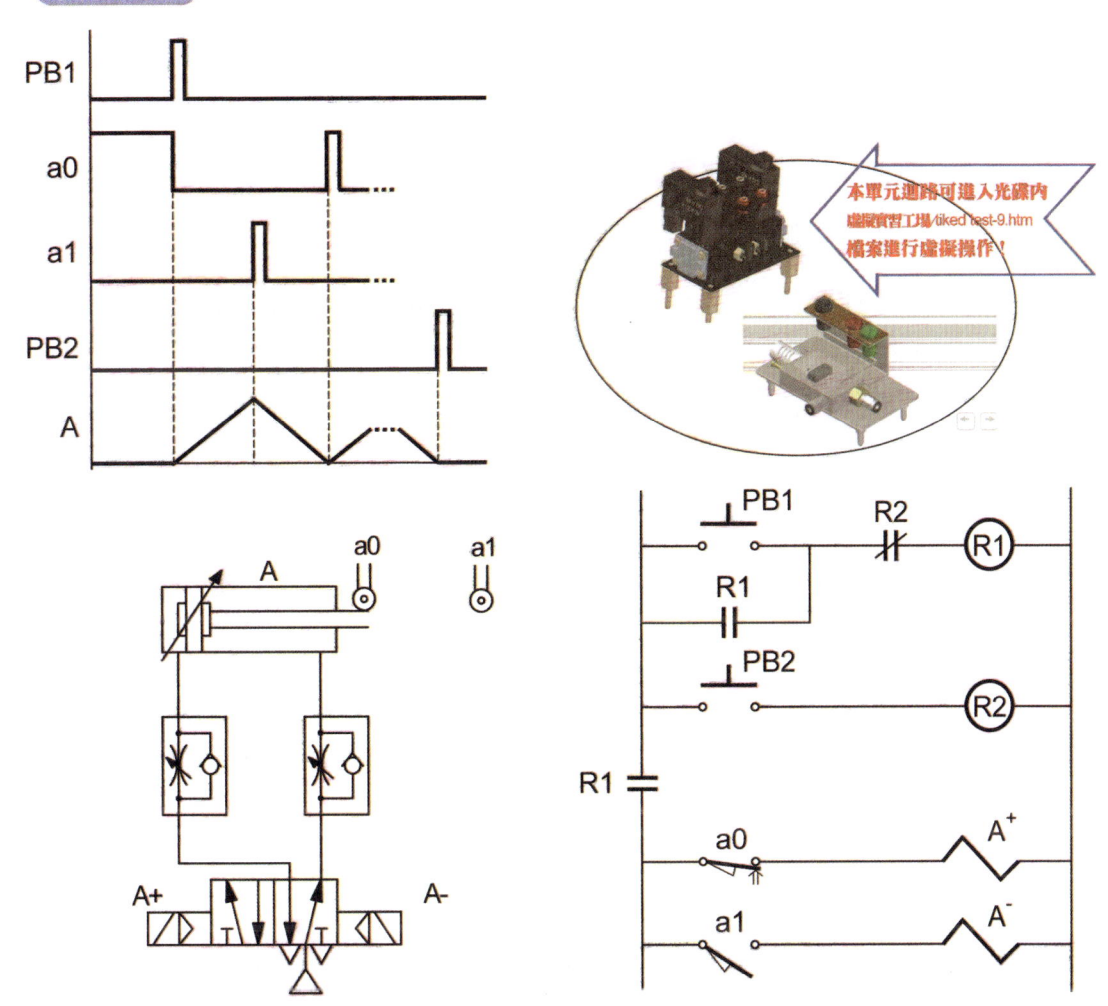

動作要求

按一下（pulse）按鈕開關 PB1，雙動缸 A 前進；當雙動缸 A 的活塞桿頭碰觸到前頂點 a1 時，A 缸的活塞自動回行。

接著，當 A 缸的活塞桿頭碰觸到後頂點 a0 時，A 缸的活塞再次自動前進，依此連續往復運動。

按一下（pulse）按鈕開關 PB2，A 缸停止運動。

認識元件 雙動缸、節流閥、5/2 雙線圈電磁閥、繼電器、極限開關（Limit Switch）及按鈕開關。（請參閱 第 6 章 電氣氣壓元件介紹）

實驗步驟

準備工作

Step 1 判讀動作時序圖，瞭解動作要求。

Step 2 關閉氣壓源，將工作壓力調整為 6 bar。

Step 3 於工作台面上之適當位置，放置雙動缸（×1）、節流閥（×2）、5/2 雙線圈電磁閥（×1）、繼電器模組（×1）、極限開關（×2）及電氣按鈕開關（×2）。

完成氣壓迴路

Step 1 選用適當管徑之氣壓管，依氣壓迴路圖，連接各元件完成氣壓迴路。

Step 2 以進氣節流方式裝配節流閥，並調整適當的空氣流量。
（ ☆ 注意：請使用正確的方法裝卸氣壓管，嚴禁使用暴力。）

測試氣壓迴路

Step 1 使用平口螺絲起子，旋轉電磁閥右側（A^-）的強制驅動開關至 0 的位置。同時，旋轉電磁閥左側（A^+）的強制驅動開關至 1 的位置。此時，氣壓缸的活塞應前進至前頂點並停止運動。

Step 2 調整 a1 極限開關的位置，使活塞桿頭與極限開關正確觸碰。

Step 3 再使用平口螺絲起子，旋轉電磁閥左側（A^+）的強制驅動開關至 0 的位置。同時，旋轉電磁閥右側（A^-）的強制驅動開關至 1 的位置。此時，氣壓缸的活塞應後退至後頂點並停止運動。

Step ④ 調整 a0 極限開關的位置，使活塞桿頭與極限開關正確觸碰。

Step ⑤ 氣壓迴路測試完畢後，請將左右兩個強制驅動開關復歸至 0 的位置。

完成電氣迴路

Step ① 選定繼電器模組上的兩組繼電器，並於電氣迴路圖上標示繼電器的線圈編號（A_1A_2 及 B_1B_2）。

Step ② 在 R1 的繼電器中，分別取用兩組 a 接點（**11,14 及 21,24**）；同時在 R2 的繼電器中，取用一組 b 接點（**11,12**），並將編號清楚標示於電氣迴路圖上。

Step ③ 依電氣迴路圖，完成電氣控制迴路之接線。依電氣迴路圖，完成電氣控制迴路之接線。（注意：請勿混淆兩顆繼電器之 a 接點及 b 接點）

學習成效

1. 能正確配接氣壓迴路及電氣迴路，並依動作要求執行操作。
2. 能清楚說明氣壓迴路及電氣迴路的動作原理。
3. 能清楚說明繼電器之 a 接點與 b 接點的動作情形。

深入探索

1. 如果將電氣迴路中的 a0 接點拿掉（忽略不接），則動作情形會變成如何呢？（請想想看，並實作測試）
2. 請老師在你的氣壓迴路及電氣迴路中，分別設定一個故障點。嘗試找出故障點並修正錯誤，使系統回復正常運作。（挑戰一下！）

7-3-3 使用二個繼電器控制單動缸連續往復運動

實驗說明

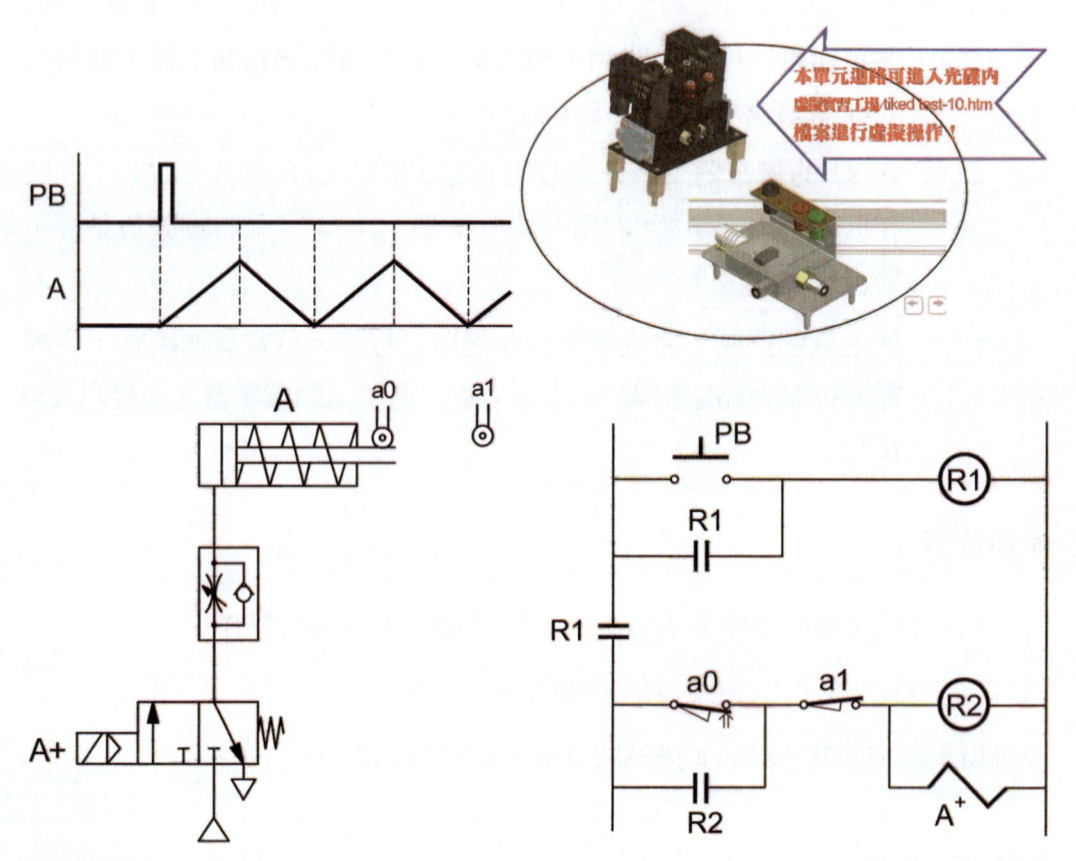

動作要求

按一下（pulse）按鈕開關 PB1，單動缸 A 前進；當單動缸 A 的活塞桿頭碰觸到前頂點 a1 時，A 缸的活塞自動回行。

接著，當 A 缸的活塞桿頭碰觸到後頂點 a0 時，則 A 缸的活塞再次自動前進，依此連續往復運動。

電氣氣壓基本迴路

認識元件 單動缸、節流閥、3/2 單線圈電磁閥、繼電器、極限開關（Limit Switch）及按鈕開關。（請參閱 第 6 章 電氣氣壓元件介紹）

實驗步驟

準備工作

Step 1 判讀動作時序圖，瞭解動作要求。

Step 2 關閉氣壓源，將工作壓力調整為 6 bar。

Step 3 於工作台面上之適當位置，放置單動缸（×1）、節流閥（×1）、3/2 線圈電磁閥（×1）、繼電器模組、極限開關（×2）及電氣按鈕開關（×1）。

完成氣壓迴路

Step 1 選用適當管徑之氣壓管，依氣壓迴路圖，連接各元件完成氣壓迴路。

Step 2 以進氣節流方式裝配節流閥，並調整適當的空氣流量。
（ ☆ 注意：請使用正確的方法裝卸氣壓管，嚴禁使用暴力。）

測試氣壓迴路

Step 1 打開氣源。使用平口螺絲起子強制驅動電磁閥換位。此時，氣壓缸的活塞應前進至前頂點並停止運動。

Step 2 調整 a1 極限開關的位置，使活塞桿頭與極限開關正確觸碰。

Step 3 復歸強制驅動開關。此時，氣壓缸之活塞應後退至後頂點並停止運動。

Step 4 調整 a0 極限開關的位置，使活塞桿頭與極限開關正確觸碰。

完成電氣迴路

Step 1 選定繼電器模組上的其中兩組繼電器，並於電氣迴路圖上標示繼電器的線圈編號（A_1A_2 及 B_1B_2）。

Step 2 在 R1 的繼電器中，分別取用兩組 a 接點（11,14 及 21,24）；同時在 R2 的繼電器中，取用一組 a 接點（11,14），並將編號清楚標示於電氣迴路圖上的對應接點位置。

Step 3 依電氣迴路圖，完成電氣控制迴路之接線。（請注意： a_1 極限開關的接點請取用 b 接點，即 **COM , NC**；a_0 極限開關的接點請取用 a 接點，即 **COM , NO**）

Step 4 為了提高偵錯的效率，請選用適當顏色的導線配接線路。（正電源請用紅色導線，負電源請用黑色線，控制線請用藍色導線）

Step 5 電磁閥的線圈雖無極性，也請將紅色接點接上正電源，黑色接點接上負電源。

學習成效 »»

1. 能正確配接氣壓迴路及電氣迴路，並依動作要求執行操作。
2. 能清楚說明氣壓迴路及電氣迴路的動作原理。
3. 能清楚說明極限開關的 a 接點與 b 接點的動作情形。

深入探索

1. 如果將電氣迴路中的 a0 接點拿掉（忽略不接），則動作情形會變成如何呢？（請想想看，並實作測試）
2. 請額外取用一個按鈕開關，並想辦法修改電氣迴路，使運動中的氣壓缸能夠停止運作。（系統停止後必須能夠重新啟動）
3. 請老師在你的電氣迴路中設定一個故障點，自己嘗試找出故障點並修正錯誤，使系統回復正常運作。（挑戰一下！）

7-4 壓力開關與計時計數控制迴路

7-4-1 正壓力開關加入單動缸運動控制

● 實驗說明 ●

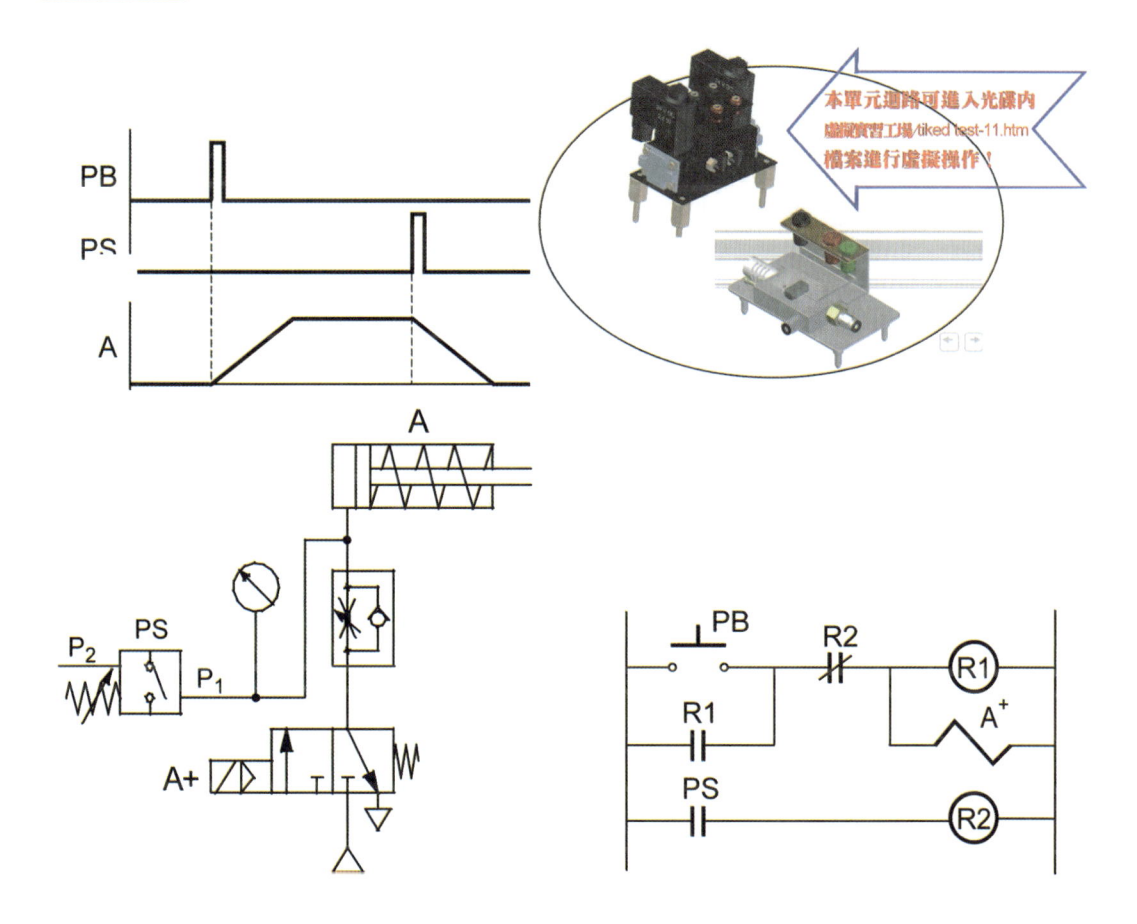

動作要求

按一下（pulse）按鈕開關 PB1，單動缸 A 前進，並保持在前頂點；當氣壓缸內的壓力達到正壓力開關的設定值時，單動缸 A 後退。

認識元件 單動缸、節流閥、3/2 單線圈電磁閥、繼電器、正壓力開關、正壓力表及按鈕開關。（請參閱 第 6 章 電氣氣壓元件介紹）

實驗步驟

準備工作

Step 1 判讀動作時序圖，瞭解動作要求。

Step 2 關閉氣壓源，將工作壓力調整為 6 bar。

Step 3 於工作台面上之適當位置，放置單動缸（×1）、節流閥（×1）、3/2 單線圈電磁閥（×1）、繼電器模組（×1）、正壓力開關（×1）、正壓力表（×1）及電氣按鈕開關（×1）。

完成氣壓迴路

Step 1 選用適當管徑之氣壓管，依氣壓迴路圖，連接各元件完成氣壓迴路。

Step 2 以進氣節流方式裝配節流閥，並調整適當的空氣流量。
（ ☆ 注意：請使用正確的方法裝卸氣壓管，嚴禁使用暴力。）

測試氣壓迴路

Step 1 打開氣源。使用平口螺絲起子強制驅動電磁閥換位。此時，氣壓缸的活塞應前進至前頂點並停止運動。

Step 2 復歸強制驅動開關。此時，氣壓缸之活塞應後退至後頂點並停止運動。

完成電氣迴路

Step 1 選定繼電器模組上的兩組繼電器,並於電氣迴路圖上標示繼電器的線圈編號及其對應的 a 接點及 b 接點。

Step 2 依電氣迴路圖,完成電氣控制迴路之接線。
（注意：壓力開關的接點請取用 a 接點,即 **COM , NO**）

Step 3 為了提高偵錯的效率,請選用適當顏色的導線配接線路。(正電源請用紅色導線,負電源請用黑色線,控制線請用藍色導線)

Step 4 電磁閥的線圈雖無極性,也請將紅色接點接上正電源,黑色接點接上負電源。

Step 5 調整壓力開關的設定值為 5 kgf / cm^2。

學習成效 >>>

1. 能正確配接氣壓迴路及電氣迴路,並依動作要求執行操作。
2. 能清楚說明氣壓迴路及電氣迴路的動作原理。
3. 能清楚說明壓力開關的 a 接點與 b 接點的動作情形。

深入探索

1. 試著變更壓力開關的設定值,看看結果會如何？
2. 如果將電氣迴路中壓力開關的接點更改為 b 接點（**即：COM , NC**）,則動作情形會變成如何呢？（請先想想看,再進一步實作測試）
3. 請舉出一個需要使用正壓力開關的應用實例。

7-4-2 負壓力開關加入雙動缸運動控制

實驗說明

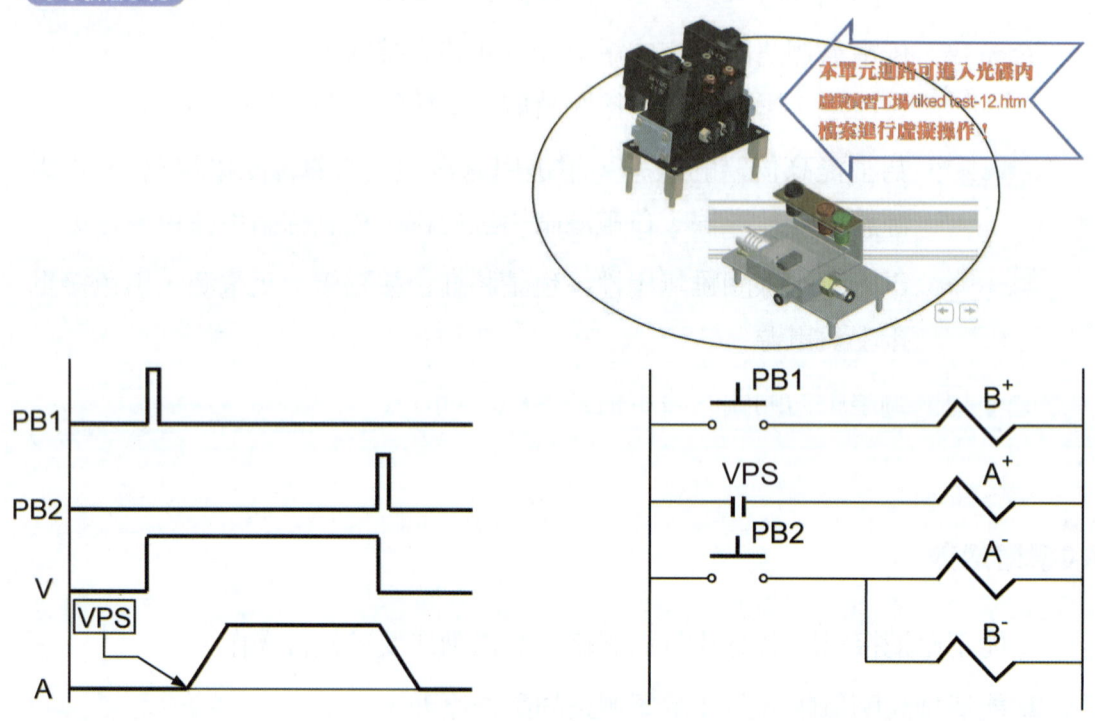

本單元迴路可進入光碟內虛擬實習工場/tiked test-12.htm檔案進行虛擬操作。

動作要求

按一下（pulse）按鈕開關 PB1，真空產生器開始對氣筒抽氣；當氣筒內的壓力低於負壓力開關的設定值時，雙動缸 A 前進，並保持在前頂點；

按一下（pulse）按鈕開關 PB2，雙動缸 A 後退且真空產生器停止動作。

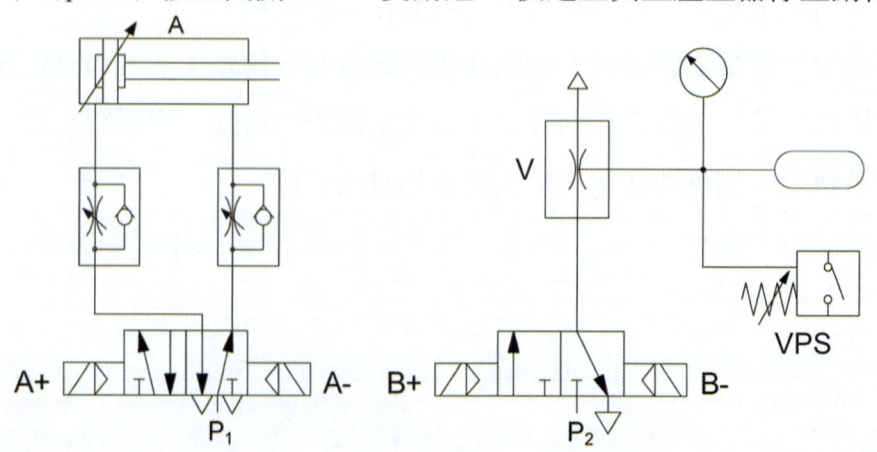

認識元件

雙動缸、節流閥、3/2 雙線圈電磁閥、5/2 雙線圈電磁閥、負壓力開關、負壓力表、氣筒及按鈕開關。（請參閱 第 6 章 電氣氣壓元件介紹）

實驗步驟

準備工作

Step 1 判讀動作時序圖，瞭解動作要求。

Step 2 關閉氣壓源，將 P_1 工作壓力調整為 6 bar，P_2 調整為 3 bar。

Step 3 於工作台面上之適當位置，放置雙動缸（×1）、節流閥（×2）、3/2 雙線圈電磁閥（×1）、5/2 雙線圈電磁閥（×1）、負壓力開關（×1）、負壓力表（×1）、氣筒（×1）及電氣按鈕開關（×2）。

完成氣壓迴路

Step 1 選用適當管徑之氣壓管，依氣壓迴路圖，連接各元件完成氣壓迴路。

Step 2 以排氣節流方式裝配節流閥，並調整適當的空氣流量。
（ ☆ 注意：請使用正確的方法裝卸氣壓管，嚴禁使用暴力。）

測試氣壓迴路

Step 1 打開氣源。使用平口螺絲起子強制驅動電磁閥換位，測試氣壓缸及真空產生器的動作情況。

Step 2 復歸強制驅動開關。此時，氣壓缸之活塞應後退至後頂點並停止運動真空產生器應停止動作。

完成電氣迴路

Step 1 依電氣迴路圖，完成電氣控制迴路之接線。（注意：壓力開關的接點請取用 a 接點，即 **COM , NO**）

Step 2 為了提高偵錯的效率，請選用適當顏色的導線配接線路。（正電源請用紅色導線，負電源請用黑色線，控制線請用藍色導線）

Step 3 電磁閥的線圈雖無極性，也請將紅色接點接上正電源，黑色接點接上負電源。

Step 4 調整壓力開關的設定值為 -0.5 kgf / cm^2。

學習成效 》》

1. 能正確配接氣壓迴路及電氣迴路，並依動作要求執行操作。
2. 能清楚說明氣壓迴路及電氣迴路的動作原理。
3. 能清楚說明真空產生器的動作原理。
4. 能清楚說明壓力開關的 a 接點與 b 接點的動作情形。

深入探索

1. 試著變更壓力開關的設定值，看看結果會如何？
2. 如果將電氣迴路中壓力開關的接點更改為 b 接點（即：COM , NC），則動作情形會變成如何呢？（請先想想看，再進一步實作測試）
3. 請舉出一個需要使用負壓力開關的應用實例。

7-4-3 計時器加入單動缸運動控制

實驗說明

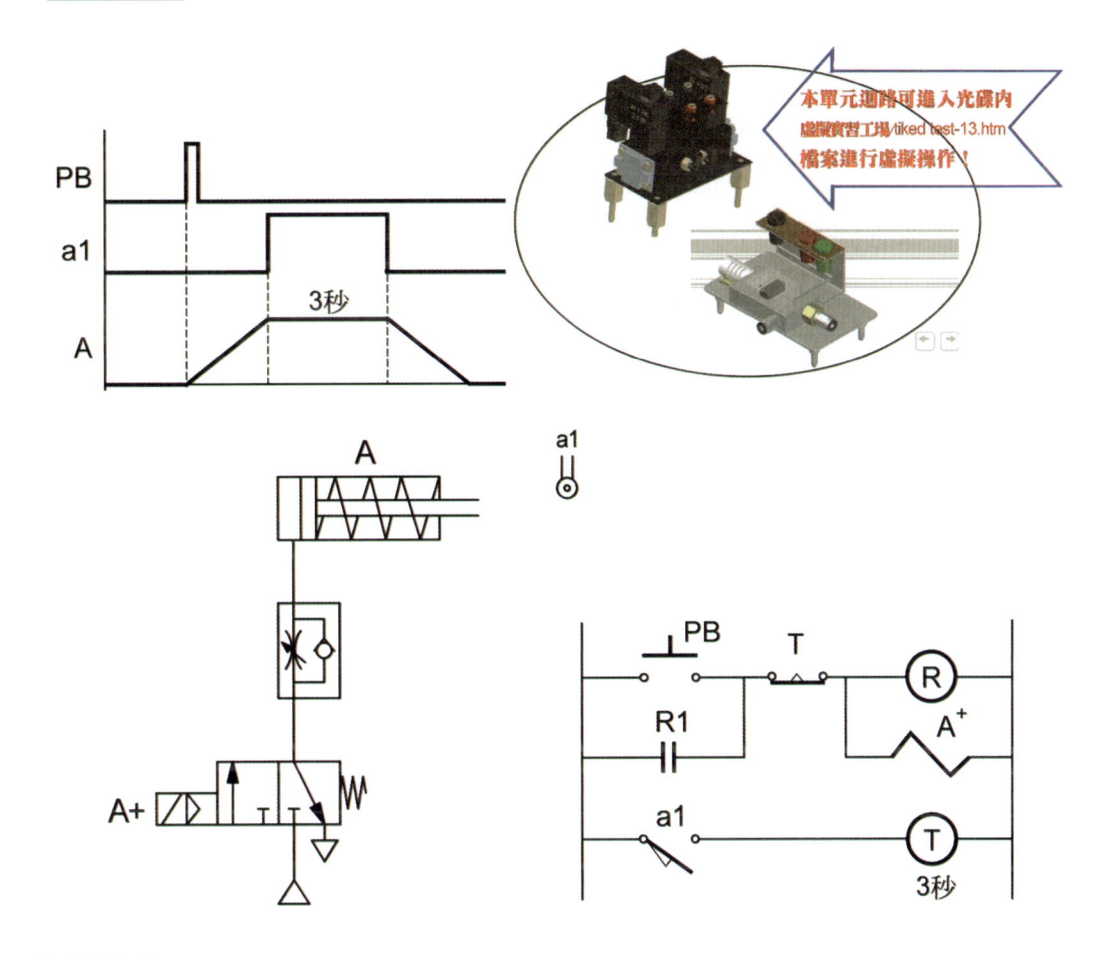

本單元迴路可進入光碟內虛擬實習工場/tiked test-13.htm 檔案進行虛擬操作！

動作要求

按一下（pulse）按鈕開關 PB，單動缸 A 前進；當單動缸 A 的活塞桿頭碰觸到前頂點 a1 時，A 缸停駐在前頂點；

3 秒後，A 缸的活塞自動回行。

認識元件

單動缸、節流閥、3/2 單線圈電磁閥、繼電器、計時器（Timer）、極限開關及按鈕開關。（請參閱 第 6 章 電氣氣壓元件介紹）

實驗步驟

準備工作

Step 1 判讀動作時序圖,瞭解動作要求。

Step 2 關閉氣壓源,將工作壓力調整為 6 bar。

Step 3 於工作台面上之適當位置,放置單動缸(×1)、節流閥(×1)、3/2 單線圈電磁閥(×1)、繼電器模組(×1)、計時器模組(×1)、極限開關(×1)及電氣按鈕開關(×1)。

完成氣壓迴路

Step 1 選用適當管徑之氣壓管,依氣壓迴路圖,連接各元件完成氣壓迴路。

Step 2 以進氣節流方式裝配節流閥,並調整適當的空氣流量。
（☆ 注意：請使用正確的方法裝卸氣壓管,嚴禁使用暴力。）

測試氣壓迴路

Step 1 打開氣源。使用平口螺絲起子強制驅動電磁閥換位。此時,氣壓缸的活塞應前進至前頂點並停止運動。

Step 2 調整極限開關的位置,使活塞桿頭與極限開關正確觸碰。

Step 3 復歸強制驅動開關。此時,氣壓缸之活塞應後退至後頂點並停止運動。

完成電氣迴路

Step 1 選定繼電器模組上的其中一組繼電器,並於電氣迴路圖上標示繼電器的線圈編號及其對應的 a 接點（11,14）。

Step ❷ 使用合適的十字螺絲起子，設定計時器的時間為 3 秒，並設定計時模式為 11，同時將計時器的 b 接點編號（即：15,16）清楚標示於電氣迴路圖上的對應接點位置。

Step ❸ 依電氣迴路圖，完成電氣控制迴路之接線。（注意：極限開關的接點請取用 a 接點，即 **COM , NO**；計時器請取用 b 接，即 **15,16**）

Step ❹ 為了提高偵錯的效率，請選用適當顏色的導線配接線路。（正電源請用紅色導線，負電源請用黑色線，控制線請用藍色導線）

Step ❺ 電磁閥的線圈雖無極性，也請將紅色接點接上正電源，黑色接點接上負電源。

學習成效 >>>

1. 能正確配接氣壓迴路及電氣迴路，並依動作要求執行操作。
2. 能清楚說明氣壓迴路及電氣迴路的動作原理。
3. 能清楚說明計時器模組的 a 接點與 b 接點的動作情形。

深入探索

1. 如果將電氣迴路中計時器的接點更改為 a 接點 （即：15,18），則動作情形會變成如何呢？（請先想想看，再進一步實作測試）
2. 將氣壓缸改為**雙動缸**，電磁閥改為 5/2 雙線圈電磁閥，請設計一個新的電氣迴路，達成相同的動作要求。（請實作測試）
3. 請舉出一個需要使用計時器的應用實例。

7-4-4 計數器加入雙動缸運動控制

實驗說明

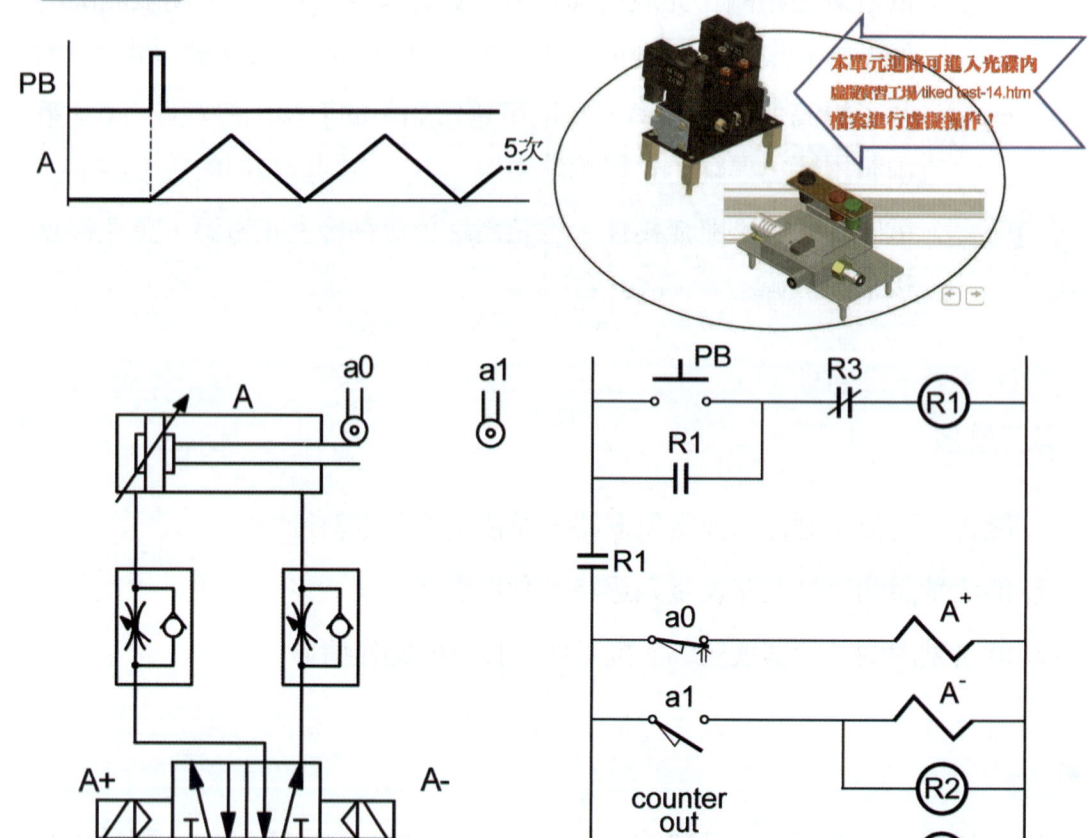

動作要求

按一下（pulse）按鈕開關 PB，雙動缸 A 自動來回往復運動；

來回 5 次後，A 缸自動停止。

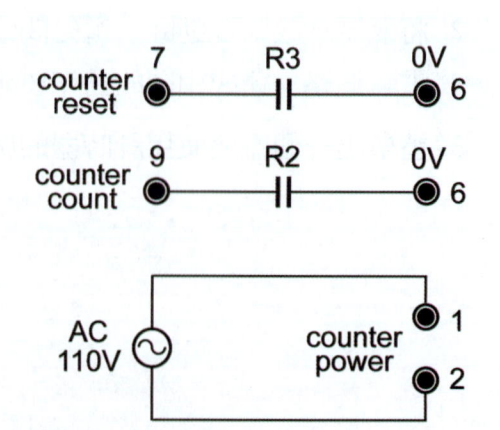

電氣氣壓基本迴路

認識元件 雙動缸、節流閥、5/2 雙線圈電磁閥、繼電器、計數器（Counter）、極限開關及按鈕開關。（請參閱 第 6 章 電氣氣壓元件介紹）

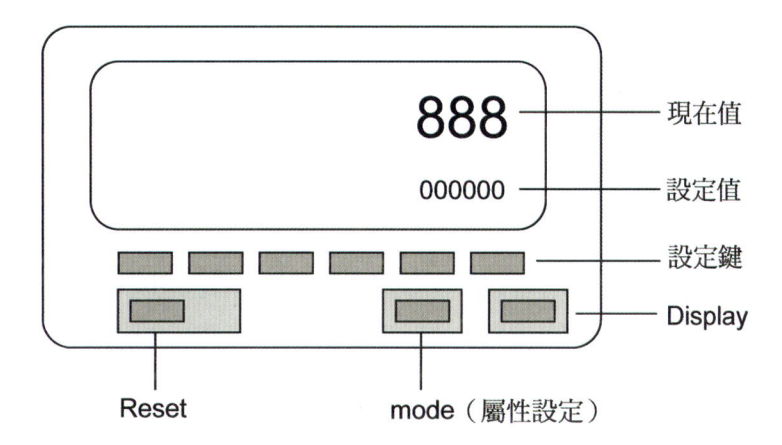

- 設定計數值： Display →設定值（ 1 、 6 位數對應鍵）

- 屬性設定：重複按 Mode 選擇欲設定的屬性，再重複按 1 設定屬性值。
  - 計數速度：請設定為 30cps
  - 計數方式：請設定 U（加算）
  - 計數速度：請設定 Hold（自保）

- 顯示現在值：按 Display

- 重置計數值：按 Reset

實驗步驟

準備工作

Step 1 判讀動作時序圖，瞭解動作要求。

Step 2 關閉氣壓源，將工作壓力調整為 6 bar。

Step 3 於工作台面上之適當位置，放置雙動缸（×1）、節流閥（×2）、5/2 雙線圈電磁閥（×1）、繼電器模組（×2）、計數器模組（×1）、極限開關（×2）及電氣按鈕開關（×2）。

完成氣壓迴路

Step 1 選用適當管徑之氣壓管，依氣壓迴路圖，連接各元件完成氣壓迴路。

Step 2 以進氣節流方式裝配節流閥，並調整適當的空氣流量。
（ ☆ 注意：請使用正確的方法裝卸氣壓管，嚴禁使用暴力。）

測試氣壓迴路

Step 1 打開氣源。使用平口螺絲起子強制驅動電磁閥換位。

Step 2 調整極限開關的位置，使活塞桿頭與極限開關正確觸碰。

Step 3 復歸強制驅動開關。

完成電氣迴路

Step 1 依序選定繼電器模組上的繼電器，並於電氣迴路圖上標示繼電器的線圈編號及其對應的接點。

Step 2 設定計數器的計數模式為 U（上數）、速度為 30cps（Hz），計數值為 5 次。

Step 3 依電氣迴路圖，完成電氣控制迴路之接線。（注意：計數器的電源電壓請接上 AC 110V）

學習成效

1. 能正確配接氣壓迴路及電氣迴路，並依動作要求執行操作。
2. 能清楚說明氣壓迴路及電氣迴路的動作原理。
3. 能清楚說明計數器模組中每一個接點用途與動作情形。

深入探索

1. 如果將電氣迴路中極限開關 a0 的接點更改為 b 接點，則動作情形會變成如何呢？（請先想想看，再進一步實作測試）
2. 請舉出一個需要使用計數器的應用實例。

7-5 多氣壓缸控制迴路

7-5-1 兩支氣壓缸運動控制（一）

● 實驗說明 ●

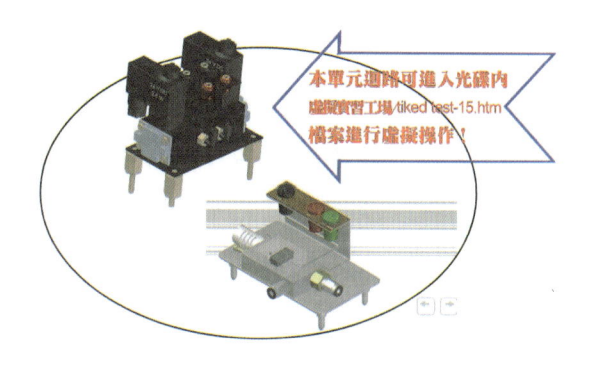

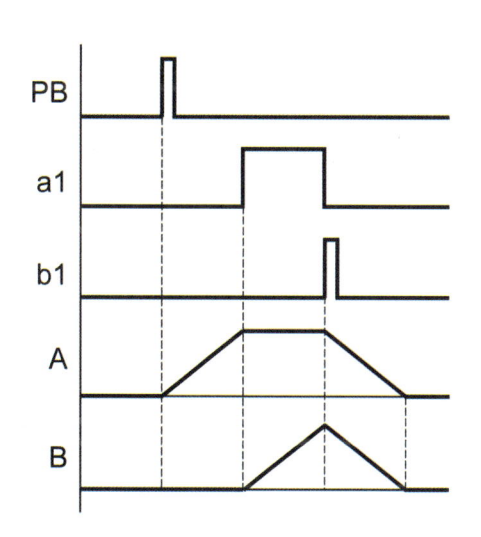

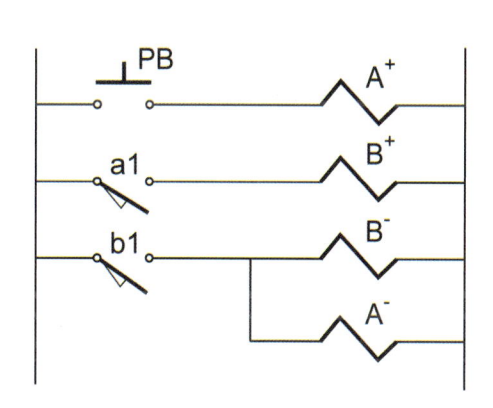

本單元迴路可進入光碟內虛擬實習工場/tiked test-15.htm 檔案進行虛擬操作！

動作要求

按一下（pulse）按鈕開關 PB，A 缸前進；當 A 缸達前頂點時，B 缸前進；當 B 缸達前頂點時，A 及 B 缸一起後退。

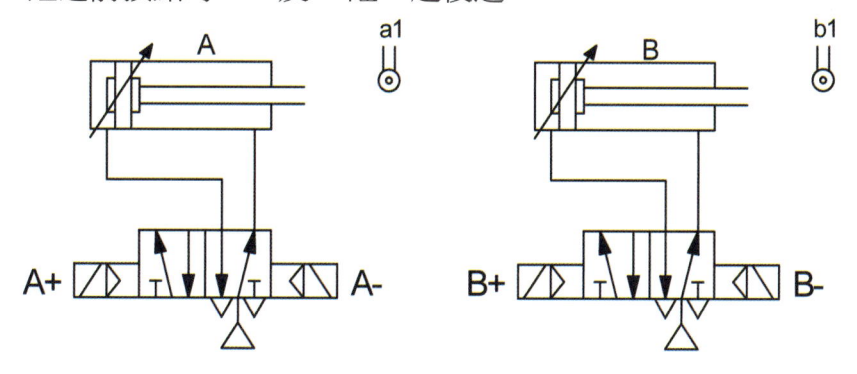

認識元件 雙動缸、節流閥、5/2 雙線圈電磁閥、極限開關及按鈕開關。
（請參閱 第 6 章 電氣氣壓元件介紹）

實驗步驟

準備工作

Step 1 判讀動作時序圖，瞭解動作要求。

Step 2 關閉氣壓源，將工作壓力調整為 6 bar。

Step 3 於工作台面上之適當位置，放置雙動缸（×2）、節流閥（×4）、5/2 雙線圈電磁閥（×2）、極限開關（×2）及電氣按鈕開關（×1）。

完成氣壓迴路

Step 1 選用適當管徑之氣壓管，依氣壓迴路圖，連接各元件完成氣壓迴路。

Step 2 以進氣節流方式裝配節流閥，並調整適當的空氣流量。
（ ☆ 注意：請使用正確的方法裝卸氣壓管，嚴禁使用暴力。）

測試氣壓迴路

Step 1 打開氣源。使用平口螺絲起子強制驅動電磁閥換位。

Step 2 調整極限開關的位置，使活塞桿頭與極限開關正確觸碰。

Step 3 復歸強制驅動開關。

完成電氣迴路

Step 1 依電氣迴路圖，完成電氣控制迴路之接線。
（注意：極限開關的接點請取用 a 接點，即 **COM , NO**）

Step 2 為了提高偵錯的效率，請選用適當顏色的導線配接線路。（正電源請用紅色導線，負電源請用黑色線，控制線請用藍色導線）

Step 3 電磁閥的線圈雖無極性，也請將紅色接點接上正電源，黑色接點接上負電源。

學習成效 >>>

1. 能正確配接氣壓迴路及電氣迴路，並依動作要求執行操作。
2. 能清楚說明氣壓迴路及電氣迴路的動作原理。

深入探索

1. 請老師在電氣迴路中設計一個故障點，要求學生使用三用電表偵錯並排除故障。
2. 在相同的動作要求下，將 5/2 雙線圈電磁閥改為 5/2 單線圈電磁閥；請重新設計電氣迴路。（先想想看，再進一步實作測試）
3. 在相同的動作要求下，將雙動缸改為單動缸，並將電磁閥改為 3/2 單線圈電磁閥。電氣迴路又將如何設計？（先想想看，再進一步實作測試）。

7-5-2 兩支氣壓缸運動控制（二）

● 實驗說明 ●

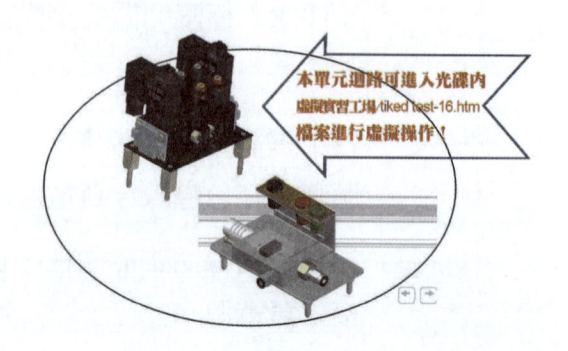

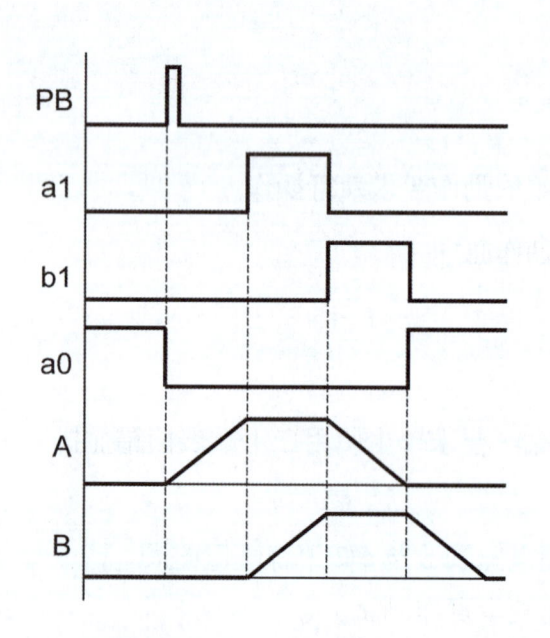

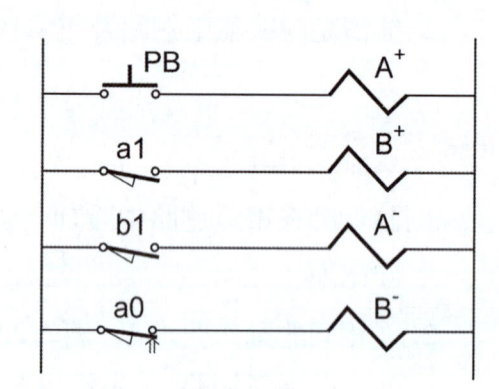

本單元迴路可進入光碟內
虛擬實習工場/tiked test-16.htm
檔案進行虛擬操作！

動作要求

按一下（pulse） PB，A 缸前進，當 A 缸達前頂點時，B 缸前進；當 B 缸達前頂點時，A 缸後退；當 A 缸達後頂點時，B 缸後退。

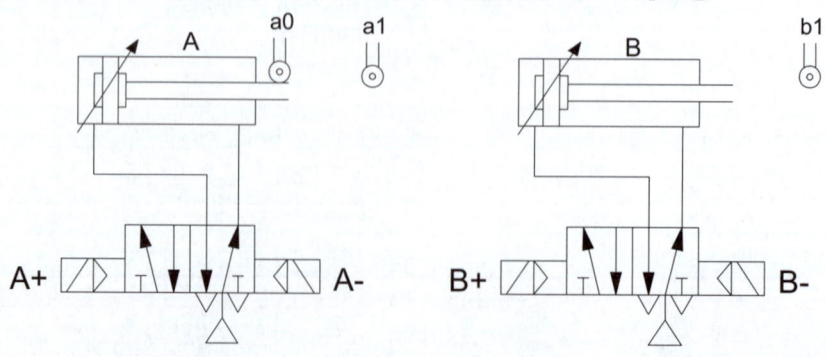

電氣氣壓基本迴路

認識元件 雙動缸、節流閥、5/2 雙線圈電磁閥、極限開關及按鈕開關。
（請參閱 第 6 章 電氣氣壓元件介紹）

實驗步驟

準備工作

Step 1 判讀動作時序圖，瞭解動作要求。

Step 2 關閉氣壓源，將工作壓力調整為 6 bar。

Step 3 於工作台面上之適當位置，放置雙動缸（×2）、節流閥（×4）、5/2 雙線圈電磁閥（×2）、極限開關（×3）及電氣按鈕開關（×1）。

完成氣壓迴路

Step 1 選用適當管徑之氣壓管，依氣壓迴路圖，連接各元件完成氣壓迴路。

Step 2 以進氣節流方式裝配節流閥，並調整適當的空氣流量。
（ ☆ 注意：請使用正確的方法裝卸氣壓管，嚴禁使用暴力。）

測試氣壓迴路

Step 1 打開氣源。使用平口螺絲起子強制驅動電磁閥換位。

Step 2 調整極限開關的位置，使活塞桿頭與極限開關正確觸碰。

Step 3 復歸強制驅動開關。

完成電氣迴路：

Step ① 依電氣迴路圖，完成電氣控制迴路之接線。

（注意：極限開關的接點請取用 a 接點，即 COM , NO）

Step ② 為了提高偵錯的效率，請選用適當顏色的導線配接線路。（正電源請用紅色導線，負電源請用黑色線，控制線請用藍色導線）

Step ③ 電磁閥的線圈雖無極性，也請將紅色接點接上正電源，黑色接點接上負電源。

學習成效

1. 能正確配接氣壓迴路及電氣迴路，並依動作要求執行操作。
2. 能清楚說明氣壓迴路及電氣迴路的動作原理。

深入探索

1. 請老師在氣壓迴路中設計一個故障點，要求學生偵錯並排除故障？
2. 請老師在電氣迴路中設計一個故障點，要求學生使用三用電表偵錯並排除故障。
3. 在相同的動作要求下，將 5/2 雙線圈電磁閥改為 5/2 單線圈電磁閥。請重新設計電氣迴路。（先想想看，再進一步實作測試）
4. 在相同的動作要求下，將雙動缸改為單動缸，並將電磁閥改為 3/2 單線圈電磁閥。電氣迴路又將如何設計？（先想想看，再進一步實作測試）

7-5-3 兩支氣壓缸運動控制（三）

實驗說明

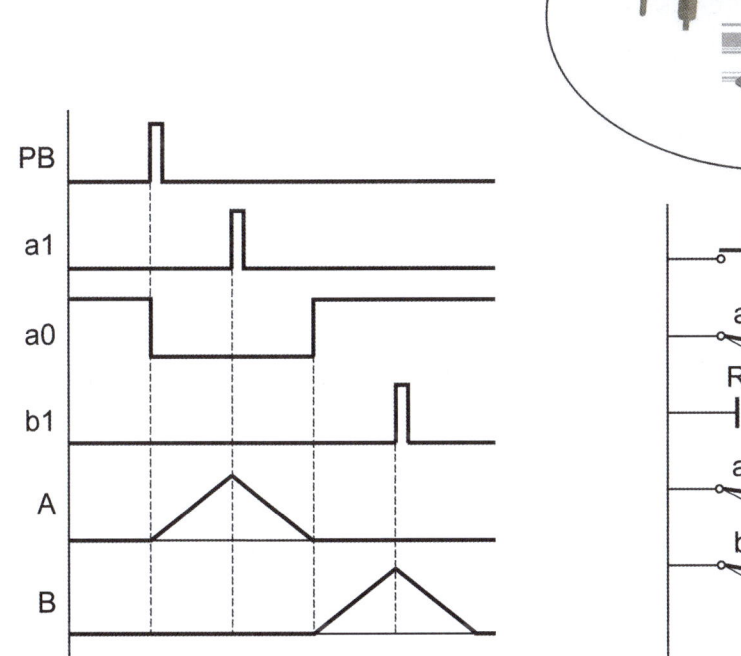

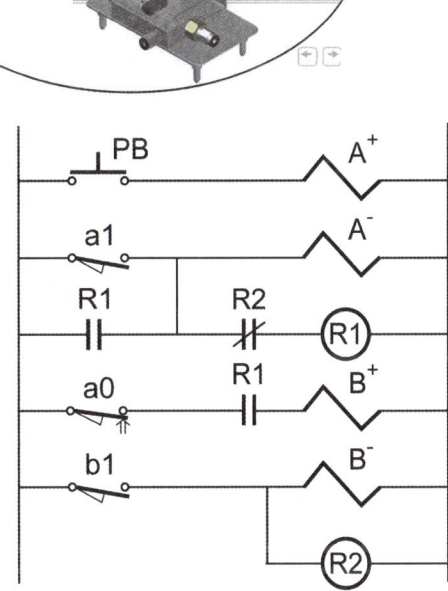

動作要求

按一下（pulse） PB，A 缸前進；當 A 缸達前頂點時，A 缸後退。當 A 缸達後頂點時，B 缸前進；當 B 缸達前頂點時，B 缸後退。

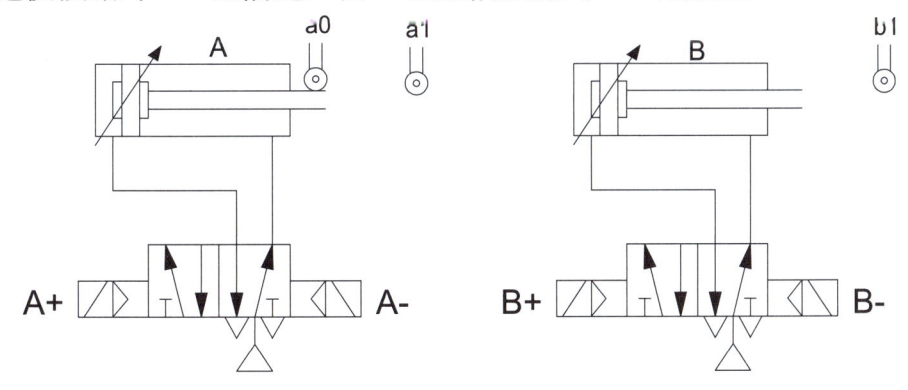

認識元件 雙動缸、節流閥、5/2 雙線圈電磁閥、極限開關及按鈕開關。
（請參閱 第 6 章 電氣氣壓元件介紹）

實驗步驟

準備工作

Step ❶ 判讀動作時序圖，瞭解動作要求。

Step ❷ 關閉氣壓源，將工作壓力調整為 6 bar。

Step ❸ 於工作台面上之適當位置，放置雙動缸（×2）、節流閥（×4）、5/2 雙線圈電磁閥（×2）、極限開關（×3）及電氣按鈕開關（×1）。

完成氣壓迴路

Step ❶ 選用適當管徑之氣壓管，依氣壓迴路圖，連接各元件完成氣壓迴路。

Step ❷ 以進氣節流方式裝配節流閥，並調整適當的空氣流量。
（ ☆ 注意：請使用正確的方法裝卸氣壓管，嚴禁使用暴力。）

測試氣壓迴路

Step ❶ 打開氣源。使用平口螺絲起子強制驅動電磁閥換位。

Step ❷ 調整極限開關的位置，使活塞桿頭與極限開關正確觸碰。

Step ❸ 復歸強制驅動開關。

完成電氣迴路

Step ❶ 依電氣迴路圖，完成電氣控制迴路之接線。
（注意：極限開關的接點請取用 a 接點，即 **COM , NO**）

Step ❷ 為了提高偵錯的效率，請選用適當顏色的導線配接線路。（正電源請用紅色導線，負電源請用黑色線，控制線請用藍色導線）

Step ❸ 電磁閥的線圈雖無極性，也請將紅色接點接上正電源，黑色接點接上負電源。

學習成效 >>>

1. 能正確配接氣壓迴路及電氣迴路，並依動作要求執行操作。
2. 能清楚說明氣壓迴路及電氣迴路的動作原理。

深入探索

1. 請老師在氣壓迴路中設計一個故障點，要求學生偵錯並排除故障。
2. 請老師在電氣迴路中設計一個故障點，要求學生使用三用電表偵錯並排除故障。
3. 在相同的動作要求下，將 5/2 雙線圈電磁閥改為 5/2 單線圈電磁閥。請重新設計電氣迴路？（先想想看，再進一步實作測試）
4. 在相同的動作要求下，將雙動缸改為單動缸，並將電磁閥改為 3/2 單線圈電磁閥。電氣迴路又將如何設計？（先想想看，再進一步實作測試）

學習成效檢核單

「教師評核」－請教師依百分等第評估學生學習成效。

項次	實 驗 名 稱	完成日期	自我檢核	教師評核
1	使用 3/2 單線圈電磁閥直接控制單動缸			
2	使用自保迴路控制單動缸			
3	使用極限開關控制單動缸自動回行			
4	使用兩個繼電器控制單動缸前進與後退			
5	使用 5/2 雙線圈電磁閥直接控制雙動缸			
6	使用極限開關控制雙動缸自動回行			
7	互鎖電路控制雙動氣壓缸			
8	使用一個繼電器控制雙動缸連續往復運動			
9	使用二個繼電器控制雙動缸連續往復運動			
10	使用二個繼電器控制單動缸連續往復運動			
期中學習成效（或評量）				
11	正壓力開關加入單動缸運動控制			
12	負壓力開關加入雙動缸運動控制			
13	計時器加入單動缸運動控制			
14	計數器加入雙動缸運動控制			
15	兩支氣壓缸運動控制（一）			
16	兩支氣壓缸運動控制（二）			
17	兩支氣壓缸運動控制（三）			
18	氣壓丙檢術科第四題			
19	氣壓丙檢術科第五題			
20	氣壓丙檢術科第六題			
綜合學習成效（或評量）				

電氣氣壓學習成效檢核單

班級：＿＿＿＿ 姓名：＿＿＿＿＿

「自我檢核」請學生參考下列**四等第**的檢和標準。

自我評估學習成效：

A⁺：能達成 A 等第要求，並完成深入探索中所有增廣學習的內容。

A：能達成 B 等第要求，並清楚說明氣壓迴路及電氣迴路的動作原理。

B：能正確配接氣壓迴路及電氣迴路，並依動作要求執行操作。

C：未能完成實驗。

Chapter 8 電氣氣壓迴路設計

8-1 直覺法

8-2 串級法

8-1 直覺法

　　直覺法主要是依據設計者的經驗，應用電氣迴路的基本觀念，並搭配氣壓元件的特性進行控制迴路的設計，因此又稱為經驗法。對於簡單的電氣氣壓迴路而言，直覺法是一種高效率的設計方法；只要依循氣壓缸的位移步進狀態，逐一設計相對應的驅動迴路，即可順利完成迴路設計。

　　以直覺法設計電氣氣壓迴路的基本步驟如下：

Step ❶　依系統需求，畫出氣壓迴路。

Step ❷　畫出氣壓缸的位移步進狀態圖。

Step ❸　清楚描述每一項動作流程。

Step ❹　依動作要求逐步畫出控制迴路。

例題 8-1

　　A、B 兩支雙動缸，分別由兩個雙線圈電磁閥控制。當 A 缸前進達前頂點時 B 缸前進，當 B 缸前進達前頂點時 A 缸後退，當 A 缸回到後頂點時 B 缸後退。

設計步驟

Step ❶　畫出氣壓迴路，如圖 8-1。

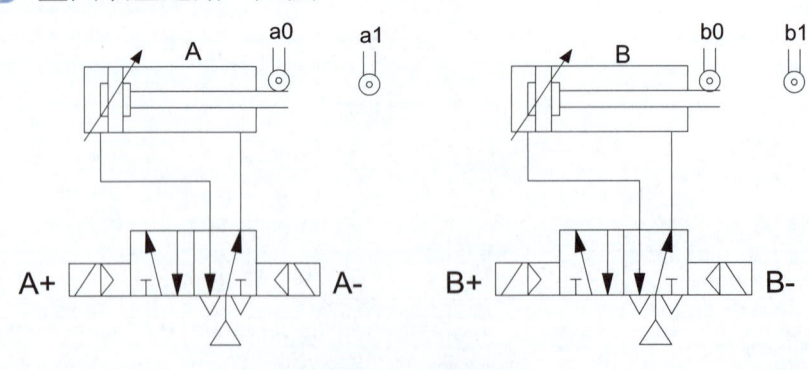

▲ 圖 8-1　氣壓迴路

Step 2 畫出位移步進狀態圖，如圖 8-2。

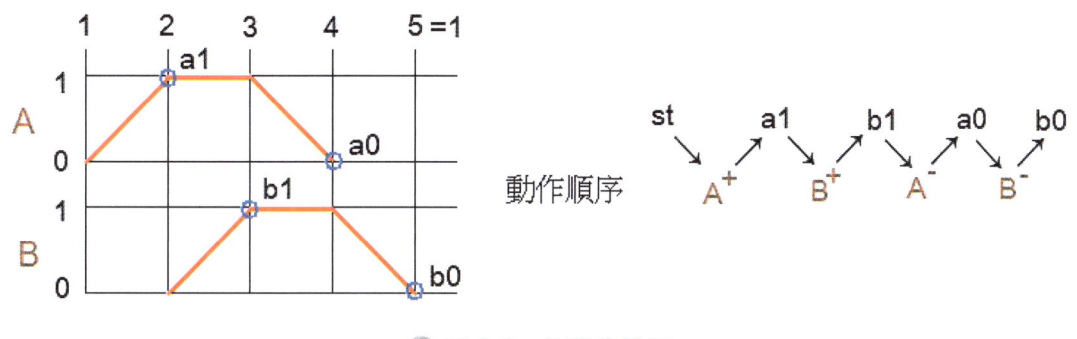

動作順序: st → A^+ (a1) → B^+ (b1) → A^- (a0) → B^- (b0)

◯ 圖 8-2　位移步進圖

Step 3 描述每一項動作流程，如圖 8-3。

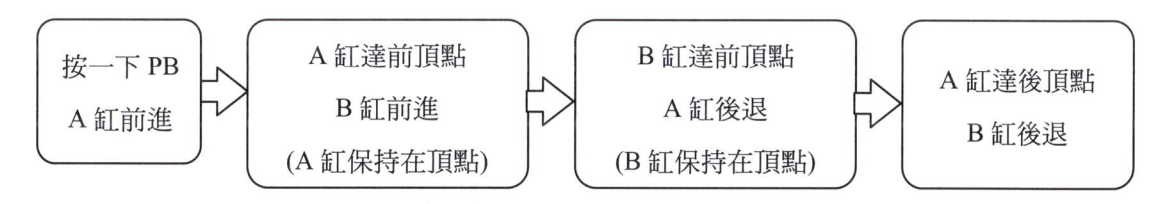

按一下 PB
A 缸前進 ⇒ A 缸達前頂點 / B 缸前進 / (A 缸保持在頂點) ⇒ B 缸達前頂點 / A 缸後退 / (B 缸保持在頂點) ⇒ A 缸達後頂點 / B 缸後退

◯ 圖 8-3　動作流程

Step 4 逐步畫出控制迴路

(1) 按下啟動開關後，A 缸前進。因為控制 A 缸的電磁閥為雙線圈電磁閥，其本身具有自保功能。因此，我們只要在第一條迴路上畫出按鈕開關，並串接 A 缸的 A^+ 電磁閥線圈即可，其迴路如圖 8-4 所示。

◯ 圖 8-4　驅動 A 缸前進的迴路

(2) 當 A 缸到達前頂點時，觸動極限開關 a1 使其 a 接點閉合；此時，B 缸的 B^+ 電磁閥線圈激磁，電磁閥換位使 B 缸前進。因此我們在第二條迴路上串接 a1 極限開關的 a 接點與 B 缸的 B^+ 電磁閥線圈，如圖 8-5 所示。

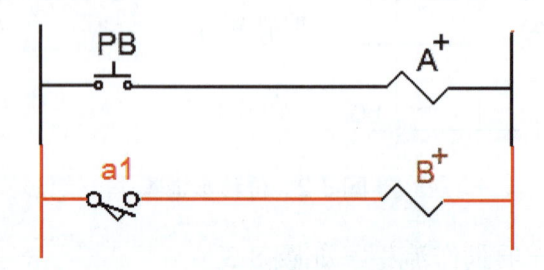

⬆ 圖 8-5　驅動 B 缸前進的迴路

(3) 當 B 缸到達前頂點時，觸動極限開關 b1 使其 a 接點閉合；此時，A 缸的 A^- 電磁閥線圈激磁，電磁閥換位使 A 缸後退。因此我們在第三條迴路上串接 b1 極限開關的 a 接點與 A 缸的 A^- 電磁閥線圈，如圖 8-6 所示。為確保 A 缸後退，在第一條迴路上插入 b0 極限開關的 a 接點。

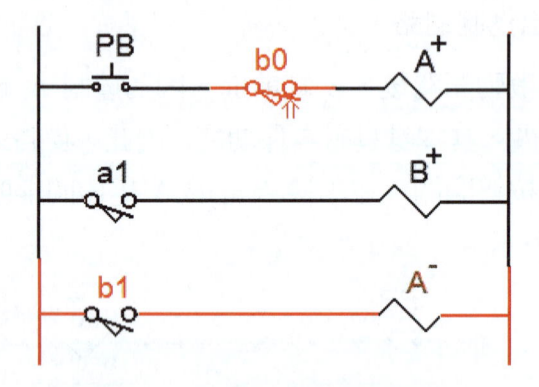

⬆ 圖 8-6　驅動 A 缸後退的迴路

(4) 當 A 缸回到後頂點時，觸動極限開關 a0 使其 a 接點閉合；此時，B 缸的 B⁻ 電磁閥線圈激磁，電磁閥換位使 B 缸後退。因此我們在第四條迴路上串接 a0 極限開關的 a 接點與 B 缸的 B⁻ 電磁閥線圈，如圖 8-7 所示。

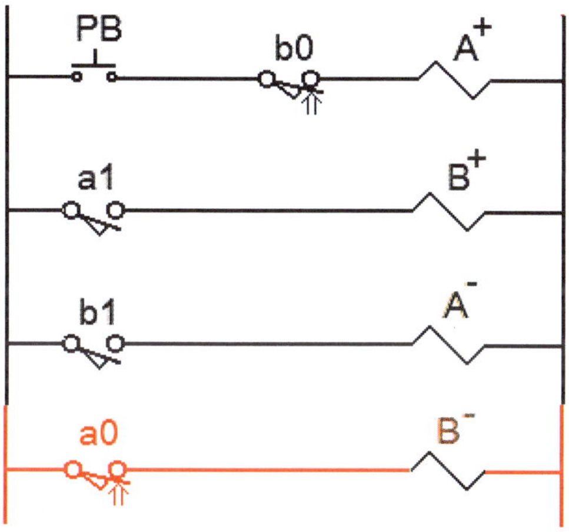

● 圖 8-7　完成設計之電氣迴路

例題 8-2

A、B 兩支雙動缸，分別由兩個單線圈電磁閥控制。當 A 缸前進達前頂點時 B 缸前進，當 B 缸前進達前頂點時，A 缸及 B 缸一起後退。

設計步驟

Step 1 畫出氣壓迴路，如圖 8-8。

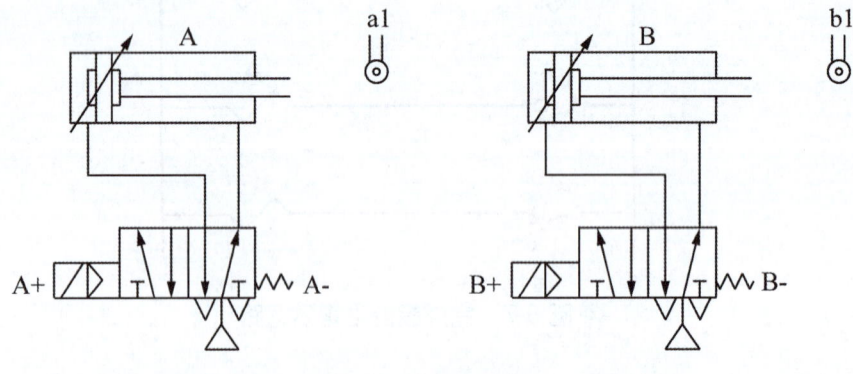

⬆ 圖 8-8　氣壓迴路

Step 2 畫出位移步進狀態圖，如圖 8-9。

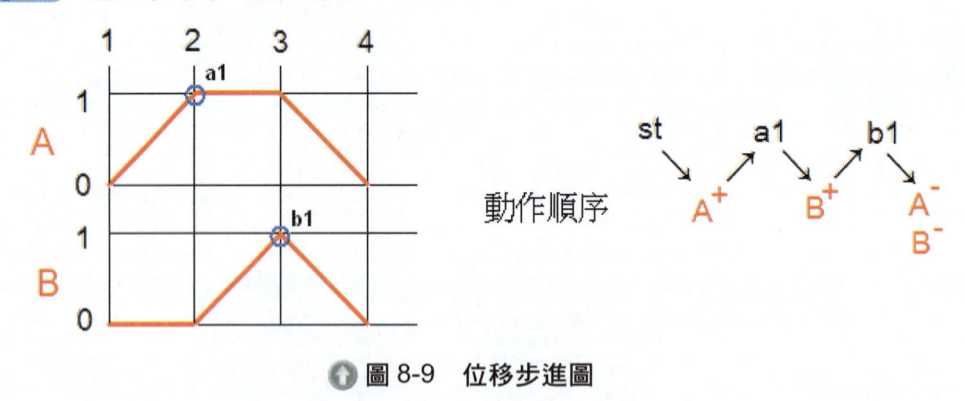

動作順序

$$st \searrow \quad a1 \searrow \quad b1 \searrow$$
$$A^+ \quad B^+ \quad A^-$$
$$\qquad\qquad\qquad B^-$$

⬆ 圖 8-9　位移步進圖

Step 3 描述每一項動作流程，如圖 8-10。

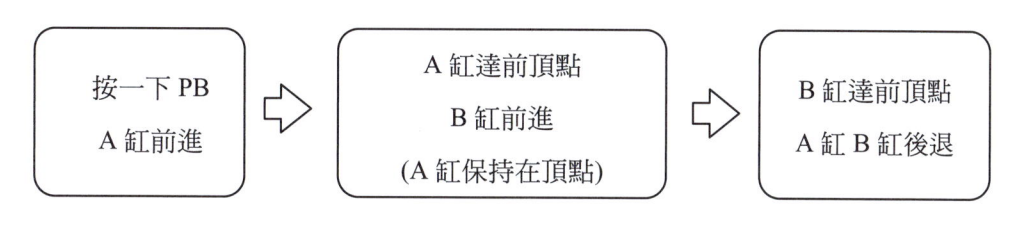

按一下 PB
A 缸前進
⇨
A 缸達前頂點
B 缸前進
(A 缸保持在頂點)
⇨
B 缸達前頂點
A 缸 B 缸後退

◎ 圖 8-10　動作流程

Step 4 逐步畫出控制迴路

(1) 按下啟動開關後，A 缸前進。因為控制 A 缸的電磁閥為單線圈電磁閥，為了使 A 缸持續前進，必須搭配使用繼電器以達成自保功能。如圖 8-11 所示，首先，在第一條迴路上畫出按鈕開關並串接繼電器的線圈；接著，在第二條迴路上串接繼電器的 a 接點與 A 缸的電磁閥線圈，再將按鈕開關與繼電器的 a 接點並接，形成自保迴路。

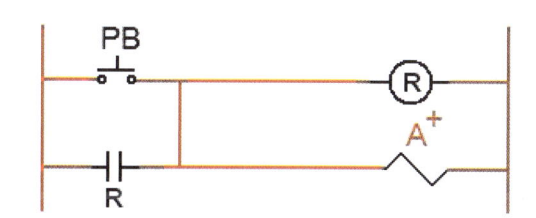

◎ 圖 8-11　驅動 A 缸前進的自保迴路

(2) 當 A 缸到達前頂點時，觸動極限開關 a1 使其 a 接點閉合；此時，B 缸的電磁閥線圈激磁，電磁閥換位使 B 缸前進。因此，在第三條迴路上串接 a1 極限開關的 a 接點與 B 缸的電磁閥線圈，如圖 8-12 所示。

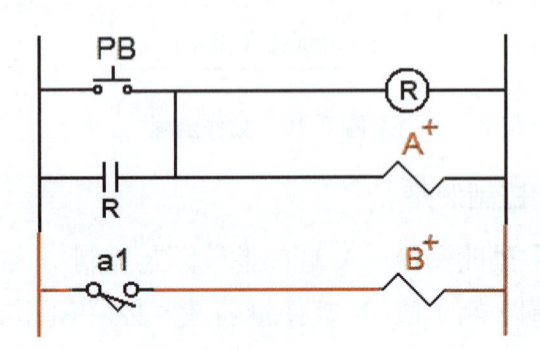

图 8-12　驅動 B 缸前進的迴路

(3) 當 B 缸到達前頂點時，為使 A 缸及 B 缸都後退，必須斷開繼電器的自保作用。為此，在第一條迴路上插入極限開關 b1 的 b 接點，如圖 8-13 所示。當 B 缸前進達前頂點時，觸動極限開關 b1 並使其 b 接點打開，此時，繼電器的線圈失磁，繼電器的 a 接點打開，A 缸的電磁閥線圈失磁，復歸彈簧使電磁閥回到起始位置，A 缸後退。相對地，當 A 缸後退，第三條迴路上的極限開關 a1 接點打開，B 缸的電磁閥線圈失磁，復歸彈簧使電磁閥回到起始位置，B 缸後退。

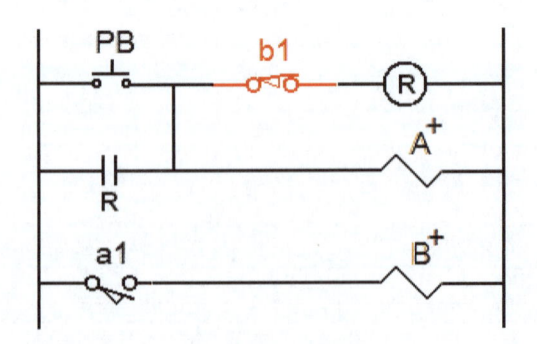

图 8-13　完成設計之電氣迴路

8-2 串級法

　　串級法是一般常用的電氣氣壓迴路設計方法。相對於直覺法而言，串級法提供了一套明確的設計步驟，解決複雜的電氣氣壓迴路設計問題；通常依循串級法設計完成的迴路極易解讀，對於線路的裝配與維護，提供了莫大的助益。

　　以串級法設計電氣氣壓迴路的步驟如下：

Step 1 依系統需求，畫出氣壓迴路。

Step 2 畫出氣壓缸的位移步進狀態圖。

Step 3 寫出氣壓缸之動作順序並予以分組（同一組中不得出現二次相同的氣壓缸代號）。

Step 4 每一組以一個繼電器控制其動作，且任意時間僅其中一組繼電器為動作狀態，如此可以避免雙線圈電磁閥同時激磁產生誤動作。

Step 5 第一組繼電器由啟動開關串聯最後一個動作所觸動之極限開關的 a 接點驅動，並自保之；該 a 接點的目的在確保一個循環動作之完成，故可視情況省略。

Step 6 各組迴路依據各氣壓缸之動作及其所觸動之極限開關決定，依序完成迴路設計。

Step 7 第二組及後續各組之繼電器，由前一組最後觸動之極限開關的 a 接點串連前一組繼電器的 a 接點驅動，並自保之；其目的在確保該組繼電器確實接續前一組繼電器的動作狀態，如此可避免極限開關之彈跳現象所產生的誤動作。

Step 8 每一組繼電器之自保迴路，由下一組繼電器之 b 接點予以斷電；但最後一組繼電器應由最後一個動作完成時所觸動之極限開關的 b 接點予以斷電。

Step 9 如有動作二次以上之電磁線圈，則必須於其動作迴路上串聯該動作所屬組別之繼電器的 a 接點，以避免繼電器或電磁線圈被激磁。

※ 注意事項：如果將動作順序分為 2 組，則只需使用 1 個繼電器（一組用 a 接點控制，另一組用 b 接點控制）；如將動作順序分為 3 組以上，則每一組使用一個繼電器來控制，且在任一時間內只有一個繼電器被激磁。

例題 8-3

A、B 兩支雙動缸，分別由兩個雙線圈電磁閥控制。當 A 缸前進達前頂點時 B 缸前進，當 B 缸前進達前頂點時 A 缸後退，當 A 缸回到後頂點時 B 缸後退。

設計步驟

Step 1 畫出氣壓迴路，如圖 8-14。

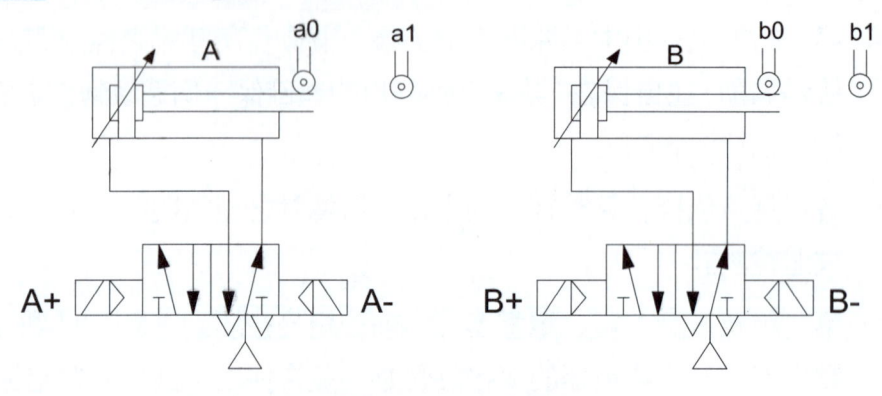

◆ 圖 8-14　氣壓迴路

Step 2 畫出位移步進狀態圖，如圖 8-15。

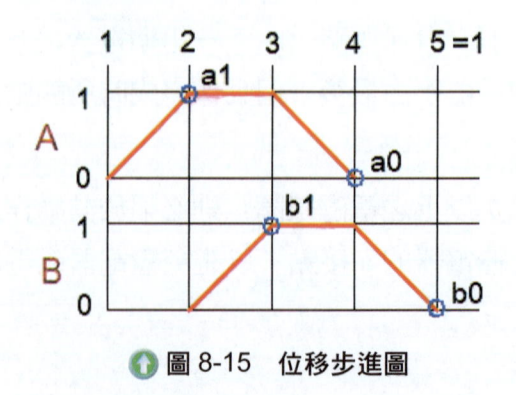

◆ 圖 8-15　位移步進圖

Step 3 寫出氣壓缸之動作順序並予以分組，如圖 8-16。

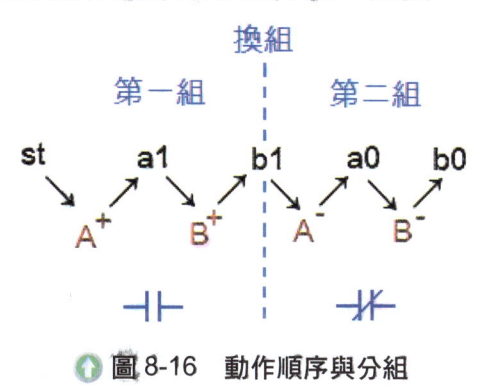

```
         換組
  第一組  │  第二組
st  a1  b1 │ a0  b0
 ↘ ↗ ↘  │  ↘ ↗ ↘
  A⁺  B⁺ │  A⁻  B⁻
   ─┤├─  │  ─┤╱├─
```

◆ 圖 8-16　動作順序與分組

Step 4 依分組原則將動作順序分為 2 組，故只須使用 1 個繼電器即可，其中第一組以 a 接點控制，第二組以 b 接點控制，如圖 8-16。

Step 5 先畫出包含啟動開關及繼電器 R 的自保迴路，如圖 8-17。

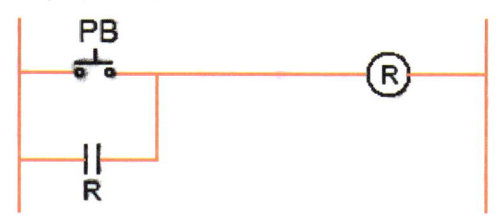

◆ 圖 8-17　啟動及自保迴路

Step 6 依動作順序由繼電器的 a 接點控制第一組驅動迴路。如圖 8-18 所示，當 A⁺ 線圈激磁，A 缸前進至前頂點觸動 a1 極限開關的 a 接點，B⁺ 線圈激磁 B 缸前進。

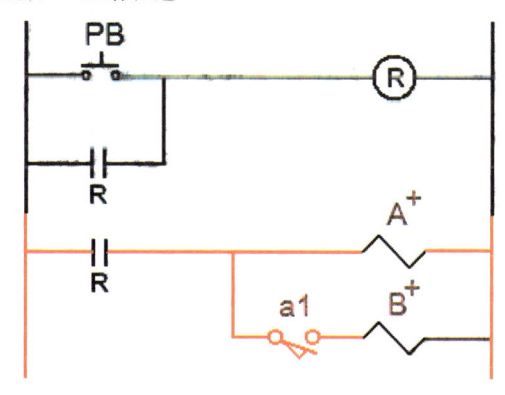

◆ 圖 8-18　加入第一組的驅動迴路

Step 7 依動作順序圖 8-16 所示，當 B 缸達前頂點時觸動 b1 極限開關，此時應進行換組動作。因此在第一條迴路上插入 b1 極限開關的 b 接點；當 B 缸觸動 b1 極限開關時，繼電器的線圈失磁，繼電器的 a 接點斷開 b 接點閉合，迴路切換至第二組。繼電器的 b 接點控制第二組驅動迴路。如圖 8-19 所示，當 A⁻ 線圈激磁，A 缸後退至後頂點觸動 a0 極限開關使其 a 接點閉合，B⁺ 線圈激磁 B 缸後退。

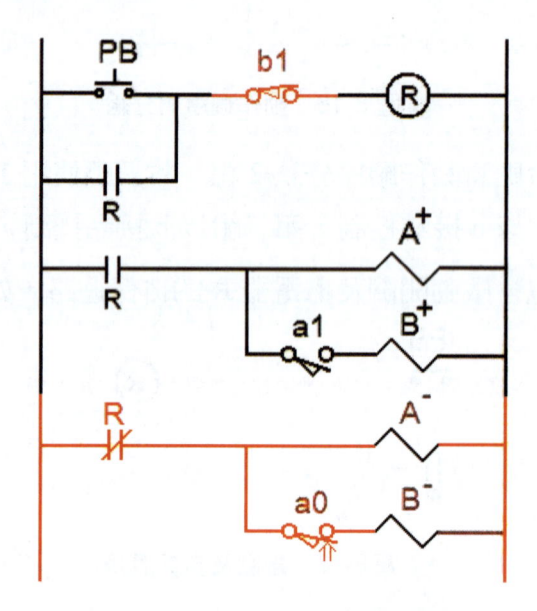

▲ 圖 8-19　加入第二組的驅動迴路

Step 8 當 B 缸後退達後頂點時觸動極限開關 b0，應藉由 b0 極限開關的 b 接點切斷第二組驅動迴路，以避免 A 及 B 線圈持續通電激磁。完整的迴路設計如圖 8-20 所示。

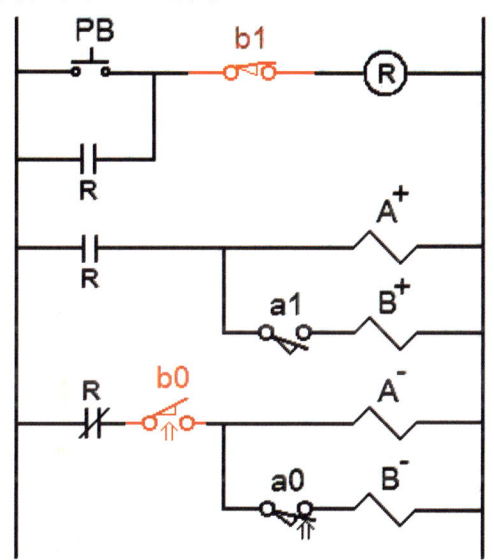

◆ 圖 8-20　完成設計之電氣迴路

例題 8-4

　　A、B 兩支雙動缸，分別由兩個單線圈電磁閥控制。當 A 缸前進達前頂點時 B 缸前進，當 B 缸前進達前頂點時 A 缸後退，當 A 缸回到後頂點時 B 缸後退。

設計步驟

Step 1 畫出氣壓迴路，如圖 8-21。

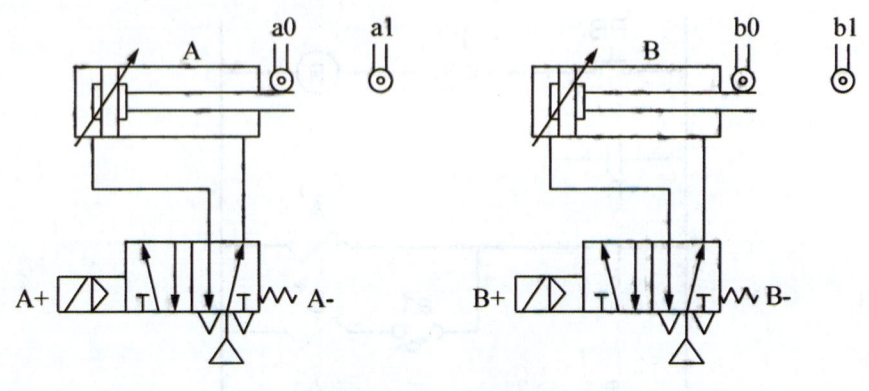

▲ 圖 8-21　氣壓迴路

Step 2 畫出位移步進狀態圖，如圖 8-22。

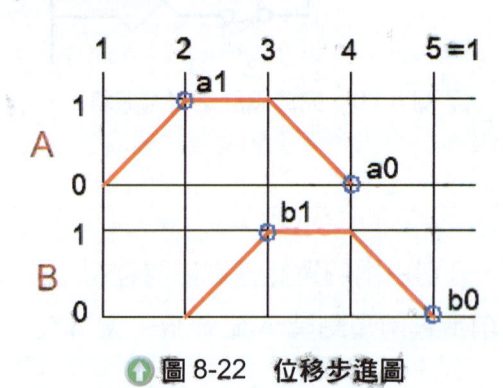

▲ 圖 8-22　位移步進圖

Step 3 寫出氣壓缸之動作順序並予以分組，如圖 8-23。

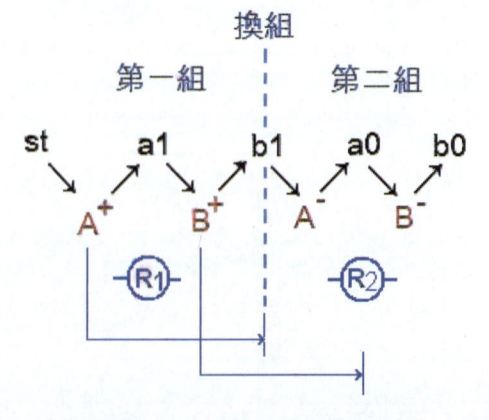

```
              換組
   第一組      ｜   第二組
              ｜
st   a1   b1  ｜  a0   b0
 ↘  ↗ ↘  ↗  ｜ ↘  ↗ ↘
  A⁺    B⁺   ｜  A⁻    B⁻
       R1    ｜       R2
```

▲ 圖 8-23　動作順序與分組

Step ❹ 依分組原則將動作順序分為 2 組,第一組以 R1 繼電器控制,第二組以 R2 繼電器控制,如圖 8-23 所示。此外,因單線圈電磁閥無 A⁻ 及 B⁻ 線圈,為使氣壓缸回行,必須在適當的時機斷開 A⁺或 B⁺線圈;依題意之動作需求,A⁺線圈必須持續激磁至 B 缸達前頂點,而 B⁺線圈必須持續激磁至 A 缸達後頂點,因此,在動作順序圖中以箭頭引線表示之。

Step ❺ 畫出各組繼電器之控制迴路,如圖 8-24。

依設計步驟,第一組繼電器(R1)由啟動開關(PB)串聯最後一個動作所觸動之極限開關(b0)的 a 接點驅動,並自保之;第二組繼電器(R2)由前一組最後觸動之極限開關(b1)的 a 接點串連前一組繼電器(R1)的 a 接點驅動,並自保之。

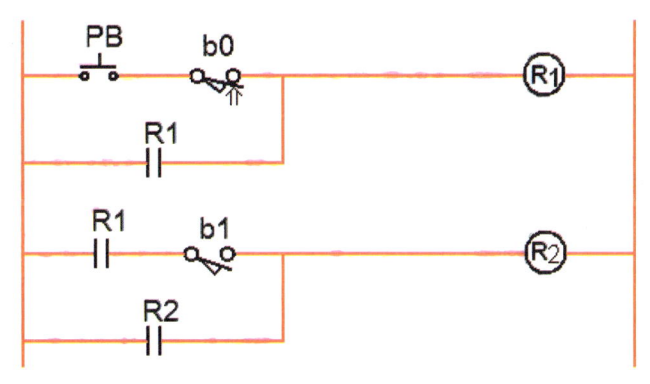

🔼 圖 8-24 各組繼電器之控制迴路

Step ❻ 依設計步驟,第一組繼電器(R1)之自保迴路,由第二組繼電器(R2)之 b 接點予以斷電;第二組(最後一組)繼電器(R2)應由最後一個動作完成時所觸動之極限開關(b0)的 b 接點予以斷電,如圖 8-25。

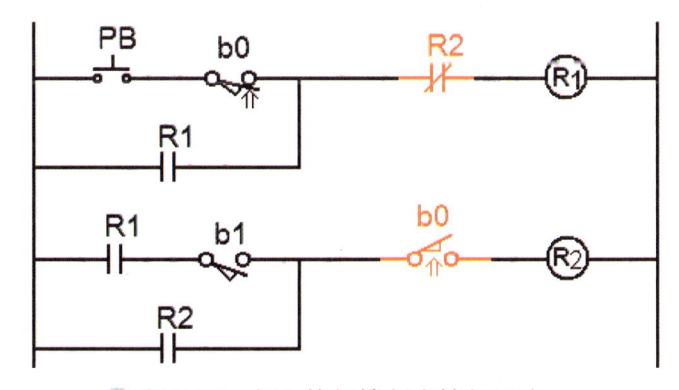

🔼 圖 8-25 加入換級機制之控制迴路

Step 7 依設計步驟，各組迴路依據各氣壓缸之動作及其所觸動之極限開關決定，依序完成迴路設計。如圖 8-26。

依題意，A^+ 線圈必須持續激磁至第一組動作結束，故 A^+ 線圈直接串接 R1 繼電器的 a 接點即可。

當 A 缸達前頂點觸動極限開關使 B^+ 線圈激磁，而 B^+ 線圈必須持續激磁至 A 缸回到後頂點觸及 a0 為止，故 B^+ 線圈必須串接 R1 繼電器的 a 接點、極限開關 a1 的 a 接點及極限開關 a0 的 b 接點。

此外，因 B^+ 線圈的激磁狀態跨越第一級與第二級，因此必須並接 R2 繼電器的 a 接點。

Step 8 若依圖 8-26 之迴路進行實作接線，b0 之 a 接點及 b 接點分別控制不同迴路，且無共同接點。因此，必須透過 R3 繼電器進行轉接，其修改後之電氣迴路如圖 8-27 所示。

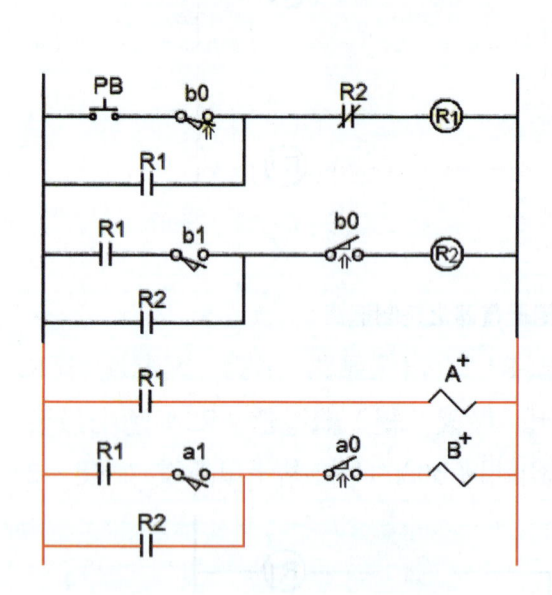

○ 圖 8-26　完成設計之電氣迴路　　　○ 圖 8-27　修改後之電氣迴路

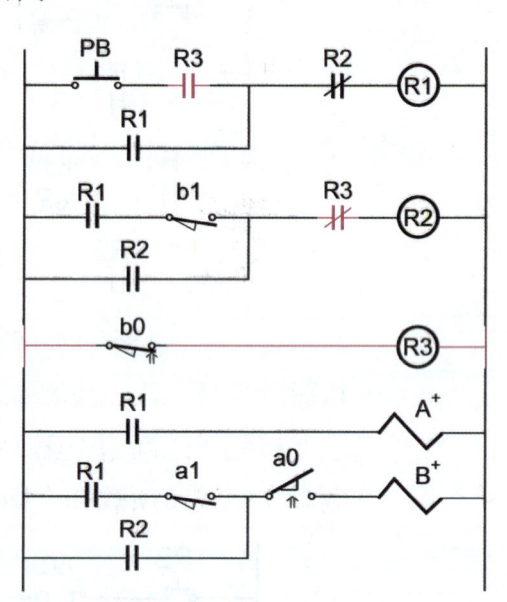

技檢篇

Chapter 9

氣壓丙級檢定術科試題解析

9-1 氣壓丙級檢定術科測試應檢人須知

9-2 氣壓丙級檢定術科各試題解析

9-1 氣壓丙級檢定術科測試應檢人須知

一、仔細聽監評人員在檢定開始之說明及規定，以免發生錯誤。

二、先詳細閱讀所發試題、動作要求、注意事項，並檢查相關機具設備及材料後，進行測試。

三、本檢定共分三站，在同一場地實施，每站都要及格，術科檢定才算合格。
測試時請自備手繪繪圖儀器或工具，其過程如下：

(一) 第一站：機械-氣壓迴路或電氣-氣壓迴路裝配調整，並繪製裝配迴路之位移-時間圖，測試時間 60 分。
依照抽籤試題編號實施。

第二站：機械-氣壓迴路或電氣-氣壓迴路裝配調整，測試時間 50 分。
依抽籤試題編號實施。

第三站：零組件判別及指定零組件拆裝與功能測試，測試時間 40 分。本站全體應檢人一起測試，每位應檢人辨識不同種類的 3 個零組件(監評人員事先隨機挑選 3 個)及第二站迴路裝配圖中，5 個閥件的名稱與功能。現場拆裝與功能測試的零組件為，以第二站的試題編號第 1 題、試題編號第 2 題、試題編號第 3 題：5/2 雙邊氣導閥；以第二站的試題編號第 4 題、試題編號第 5 題、試題編號第 6 題：5/2 雙邊電磁閥。以上 1～6 題之零組件拆卸與組裝時，必須將閥件兩端引導閥之引導膜片及閥體內部之滑軸組件，分解拆卸拿出後，再組裝為完整零組件，並裝置於測試迴路上，測試組裝功能之完整性。

(二) 迴路裝配前，請檢查元件是否正常，元件若有損壞，得請求更換。

(三) 在進行第一站與第二站迴路之裝配與測試前，須將該站之所有元件(除氣源供應零組件外)，拆離裝配台面。

(四) 依迴路所示，把迴路安裝於工作崗位之裝配台上。再依已知條件，設定與調整出符合功能要求，並繪出位移-時間圖，填入答案卷指定的表格中。

(五) 各站工作完成通知監評人員評分【評審過程中不終止計時】，就工作內容是否符合題意之要求進行評分。

(六) 評審過程中必需遵從監評人員的指示，不得擅自觸碰機台上迴路任一元件，包含氣管與電氣連結線等，若有不從者將給予扣分之處罰。

四、本檢定分為三站測試，第一站測試時間為 60 分鐘；第二站測試時間為 50 分鐘；第三站測試時間為 40 分鐘。在每站工作時間終了立即停止一切作業，靜待監評人員檢視及評分。

五、檢定時間最後 5 分鐘不評分，等時間終了再評分。

六、評分時若有未通過的檢定項目或動作功能屬於評分表上重大缺點之 1~3 項，若檢定時間未終了，得繼續完成其未通過項目，但以一次為限。

七、有下列情形之一者，術科測試為不及格：

(一) 電源或氣源正常，押按啟動開關系統無法啟動。

(二) 與動作順序要求不符。

(三) 零組件拆裝錯誤，以致無法使氣壓缸作動。

(四) 答案卷完全空白未填寫。

(五) 裝配過程中零件摔落地面導致損壞而無法使用。

(六) 電氣配線發生短路現象者。

(七) 未注意工作安全，受傷無法繼續完成工作者。

(八) 有舞弊行為經監評人員確認具有具體事實者。

八、應檢人應依照自備工具準備應檢用具，不得夾帶任何圖形、文字說明，以及器材、配件等，經監評人員檢驗合格後，始得進場。

九、離場時不得將公物攜出（包括試題、元件及材料）。

十、檢定完畢後應將裝配台面復原，現場整理乾淨，再行離場。

十一、本須知未盡事項，悉依「技術士技能檢定作業及試場規則」規定處理之。

9-1-1 術科測試答案卷

第一站設定條件：壓力上升至_____kgf/cm^2、氣壓缸前進時間_____秒、
　　　　　　　　延時閥延時_____秒、**B 氣壓缸**反覆次數_____次、
　　　　　　　　真空度達到_____％。

第二站設定條件：壓力上升至_____kgf/cm^2、氣壓缸前進時間_____秒、
　　　　　　　　延時閥延時_____秒、**B 氣壓缸**反覆次數_____次、
　　　　　　　　真空度達到_____％。

時間內檢查 考生簽名欄	第 一 站	第 二 站	第 三 站

第一站：請繪出位移-時間圖。（須標明特定步驟的時間）

第三站：＜迴路中氣壓元件、電氣元件識別＞

項次	名　　稱	主　要　功　能
1		
2		
3		
4		
5		

＜零組件識別＞

項次	名　稱	主　要　規　格
1		
2		
3		

＜指定零組件拆裝與功能測試＞

閥件拆解至指定部位 (含引導膜片及滑軸取出)	閥件組裝後經迴路測試功能完整
監評人員簽名	監評人員簽名

9-1-2 術科評分表

檢定日期	年　月　日	准考證號碼	
題 號 籤		應檢人姓名	

站別	監評人員簽名	實得分數	各站測試結果	總測試結果（每站都及格者，結果才合格）
第一站			□及格　□不及格	□合　格
第二站			□及格　□不及格	□不合格
第三站			□及格　□不及格	□缺　考

項目	評 分 標 準				備 註

一、有下列任一情況者為重大缺點，以不及格論。

		不及格		
		第1站	第2站	第3站

重大缺點	1.電源或氣源正常，押按啟動開關系統無法啟動。			✗
	2.與動作順序要求不符。			
	3.零組件拆裝錯誤，以致無法使用氣壓缸作動。	✗	✗	
	4.答案卷完全空白未填寫。			
	5.裝配過程中零件摔落地面導致損壞而無法使用。			
	6.電氣配線發生短路現象者。		✗	
	7.未注意工作安全，受傷無法繼續完成工作者。			
	8.有舞弊行為，經監評人員確認具有具體事實者。			

二、以下小項扣分標準：每項扣分不得超過該項最高扣分，本項扣分之累計扣分超過40分者，即為不及格。

	扣 分 標 準	每處扣分	最高扣分	實扣分數		
				第1站	第2站	第3站
一般狀況	1.迴路調整不確實（壓力、時間、次數、速度等）。	10	40			✗
	2.氣壓迴路有異常嚴重漏氣。	10	40			
	3.氣壓管路、電線影響氣壓缸運動路徑。	10	20			✗
	4.極限開關或輥輪閥元件裝配方向錯誤。	4	20			
	5.答案卷內位移-時間圖表示不正確或不清楚。	4	40	✗	✗	✗
	6.答案卷內表格之每一格未填寫或描述錯誤。	5	50	✗		
工作態度	1.未依檢定規定，經說明與勸導後未改善。	20	20			
	2.完成工作而未整理工作崗位者。	20	20			
	3.使用工具或操作不當，使自己或他人受傷者。	20	40			
	合計（累計扣分）					

監評人員簽　　名		（請勿於測試結束前先行簽名）

9-1-3 術科測試時間配當表

每一檢定場,每日排定測試場次為上、下午各 1 場

時　　間	內　　　容	備　註
08:00～08:30	1.監評前協調會議(含監評檢查機具設備) 2.第一場應檢人報到完成	
08:30～09:00	1.應檢人抽題(1-6、2-5、3-4、4-3、5-2、6-1) 2.場地設備及供料、自備機具及材料等作業說明 3.測試應注意事項說明 4.應檢人試題疑義說明 5.應檢人檢查設備及材料 6.其他事項	
09:00～10:00	上午場第一站:電氣-氣壓迴路或機械-氣壓迴路裝配調整測試(將第一站應檢人裝配機械-氣壓迴路與電氣-氣壓迴路者,對調測試)及位移-時間圖填寫	測試時間 60 分
10:10～11:00	上午場第二站:機械-氣壓迴路或電氣-氣壓迴路裝配調整測試	測試時間 50 分
11:10～11:50	上午場第三站:零組件判別、迴路中氣壓閥件、電氣元件辨識及指定零組件拆卸、組裝與測試	測試時間 40 分
11:50～12:10	監評人員進行評審工作,並整理上午場成績總表	
12:10～13:10	1.監評人員休息用膳時間 2.第二場應檢人報到完成	
13:10～13:40	1.應檢人抽題(1-6、2-5、3-4、4-3、5-2、6-1) 2.場地設備及供料、自備機具及材料等作業說明 3.測試應注意事項說明 4.應檢人試題疑義說明 5.應檢人檢查設備 6.其他事項	
13:40～14:40	下午場第一站:電氣-氣壓迴路或機械-氣壓迴路裝配調整測試(將第一站應檢人裝配機械-氣壓迴路與電氣-氣壓迴路者,對調測試)及位移-時間圖填寫	測試時間 60 分
14:50～15:40	下午場第二站:機械-氣壓迴路或電氣-氣壓迴路裝配調整測試	測試時間 50 分
15:50～16:30	下午場第三站:零組件判別、迴路中氣壓閥件、電氣元件辨識及指定零組件拆卸、組裝與測試	測試時間 40 分
16:30～18:00	監評人員進行評審工作,並整理下午場成績總表	

9-1-4 氣壓丙級技術士技能檢定術科測試應檢人自備工具表

項次	工具名稱	規　格	單位	數量	備　註
1	電氣計數器	電子式	只	1	未自行攜帶者，以使用術科測試辦理單位提供之器具為限。
2	手　錶		台	1	
3	三用電錶	指針型、數字型	個	1	
4	繪圖儀器		組	1	
5	原子筆	藍色或黑色	支	1	

9-2 氣壓丙級檢定術科各試題解析

9-2-1 第一站~第三站（機械-氣壓試題 1~3）

一、試題編號：08000-1040301

二、試題名稱：機械氣壓-時間從屬計數迴路之裝配與調整

三、檢定站別與時間：第一站檢定時間 60 分鐘或第二站檢定時間 50 分鐘

四、檢定說明：依下列之迴路圖（以 ISO 或 CNS 標準繪製），將其裝配於工作崗位上。請依已知條件之內容，完成所須之要求，實踐於迴路中且將位移-時間圖繪製於答案卷中。

五、動作順序：$A^+ \ [B^+ \ B^- \ ] \ n \ A^-$

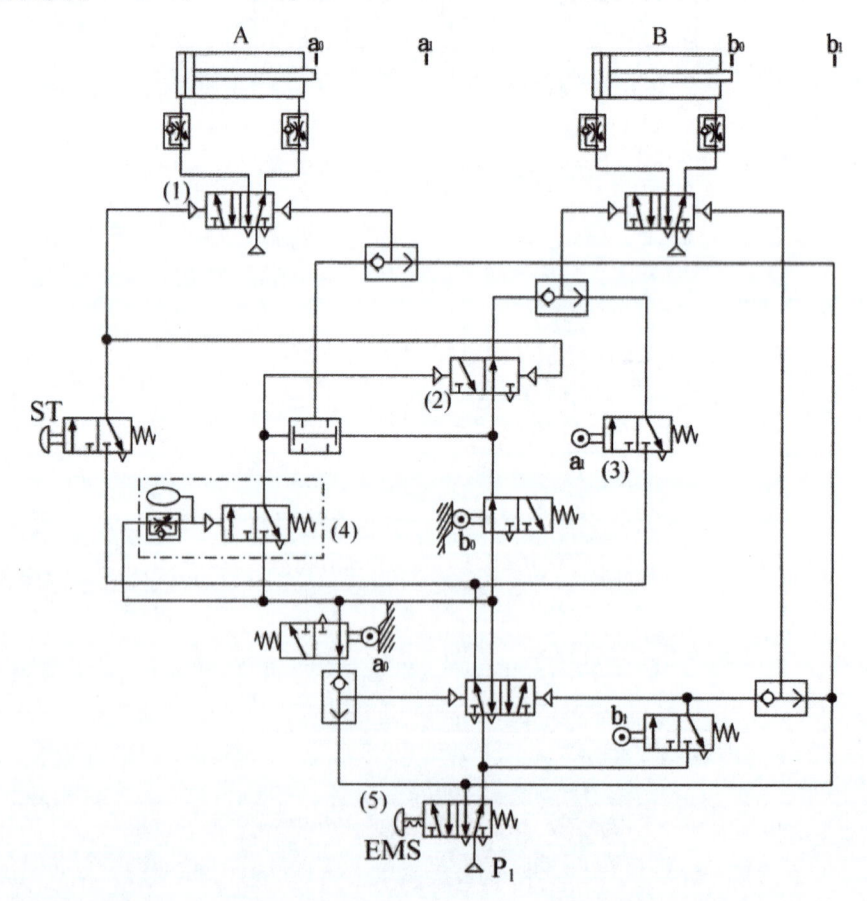

六、要求：

1. 調整壓力 P_1 於適當值，以利正確操作。

2. 氣壓缸 A 前進 a_0 到 a_1 需_____秒完成。

3. 延時閥調整延時_____秒，氣壓缸 B 往復動作_____次後，氣壓缸 A 才後退。

4. 如本題為第一站時請繪出位移-時間圖（須標明特定步驟的時間）；若為第二站試題請將指定(　)編號之元件的名稱及功能，在第三站時填入答案卷《迴路中氣壓元件、電氣元件識別》中。

第一題　迴路裝配解析

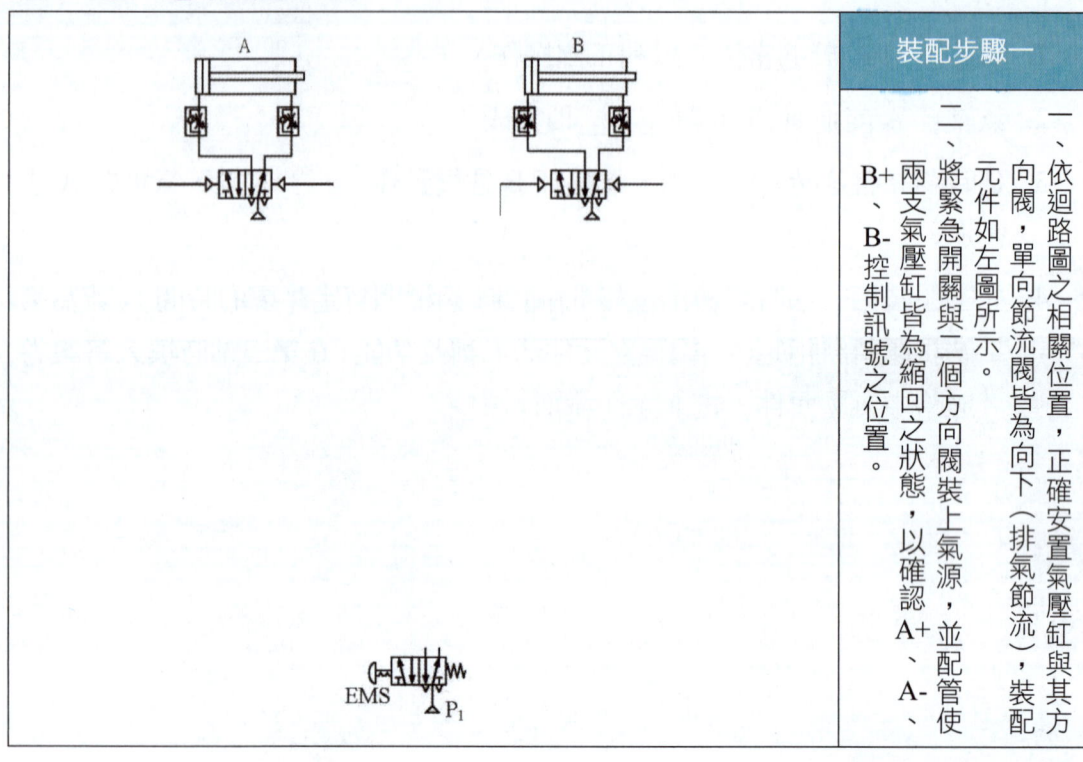

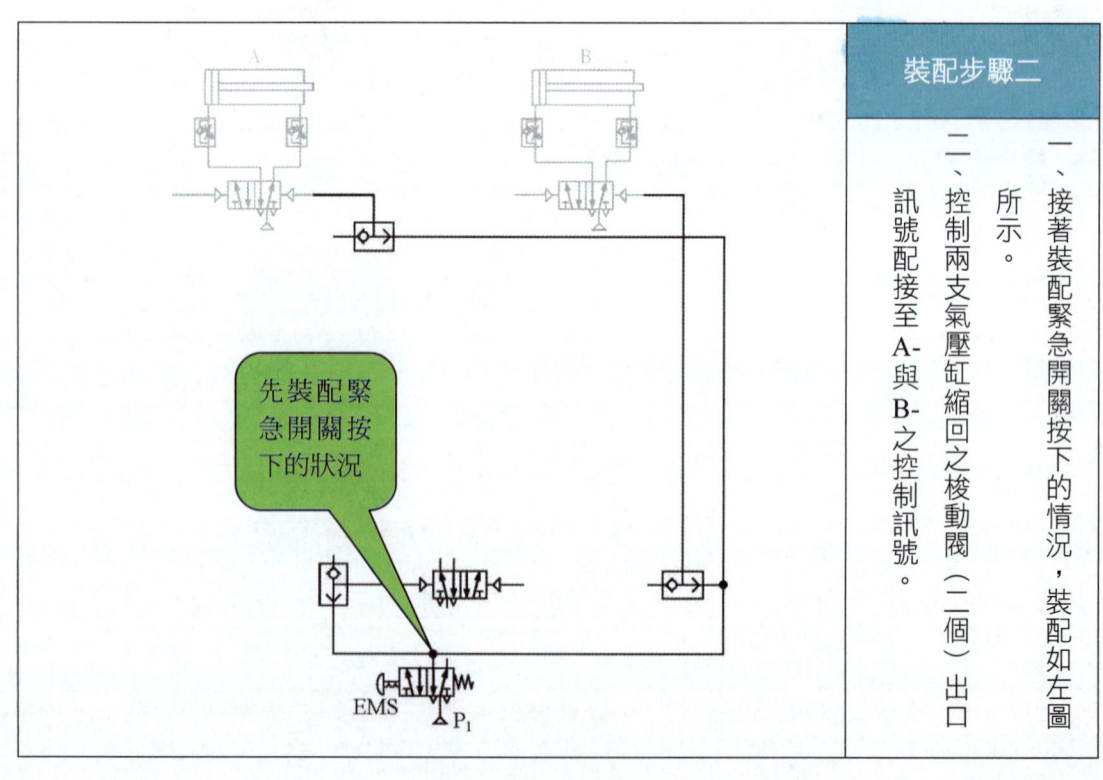

裝配步驟一

一、依迴路圖之相關位置，正確安置氣壓缸與其方向閥，單向節流閥皆為向下（排氣節流），裝配元件如左圖所示。

二、將緊急開關與二個方向閥裝上氣源，並配管使兩支氣壓缸皆為縮回之狀態，以確認 A+、A-、B+、B- 控制訊號之位置。

裝配步驟二

一、接著裝配緊急開關按下的情況，裝配如左圖所示。

二、控制兩支氣壓缸縮回之梭動閥（二個）出口訊號配接至 A- 與 B- 之控制訊號。

先裝配緊急開關按下的狀況

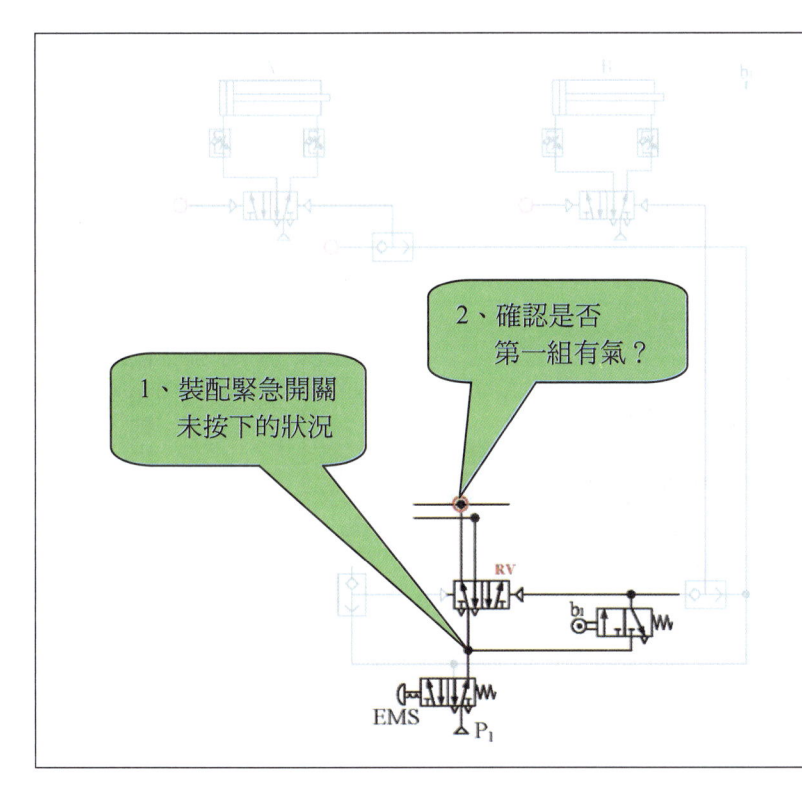

裝配步驟三

一、再裝配緊急開關未按下的情況，如左圖所示。
二、裝配後開啟氣源，確認回動閥 RV 是否有氣（有氣的孔設定為第一組）。

1、裝配緊急開關未按下的狀況
2、確認是否第一組有氣？

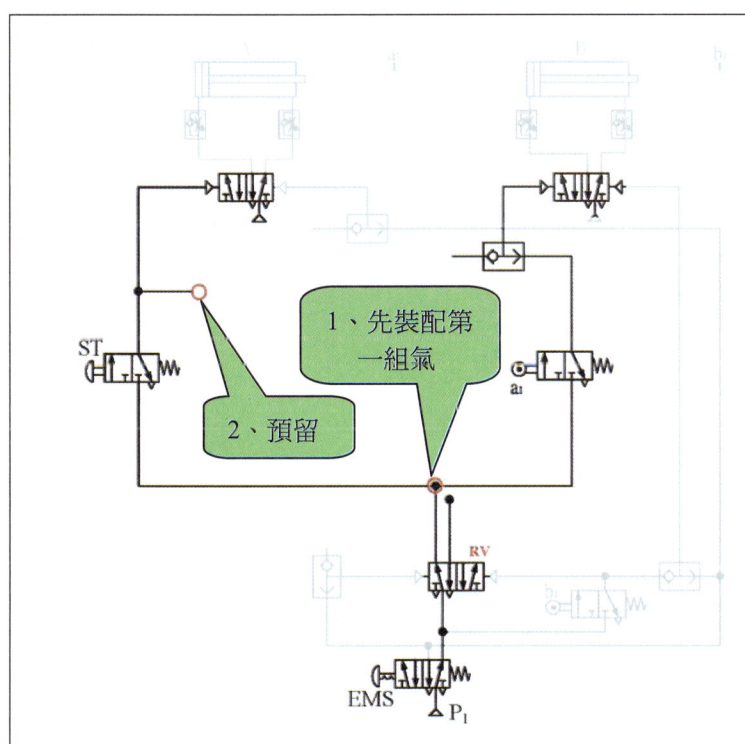

裝配步驟四

一、裝配回動閥 RV 控制屬於第一組之元件（ST、a1），與其輸出所配接之元件，如左圖所示。

1、先裝配第一組氣
2、預留

氣壓原理與實務

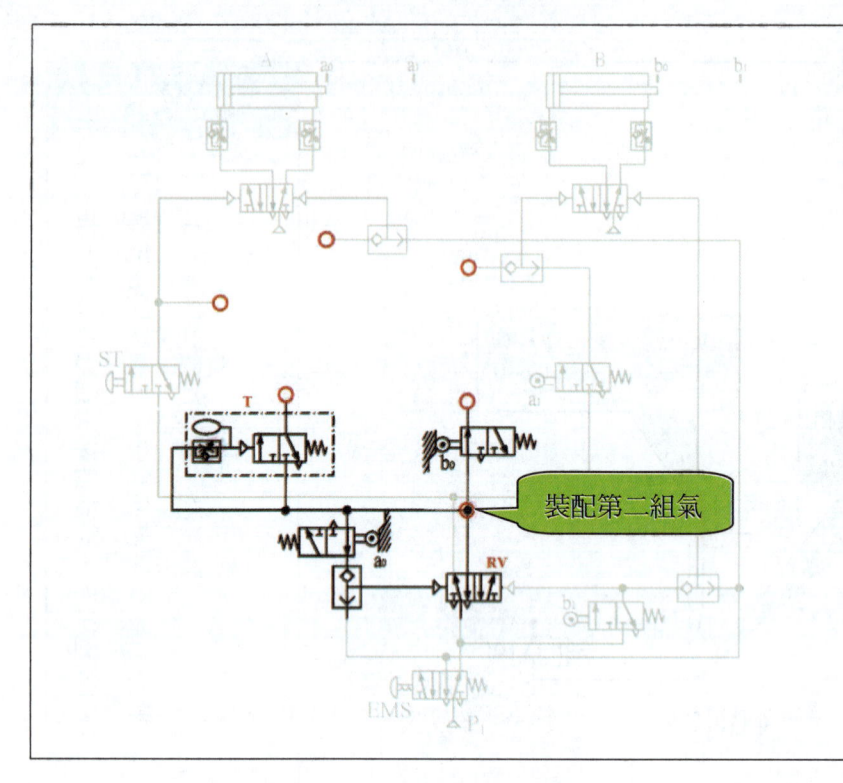

裝配步驟五

一、裝配回動閥 RV 控制屬於第二組之元件（延時閥 T、b0、a0），與 a0 輸出所配接之元件，如左圖所示。

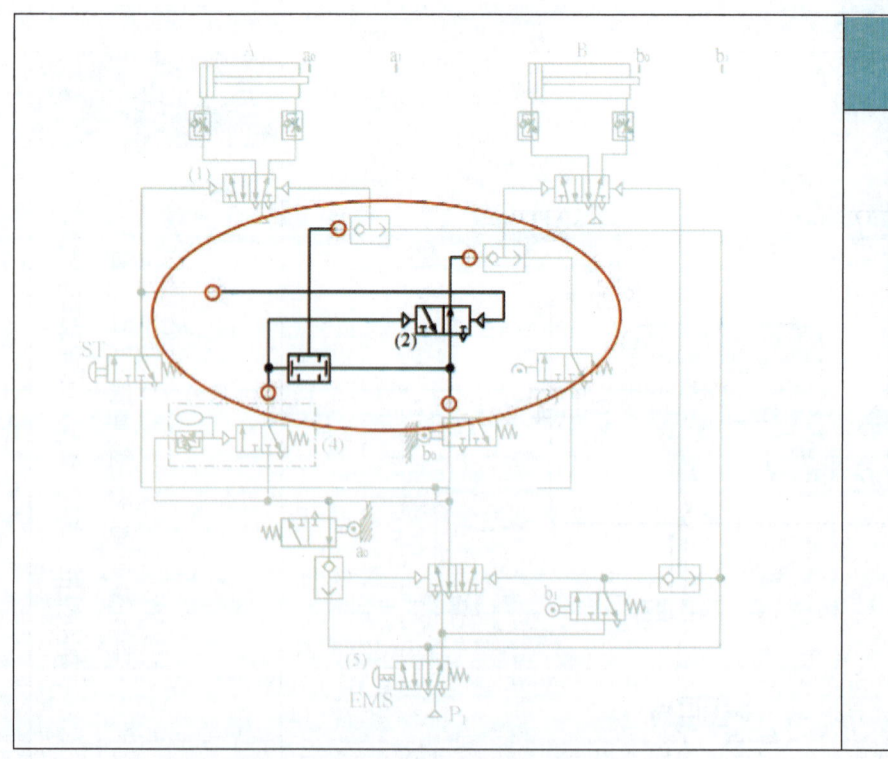

裝配第二組氣

裝配步驟六

一、裝配延時閥 T 與 b0 輸出所配接之元件，如左圖橢圓形所圈之元件。

二、ST 按鈕開關的出口訊號是配接使用 (2) 雙邊氣導閥導通的位置。

迴路配接後之操作步驟

1. 設定適當的壓力源 P_1（約 4～5bar）。
2. 調整控制氣壓缸 A 之單向節流閥，使 a_0 到 a_1 的時間為測試題目所要求的秒數。
3. 調整延時閥的時間為測試題目所要求的秒數。
4. 調整控制氣壓缸 B 之單向節流閥，使 B 缸往復的次數為測試題目所要求的次數。
5. 動作中按下 EMS，所有氣壓缸回到起始位置。
6. 解除 EMS，才可按下 ST 重新啟動。

第一題　迴路中氣壓元件、電氣元件識別解析

項次	名稱	主要功能
1	5/2 雙邊氣導閥	**作為氣壓缸前進、後退之用。**當左側有氣壓訊號時，可使該閥切換至左側位置，可使 A 缸前進；若右側有氣壓訊號時，可使該閥切換至右側位置，可使 A 缸後退。
2	3/2 雙邊氣導閥	**作為氣壓訊號切換之用**，氣壓延時閥所輸出訊號，可使該閥切換至左側位置，無法導通 b_0 訊號；若啟動閥被壓按而輸出訊號，可使該閥切換至右側位置，則可傳送 b_0 訊號使 B 缸前進。
3	3/2 雙向輥輪作動閥	安裝於 A 缸前限位置，**感測 A 缸到前限時，可使 B 缸前進。**
4	3/2 氣壓延時閥	**作為 B 缸反覆動作次數計時之用。**當 B 缸第 1 次碰觸 b_1 閥件時即開始計時，計時到切斷 3/2 雙邊氣動方向閥，使 B 缸不再前進。
5	5/2 鎖固式按鈕閥	**作為緊急停止之用**，沒有壓按時，其輸出訊號供給系統使用；若壓按該閥輸出訊號可使 5/2 雙邊氣動方向閥復位，氣壓缸全部縮回。

一、試題編號：08000-1040302

二、試題名稱：機械氣壓-正壓從屬計時迴路之裝配與調整

三、檢定站別與時間：第一站檢定時間 60 分鐘或第二站檢定時間 50 分鐘

四、檢定說明：依下列之迴路圖（以 ISO 或 CNS 標準繪製），將其裝配於工作崗位上。請依已知條件之內容，完成所須之要求，實踐於迴路中且將位移-時間圖繪製於答案卷中。

五、動作順序：A^+ B^+ TB^- A^-

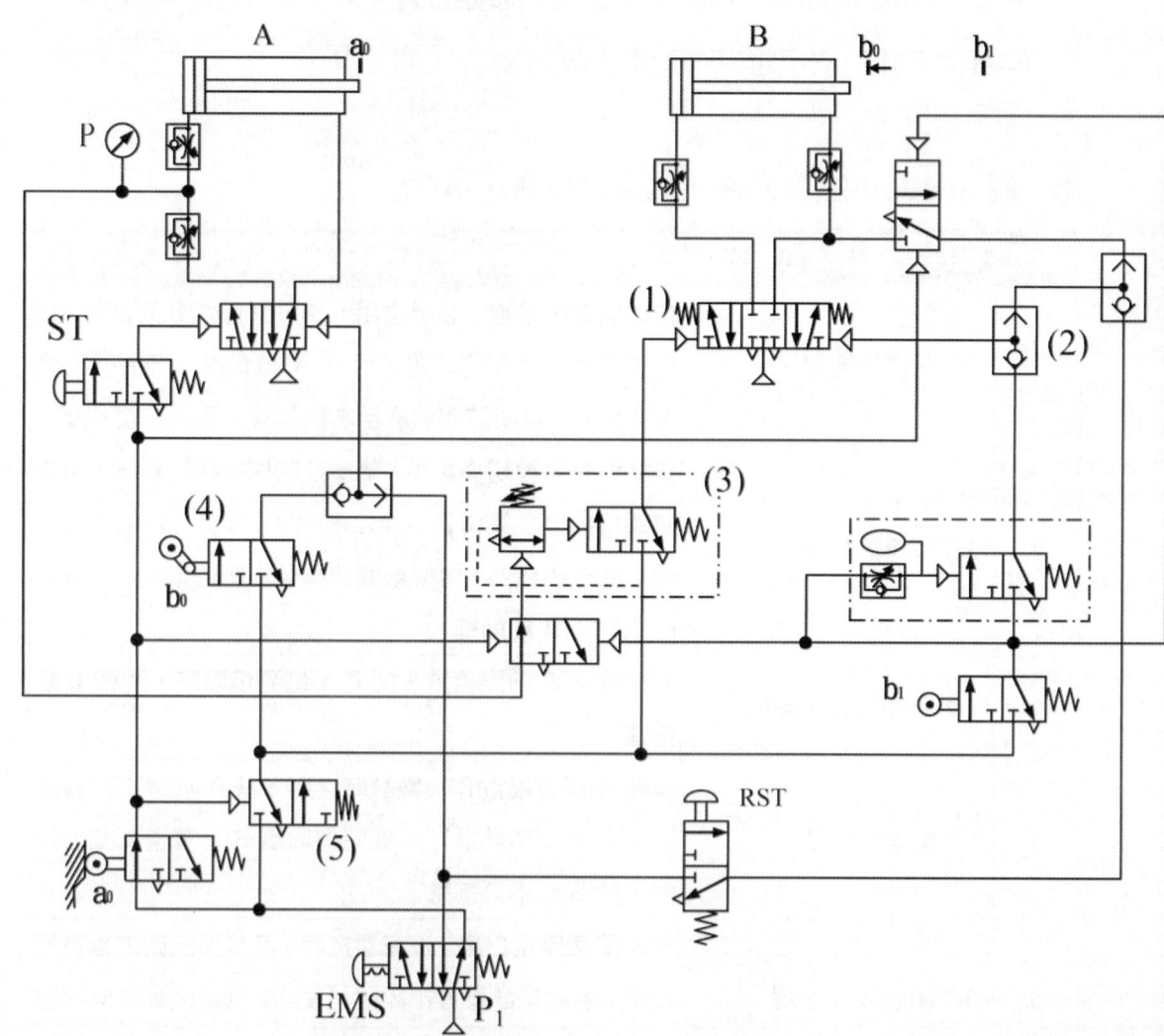

六、要求：

1. 調整壓力 P_1 於適當值，以利正確操作。

2. 順序閥為氣壓缸 A 到前進端點且壓力(緩慢)上升至＿＿＿＿ kgf/cm^2 後才作動。

3. 氣壓缸 B 前進，由 b_0 到 b_1 需＿＿＿＿秒完成。延時閥調整延時＿＿＿＿秒。

4. 如本題為第一站時請繪出位移-時間圖（須標明特定步驟的時間）；若為第二站試題請將指定(　)編號之元件的名稱及功能，在第三站時填入答案卷《迴路中氣壓元件、電氣元件識別》中。

第二題　迴路裝配解析

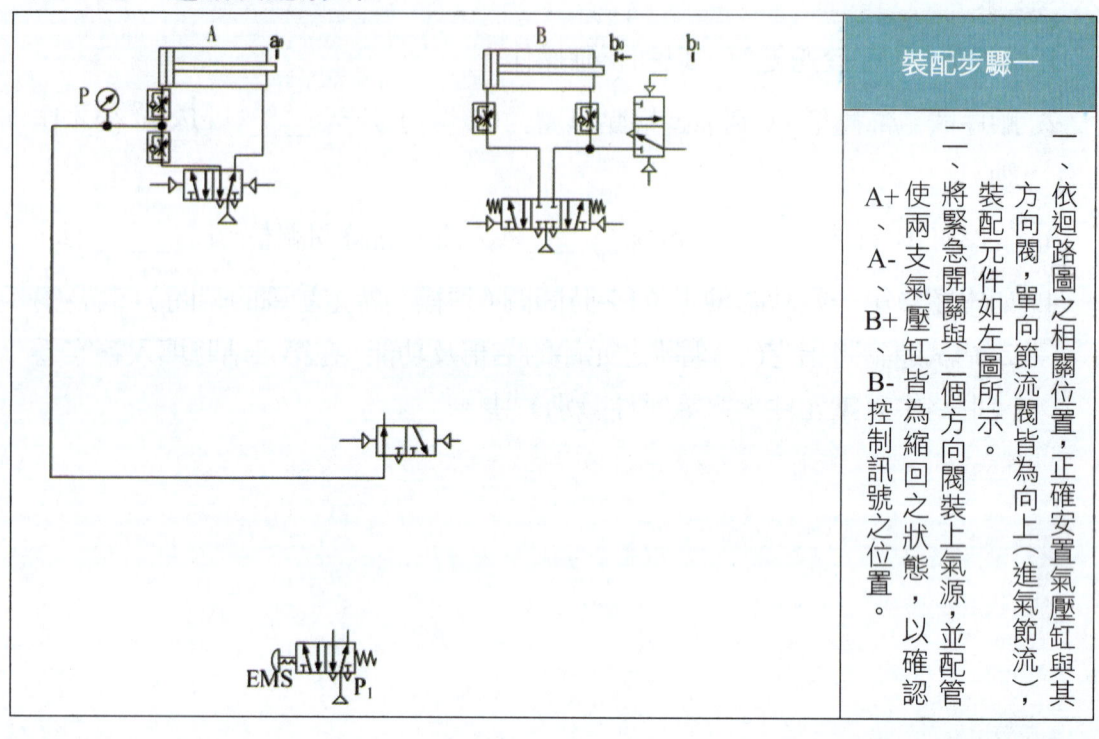

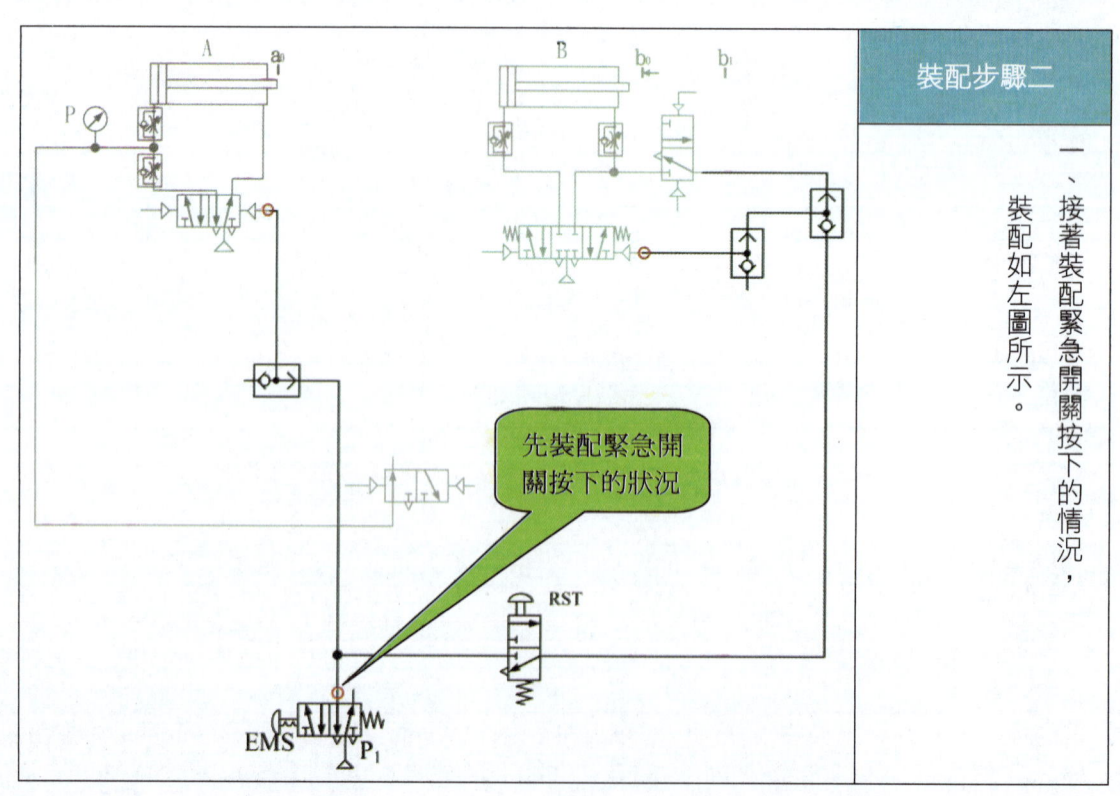

裝配步驟一

一、依迴路圖之相關位置，正確安置氣壓缸與其方向閥，單向節流閥皆為向上（進氣節流），裝配元件如左圖所示。

二、將緊急開關與二個方向閥裝上氣源，並配管使兩支氣壓缸皆為縮回之狀態，以確認 A+、A-、B+、B- 控制訊號之位置。

裝配步驟二

一、接著裝配緊急開關按下的情況，裝配如左圖所示。

先裝配緊急開關按下的狀況

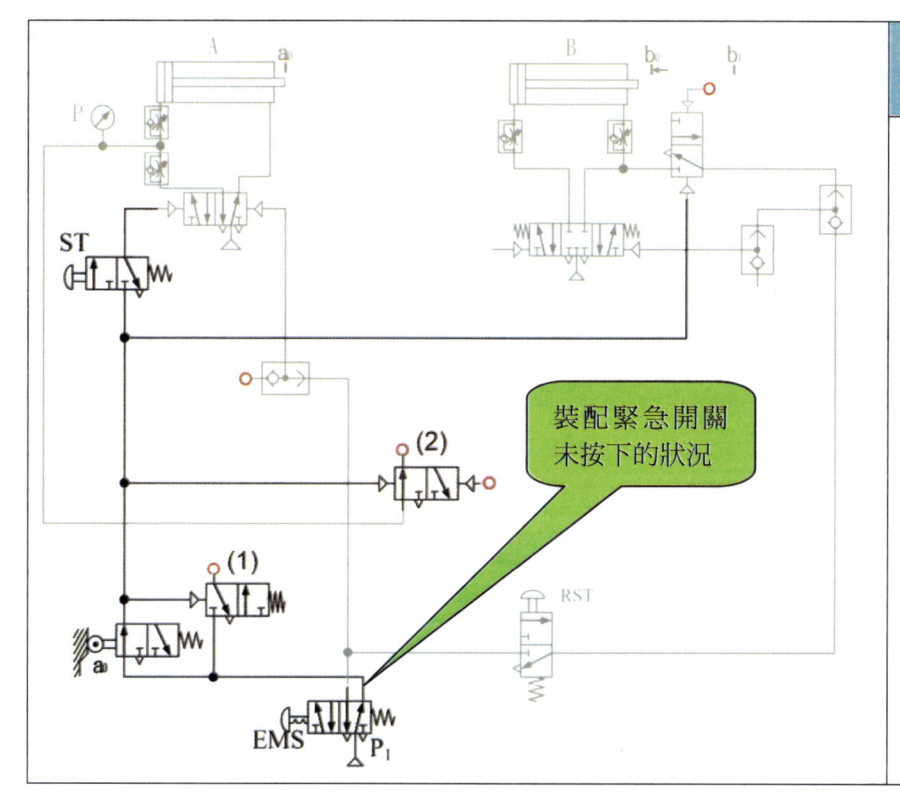

裝配步驟三

一、再裝配緊急開關未按的情況,如左圖所示。
二、裝配後開啟氣源,確認元件(1) 3/2常開方向閥是否因a0壓住而換位(出口沒有出氣)。
三、元件(2)為3/2雙邊氣導閥,但a0的作動,會使元件(2)導通,裝配時必須注意。

裝配緊急開關未按下的狀況

裝配步驟四

一、b0為3/2單向輥輪方向閥。
二、左圖中常壓順序閥裝配時須注意其P與A口之位置。

常壓順序閥

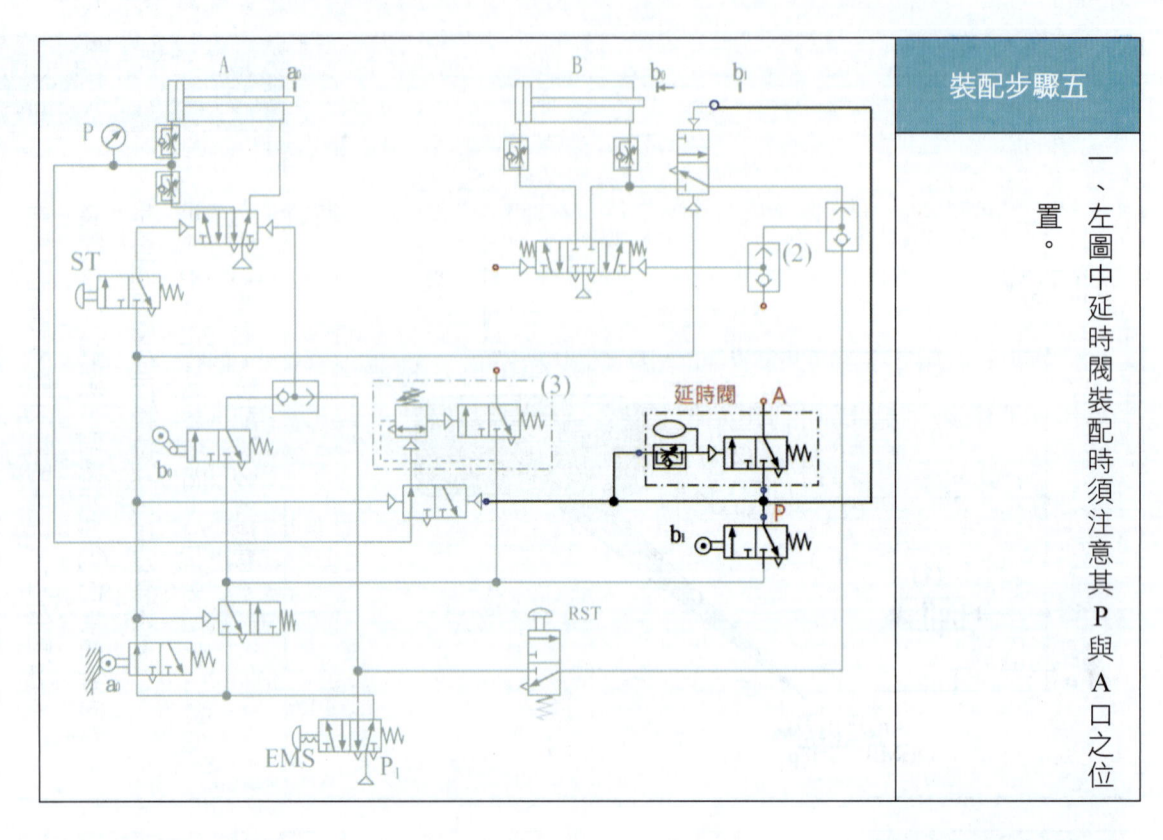

氣壓原理與實務

裝配步驟五

一、左圖中延時閥裝配時須注意其 P 與 A 口之位置。

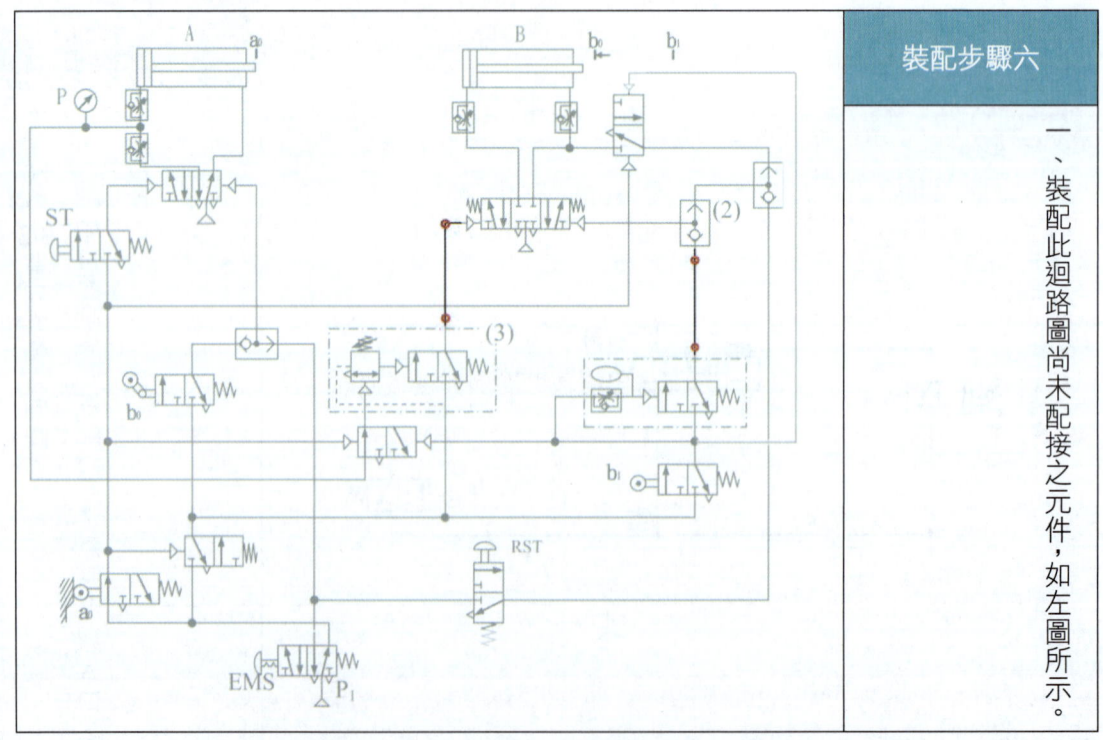

裝配步驟六

一、裝配此迴路圖尚未配接之元件，如左圖所示。

迴路配接後之操作步驟

1. 設定適當的壓力源 P_1（約 4～5bar）。
2. 調整單向節流閥，使 b_0 到 b_1 的時間為測試題目所要求的秒數。
3. 調整順序閥的壓力，接著啟動測試並觀察壓力錶的數字是否為題目所要求的壓力。
4. 調整延時閥使 B 缸碰觸 b_1 後所停留的時間。
5. 動作中按下 EMS，氣壓缸 A 回到起始位置，氣壓缸 B 停止動作。再按下 RT 則氣壓缸 B 回到起始位置。
6. 解除 EMS，才可按下 ST 重新啟動。

第二題　迴路中氣壓元件、電氣元件識別解析

項次	名　　稱	主　要　功　能
1	5/3 中閉型氣導閥	**作為 B 缸前進、後退控制之用**，當 A 缸到前位且引導口壓力達設定值，打開常壓順序閥可將 5/3 雙邊氣動中閉型方向閥切換至左側位置，使 B 缸前進；若氣壓延時閥計時到達，可將 5/3 雙邊氣動中閉型方向閥切換至右側位置，使 B 缸後退。而該閥係屬單穩態特性之元件，控制訊號需有持續保持之功能。
2	梭動閥	**作為並聯控制 B 缸回行的訊號之用。**
3	常壓順序閥	**作為 A 缸前進到達定位之用**，以感測 A 缸進氣側壓力高低，做為該順序閥控制訊號。
4	3/2 單向輥輪閥	**作為 B 缸後限位置控制之用**，需由後退方向碰觸該閥件才可啟動該 3/2 單向輥輪閥。
5	3/2 單邊氣導閥（常開型）	**區分出機械原點與非機械原點之用**：當 A 缸退回後限時，a_0 輸出訊號，可復歸 3/2 單邊氣導閥至左側，及供給循環啟動訊號；若 a_0 沒輸出訊號，會使 3/2 單邊氣導閥復歸至右邊位置，供給 b_0、b_1 及 B 缸後退等氣壓訊號。

一、試題編號：08000-1040303

二、試題名稱：機械氣壓-負壓從屬計數迴路之裝配與調整

三、檢定站別與時間：第一站檢定時間 60 分鐘或第二站檢定時間 50 分鐘

四、檢定說明：依下列之迴路圖（以 ISO 或 CNS 標準繪製），將其裝配於工作崗位上。請依已知條件之內容，完成所須之要求，實踐於迴路中且將位移-時間圖繪製於答案卷中。

五、動作順序：$A^+ \ V^+ \ A^- \ [B^+ \ B^-] \, n \, V^-$

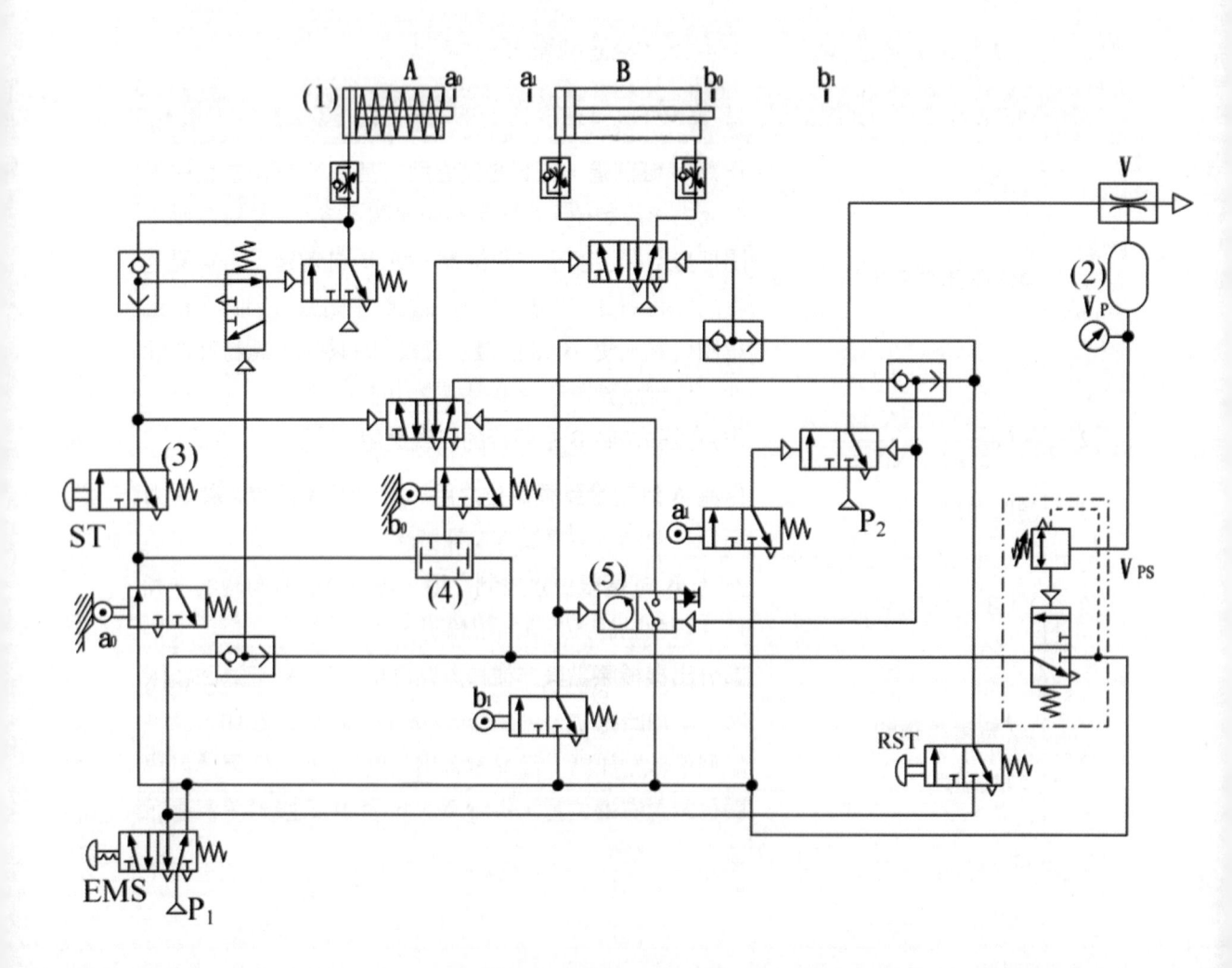

六、要求：

1. 調整壓力 P_1 與 P_2 於適當值，以利正確操作。（P_2 為調整真空度用）

2. 當真空順序閥真空度達到_____%時才作動。

3. 氣壓缸 B 前進，由 b_0 到 b_1 需_____秒完成。氣壓計數器計數為_____次。

4. 如本題為第一站時請繪出位移-時間圖（須標明特定步驟的時間）；若為第二站試題請將指定(　)編號之元件的名稱及功能，在第三站時填入答案卷《迴路中氣壓元件、電氣元件識別》中。

第三題　迴路裝配解析

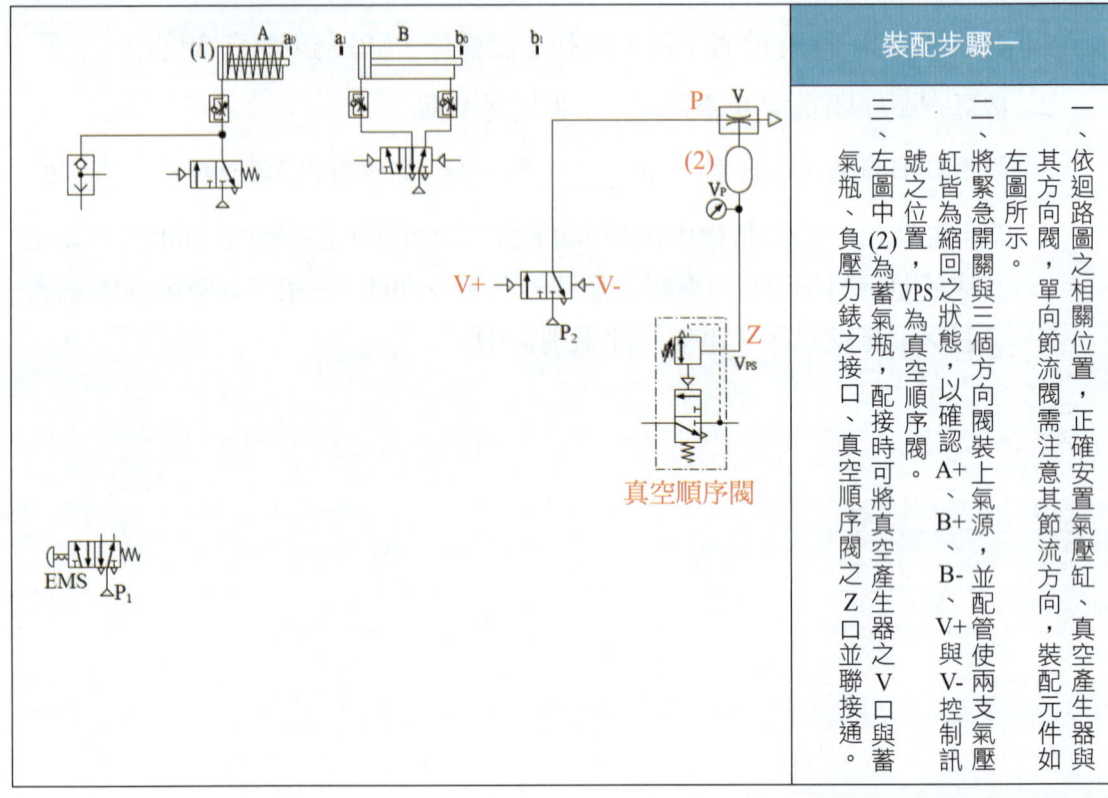

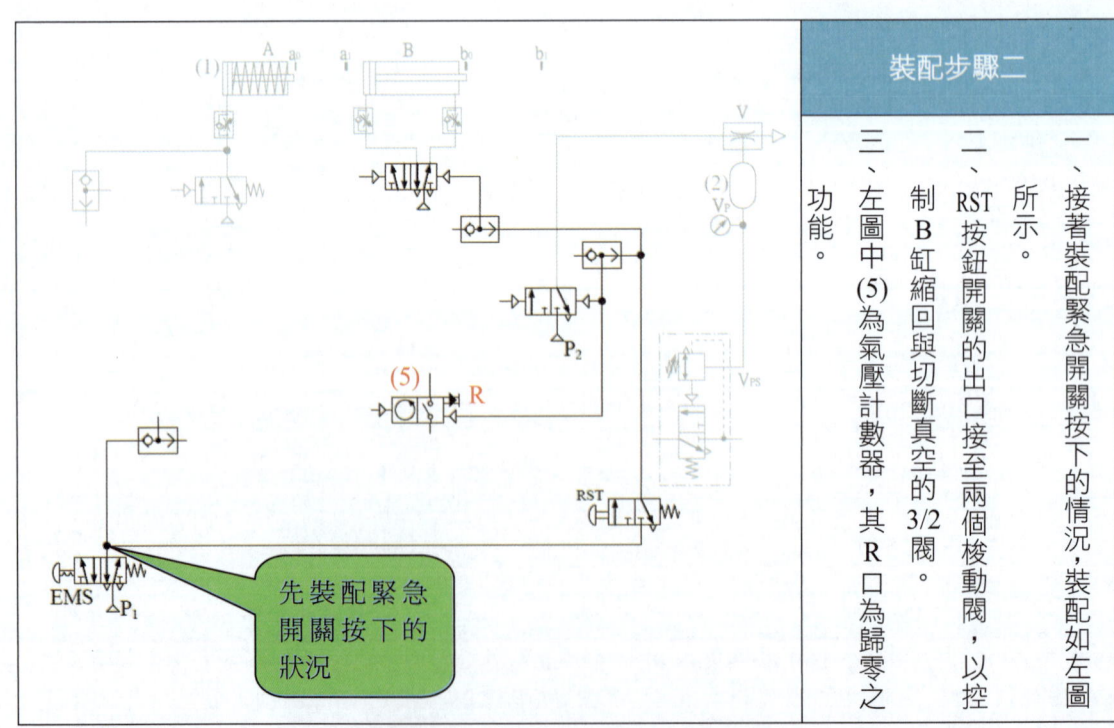

裝配步驟一

一、依迴路圖之相關位置，正確安置氣壓缸與真空產生器與其方向閥，單向節流閥需注意其節流方向，裝配元件如左圖所示。

二、將緊急開關與三個方向閥裝上氣源，並配管使兩支氣壓缸皆為縮回之狀態，以確認 A+、B+、B-、V+ 與 V- 控制訊號之位置，VPS 為真空順序閥。

三、左圖中 (2) 為蓄氣瓶，配接時可將真空產生器之 V 口與蓄氣瓶、負壓力錶之接口、真空順序閥之 Z 口並聯接通。

真空順序閥

裝配步驟二

一、接著裝配緊急開關按下的情況，裝配如左圖所示。

二、RST 按鈕開關的出口接至兩個梭動閥，以控制 B 缸縮回與切斷真空的 3/2 閥。

三、左圖中 (5) 為氣壓計數器，其 R 口為歸零之功能。

先裝配緊急開關按下的狀況

262

氣壓丙級檢定術科試題解析

裝配步驟三

一、再裝配緊急開關未按的情況，如左圖所示。

二、裝配真空順序閥 VPS 時，需注意其 P 與 A 口之位置。

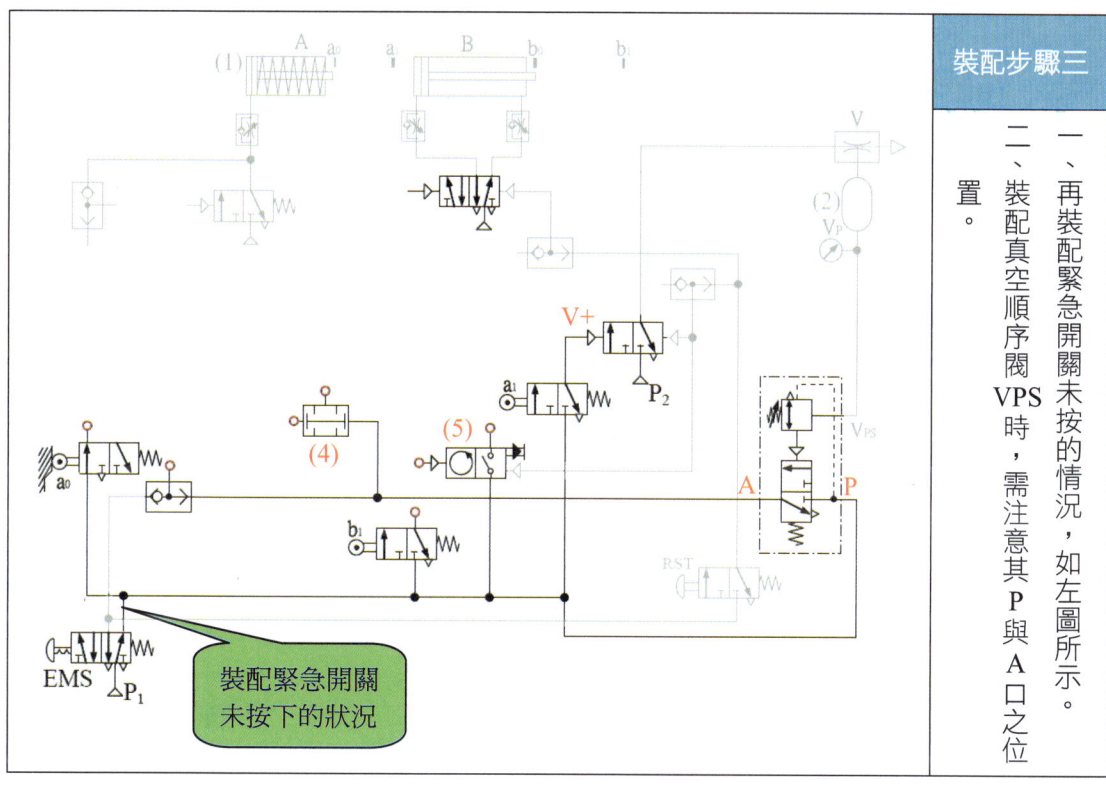

裝配緊急開關未按下的狀況

裝配步驟四

3/2 常開方向閥

一、裝配輥輪閥 a0 之 A 口所連接的元件，如左圖所示。

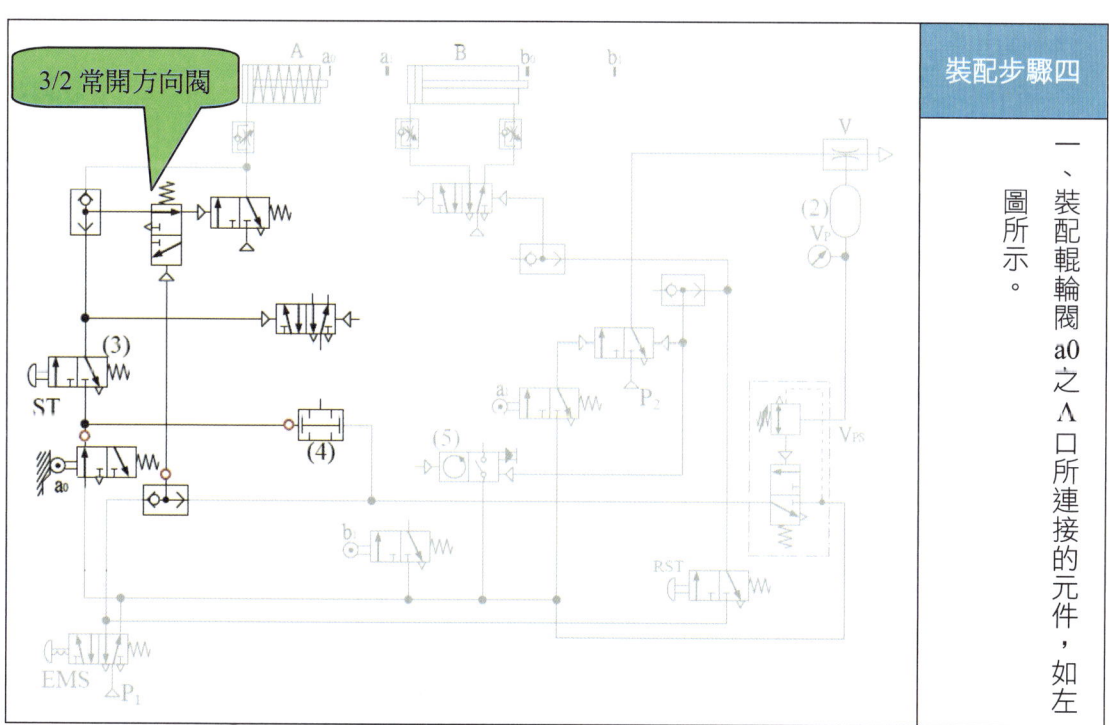

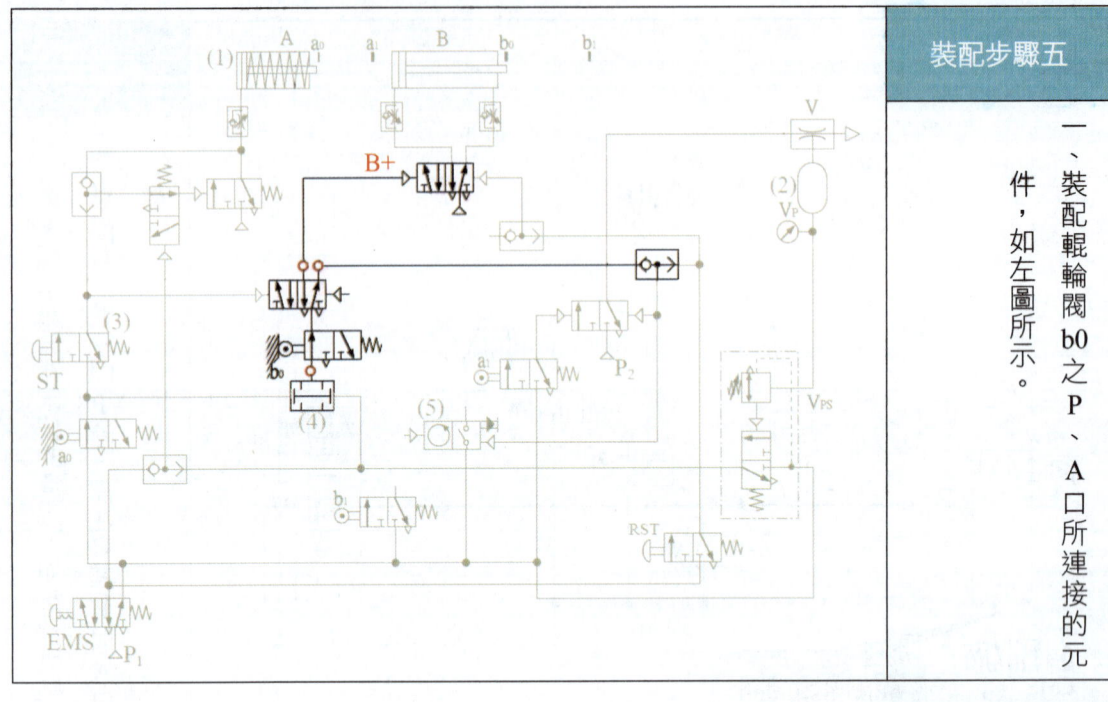

裝配步驟五

一、裝配輥輪閥 b0 之 P、A 口所連接的元件，如左圖所示。

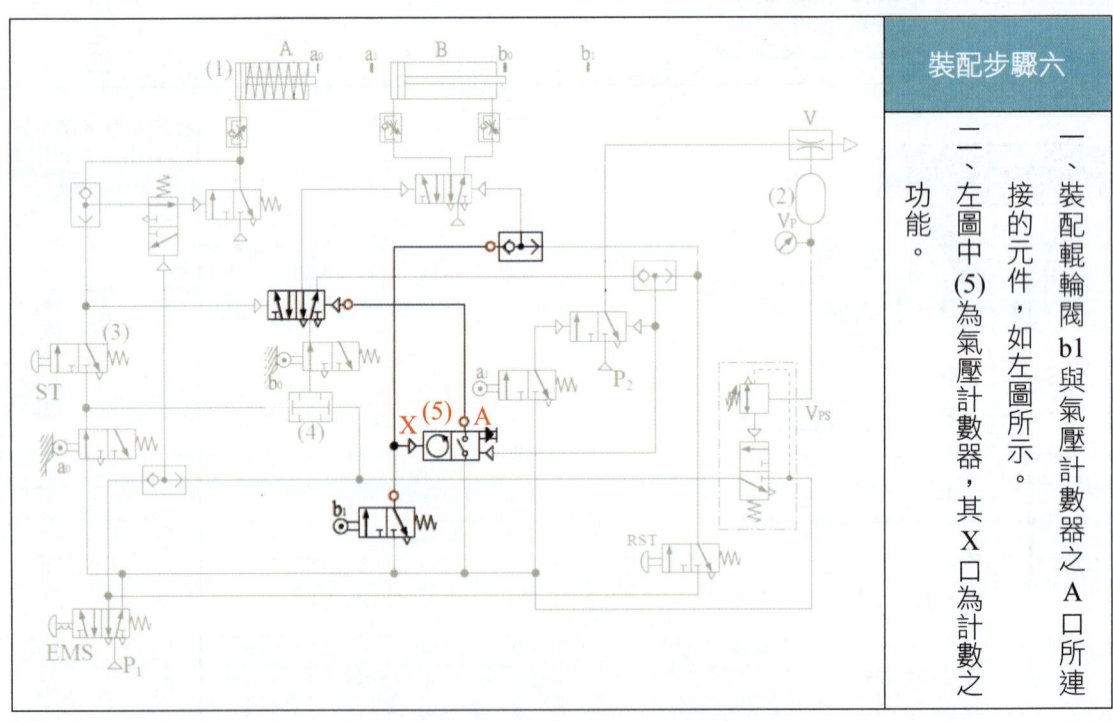

裝配步驟六

一、裝配輥輪閥 b1 與氣壓計數器之 A 口所連接的元件，如左圖所示。

二、左圖中 (5) 為氣壓計數器，其 X 口為計數之功能。

迴路配接後之操作步驟

1. 設定適當的壓力源 P_1（約 4～5bar）。

2. 設定適當的壓力源 P_2，換算測試題目所要求的百分比（％）真空度為 kgf/m^2 的單位值，並將真空順序閥設定為該值。

    例：要求設定為真空順序閥真空度達到＿＿50＿＿％時才作動。

    ①若真空壓力表單位為 kgf/cm^2，則需將真空順序閥設定至＿＿-0.5＿＿kgf/cm^2。　（$-1 \times 50\% = -0.5\ kgf/cm^2$）

    ②若真空壓力表單位為 mmHg，則需將真空順序閥設定至＿＿380＿＿mmHg。　（$760\text{mmHg} \times 50\% = 380\ \text{mmHg}$）

3. 調整控制氣壓缸 B 之單向節流閥，使 b_0 到 b_1 的時間為測試題目所要求的秒數。

4. 調整計數器的次數為測試題目所要求的次數。

5. 動作中按下 EMS，氣壓缸 A 回到起始位置，氣壓缸 B 與真空產生器 V 停滯在該狀態。按下 RT 則氣壓缸 B 與真空產生器 V 回到起始位置。

6. 解除 EMS，才可按下 ST 重新啟動。

第三題　迴路中氣壓元件、電氣元件識別解析

項次	名　　　稱	主　要　功　能
1	單動氣壓缸	為一種能源轉換之工作元件，可將壓縮空氣之壓力能轉換為工作之機械能，並透過活塞桿將其移動傳遞至外部帶動機械元件。單動氣壓缸僅前進時需供氣，若將氣源排放氣壓缸即後退。
2	蓄氣筒	作為儲存真空壓力能之用。
3	3/2 常閉型按鈕閥	作為啟動循環動作之用。
4	雙壓閥	作為串聯 a_0 與真空順序閥兩者訊號之用。
5	氣壓計數器	可計 a_0 數 B 缸反覆次數控制之用，可將 b_1 被碰觸的次數計算出來，當到達所要之次數，即停止 B 缸再前進。

9-2-2 第四站～第六站（電氣-氣壓試題 4～6）

一、試題編號：08000-1040304

二、試題名稱：電氣氣壓-時間從屬計數迴路之裝配與調整

三、檢定站別與時間：第一站檢定時間 60 分鐘或第二站檢定時間 50 分鐘

四、檢定說明：依下列之迴路圖（以 ISO 或 CNS 標準繪製），將其裝配於工作崗位上。請依已知條件之內容，完成所須之要求，實踐於迴路中且將位移-時間圖繪製於答案卷中。

五、動作順序：$A^+ [B^+ B^-] n A^-$

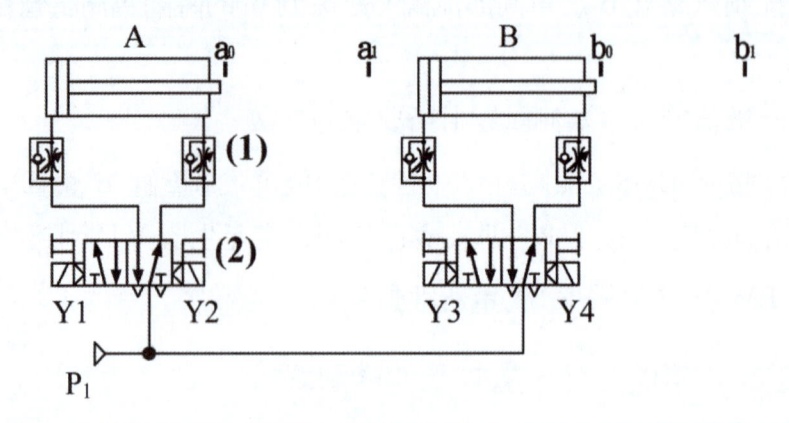

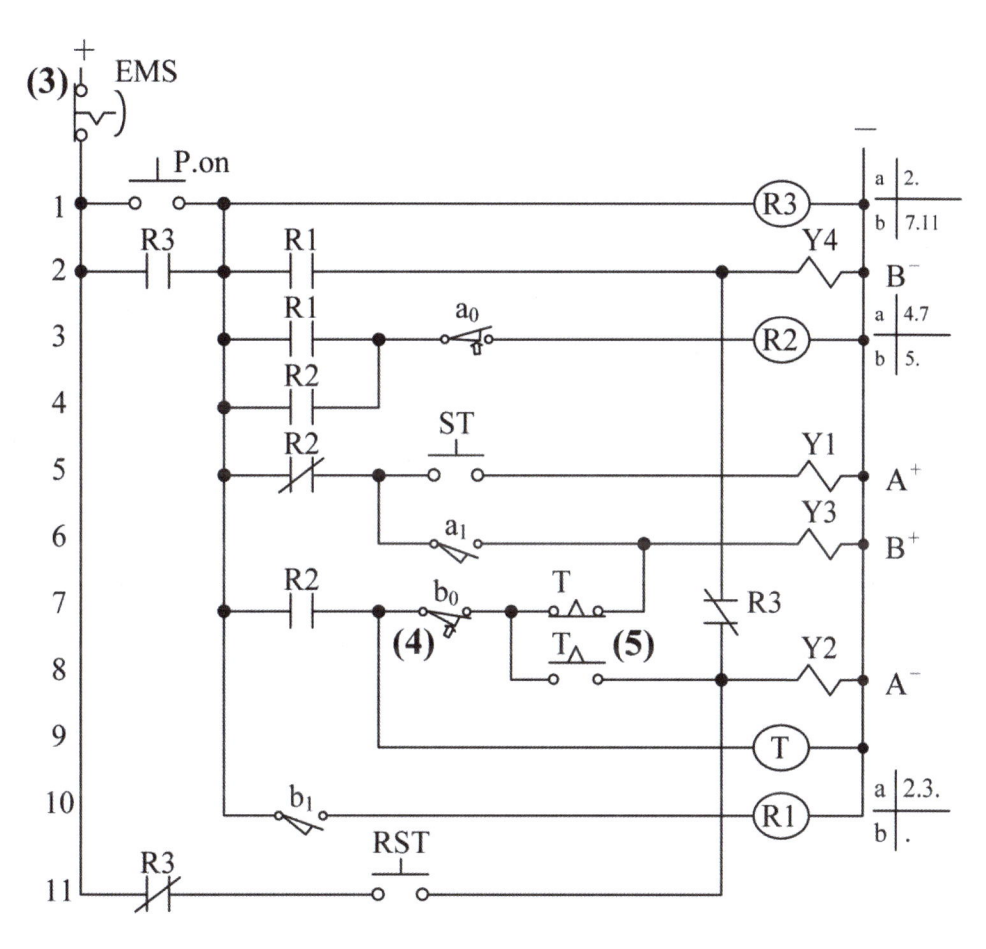

六、要求：

1. 調整壓力 P_1 於適當值，以利正確操作。

2. 氣壓缸 A 前進 a_0 到 a_1 需_____秒完成。

3. 計時器調整計時_____秒，氣壓缸 B 往復動作_____次後，氣壓缸 A 才後退。

4. 如本題為第一站時請繪出位移-時間圖（須標明特定步驟的時間）；若為第二站試題請將指定(　)編號之元件的名稱及功能，在第三站時填入答案卷《迴路中氣壓元件、電氣元件識別》中。

第四題　迴路裝配解析

1. 動作說明

    (1) 按下 P.on，繼電器 R3 線圈激磁，R3 的 b 接點打開，a 接點閉合，形成自保迴路，提供系統正常操作所需之電源。

    (2) 按下啟動開關 ST，電磁閥線圈 Y1 激磁，方向閥換位，A 缸前進。

    (3) 當 A 缸前進至前頂點，觸碰極限開關 a_1，a_1 的 a 接點閉合，電磁閥線圈 Y3 激磁，方向閥換位，B 缸前進。

    (4) 當 B 缸前進至前頂點，觸碰極限開關 b_1，b_1 的 a 接點閉合，繼電器 R1 線圈激磁，R1 的 a 接點閉合，電磁閥線圈 Y4 激磁。在此同時，繼電器 R2 線圈激磁並形成自保，R2 的 b 接點打開，電磁閥線圈 Y1 及 Y3 失磁，B 缸後退，b_1 的 a 接點打開，繼電器 R1 線圈失磁。另因 R2 的 a 接點閉合，時間電驛 T 開始計時。

    (5) 當 B 缸回到後頂點，觸碰極限開關 b_0，b_0 的 a 接點閉合，電磁閥線圈 Y3 再次激磁，B 缸再次前進。接著重復執行(4)～(5)的動作，使 B 缸不斷地往復作動。

    (6) 當計時達 T1 所設定的時間，則 T1 的 b 接點打開，a 接點閉合，電磁閥線圈 Y2 激磁，方向閥換位，A 缸後退。

    (7) 當 A 缸回到後頂點，觸碰極限開關 a_0，a_0 的 b 接點打開，繼電器 R2 線圈失磁，R2 的 b 接點打開，所有電磁閥線圈失磁，A 缸及 B 缸均停在後頂點，不再有任何動作，等待下一次的啟動命令。

    (8) 動作中按下急停開關 EMS，則繼電器 R3 線圈失磁，R3 的 a 接點打開，b 接點閉合，電磁閥線圈 Y1～Y4 均失磁，氣壓缸停駐於前頂點或後頂點位置不動。

    (9) 急停解除後，按一下復歸按鈕 RST，電磁閥線圈 Y2 及 Y4 激磁，A 缸及 B 缸均回到起始位置，完成復歸動作。

2. 迴路配接要領與注意事項

    (1) 應先完成氣壓迴路,再進行電氣迴路配接。

    (2) 完成氣壓迴路後,應以直流電源直接驅動電磁閥線圈,確認電磁閥的作動位置與氣壓缸的運動方向吻合,並確保元件及氣壓迴路的正確性。

    (3) 氣壓缸及極限開關應固定妥切,並調整至適當位置,避免不當的觸碰造成誤動作。

    (4) 配接電氣迴路時,應盡可能遵循「先並後串」、「由左而右」及「由上而下」的原則。

    (5) 電氣迴路接點並接時,每一個並接點至多只能並接二條線。

    (6) 以線路顏色區分迴路的正電源、負電源及控制線,可以減少配接錯誤並提高偵錯效率。

    (7) 為了減少遺漏或配接錯誤的情形,初學者於配接電氣迴路時,可於線路圖上以鉛筆描繪已完成之迴路,或以鉛筆作上適切的記號。

迴路配接後之操作步驟

1. 設定適當的壓力源 P_1（約 4～5bar）。
2. 調整控制氣壓缸 A 之單向節流閥，使 a_0 到 a_1 的時間為測試題目所要求的秒數。
3. 調整計時器的時間為測試題目所要求的秒數。
4. 調整控制氣壓缸 B 之單向節流閥，使 B 缸往復的次數為測試題目所要求的次數。
5. 動作中按下 EMS，所有氣壓缸回到起始位置。
6. 解除 EMS，才可按下 ST 重新啟動。

第四題　迴路中氣壓元件、電氣元件識別解析

項次	名　　　稱	主　要　功　能
1	單向流量控制閥	作為 A 缸前進速度控制之用，調整旋鈕可改變流道面積大小，即控制通過該閥之氣體流量。
2	5/2 雙邊引導式電磁閥	作為氣壓缸前進、後退之用。當左側有電氣訊號時，可使該閥切換至左側位置，可使 A 缸前進；若右側有電氣訊號時，可使該閥切換至右側位置，可使 A 缸後退。
3	壓扣式按鈕開關	作為電氣源有無控制之用，一般使用其"b"接點把電源傳送給控制系統，當緊急時按下該鈕，會把系統電源切斷。
4	極限開關	感測 B 缸後退位置，當碰觸該元件即表示 B 缸到達後限，可進行下一步動作，如：B 缸再前進或 A 缸後退。
5	計時器接點組	作為 B 缸前進或 A 缸後退的控制接點。b 接點導通時，B 缸可前進；當 a 接點導通時，A 缸即可後退。

一、試題編號：08000-1040305

二、試題名稱：電氣氣壓-正壓從屬計時迴路之裝配與調整

三、檢定站別與時間：第一站檢定時間 60 分鐘或第二站檢定時間 50 分鐘

四、檢定說明：依下列之迴路圖（以 ISO 或 CNS 標準繪製），將其裝配於工作崗位上。請依已知條件之內容，完成所須之要求，實踐於迴路中且將位移-時間圖繪製於答案卷中。

五、動作順序：$A^+\ B^+\ T\ B^-\ A^-$

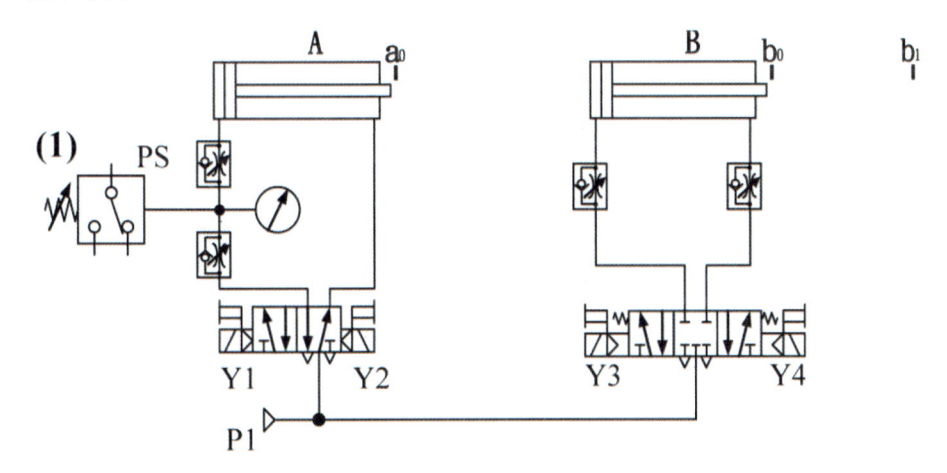

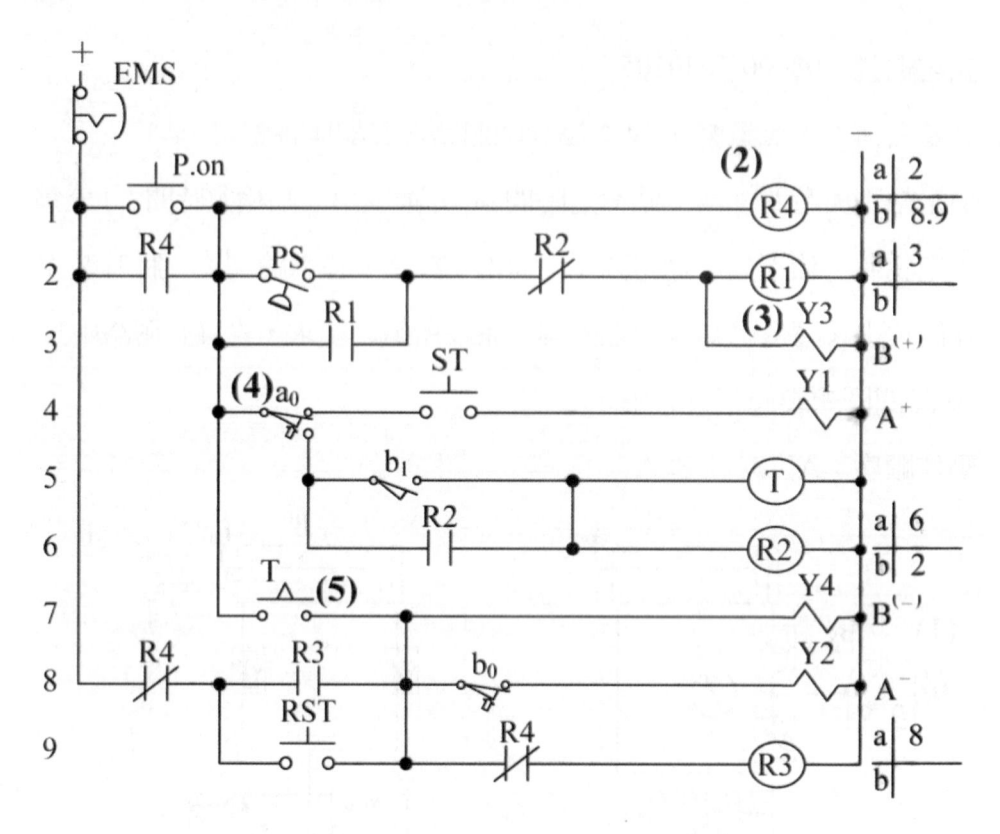

六、要求：

1. 調整壓力 P_1 於適當值，以利正確操作。

2. 壓力開關為氣壓缸 A 到前進端點且壓力(緩慢)上升至_____kgf/cm^2 後才作動。

3. 氣壓缸 B 前進，由 b_0 到 b_1 需_____秒完成。計時器調整計時_____秒。

4. 如本題為第一站時請繪出位移-時間圖（須標明特定步驟的時間）；若為第二站試題請將指定( )編號之元件的名稱及功能，在第三站時填入答案卷《迴路中氣壓元件、電氣元件識別》中。

第五題　迴路裝配解析

1. 動作說明

    (1) 按下 P.on，繼電器 R4 線圈激磁，R4 的 b 接點打開，a 接點閉合，形成自保迴路，提供系統正常操作所需之電源。同時，繼電器 R3 的線圈失磁，R3 的 a 接點打開。

    (2) 按下啟動開關 ST，電磁閥線圈 Y1 激磁，方向閥換位，A 缸前進，極限開關 a_0 的 a 接點打開，b 接點閉合。

    (3) 當 A 缸前進至前頂點，且壓力上升至設定的壓力值，正壓力開關 PS 的 a 接點閉合，繼電器 R1 線圈激磁，R1 的 a 接點閉合，形成自保；電磁閥線圈 Y3 激磁，方向閥換位，B 缸前進，極限開關 b_0 的 a 接點打開。

    (4) 當 B 缸前進至前頂點，觸碰極限開關 b_1，b_1 的 a 接點閉合，繼電器 R2 線圈激磁，R2 的 a 接點閉合，形成自保。此時，A 缸及 B 缸停駐在前頂點，時間電驛 T 開始計時。

    (5) 當計時達 T 所設定的時間，則 T 的 a 接點閉合，電磁閥線圈 Y4 激磁，方向閥換位，B 缸後退。

    (6) 當 B 缸回到後頂點，觸碰極限開關 b_0，b_0 的 a 接點閉合，電磁閥線圈 Y2 激磁，方向閥換位，A 缸後退，壓力開關 PS 的 a 接點打開。

    (7) 當 A 缸回到後頂點，觸碰極限開關 a_0，a_0 的 a 接點閉合，b 接點打開，繼電器 R2 線圈失磁，R2 的 b 接點閉合，a 接點打開，時間電驛 T 的線圈失磁，計時時間歸零，T 的 a 接點打開；所有電磁閥線圈失磁，A 缸及 B 缸均停在後頂點，不再有任何動作，等待下一次的啟動命令。

    (8) 動作中按下急停開關 EMS，則繼電器 R4 線圈失磁，R4 的 a 接點打開，b 接點閉合，電磁閥線圈 Y1～Y4 均失磁，A 缸視 5/2 雙邊電磁閥位置停駐於前頂點或後頂點不動；5/3 雙邊電磁閥回到全閉位置，B 缸停駐在按下 EMS 的當下位置不動。

(9) 急停解除後，按一下復歸按鈕 RST，繼電器 R3 的線圈激磁，R3 的 a 接點閉合，形成自保，電磁閥線圈 Y4 激磁，B 缸後退，當 B 缸後頂點，觸碰極限開關 b_0，b_0 的 a 接點閉合，電磁閥線圈 Y2 激磁，A 缸後退，A 缸及 B 缸均回到起始位置，完成復歸動作。

2. 迴路配接要領與注意事項

(1) A 氣壓缸使用之節流閥，應採進器節流方式配接；測試時觀察正壓力表的變化情形，並依題意調整壓力開關的設定值。

(2) 其他迴路配接要領及注意事項，請參考術科第四題試題解析。

迴路配接後之操作步驟

1. 設定適當的壓力源 P_1（約 4～5bar）。
2. 調整單向節流閥，使 b_0 到 b_1 的時間為測試題目所要求的秒數。
3. 調整常壓壓力開關為測試題目所要求的壓力，接著啟動測試並觀察壓力錶的數字是否為題目所要求的壓力。
4. 調整計時器為測試題目所要求的時間。
5. 動作中按下 EMS，氣壓缸 A 停滯在該步序，氣壓缸 B 停止動作。
6. 解除 EMS，再按下 RT 則氣壓缸 B 先退回到 b_0 起始位置，氣壓缸 A 再回到 a_0 起始位置。
7. 解除 EMS，才可按下 ST 重新啟動。

第五題　迴路中氣壓元件、電氣元件識別解析

項次	名　　　稱	主　要　功　能
1	常壓壓力開關（氣壓迴路符號）	在氣壓迴路中作為感測 A 缸是否到達前限之依據。A 缸到達前限且壓力達設定值，內部 a 接點會導通。
2	繼電器線圈	作為繼電器接點切換之用，有分 AC、DC 電源區別。
3	5/3 中閉型引導式電磁閥線圈	作為電磁閥切換之用，有分 AC、DC 電源區別。
4	極限開關 c 接點	作為 A 缸後限 a_0 使用，其 a 接點串接啟動鈕，作為 A 缸前進訊號；其 b 接點作為 R2 繼電器及計時器消磁使用。
5	電氣計時器接點	作為 B 缸前進或 A 缸後退的控制接點。當 a 接點導通時，B 缸先後退，碰觸後限 b_0 時，換 A 缸後退。

一、試題編號：08000-1040306

二、試題名稱：電氣氣壓-負壓從屬計數迴路之裝配與調整

三、檢定站別與時間：第一站檢定時間 60 分鐘或第二站檢定時間 50 分鐘

四、檢定說明：依下列之迴路圖（以 ISO 或 CNS 標準繪製），將其裝配於工作崗位上。請依已知條件之內容，完成所須之要求，實踐於迴路中且將位移-時間圖繪製於答案卷中。

五、動作順序：$A^+ \ V^+ \ A^- \ [B^+ \ B^-] \ n \ V^-$

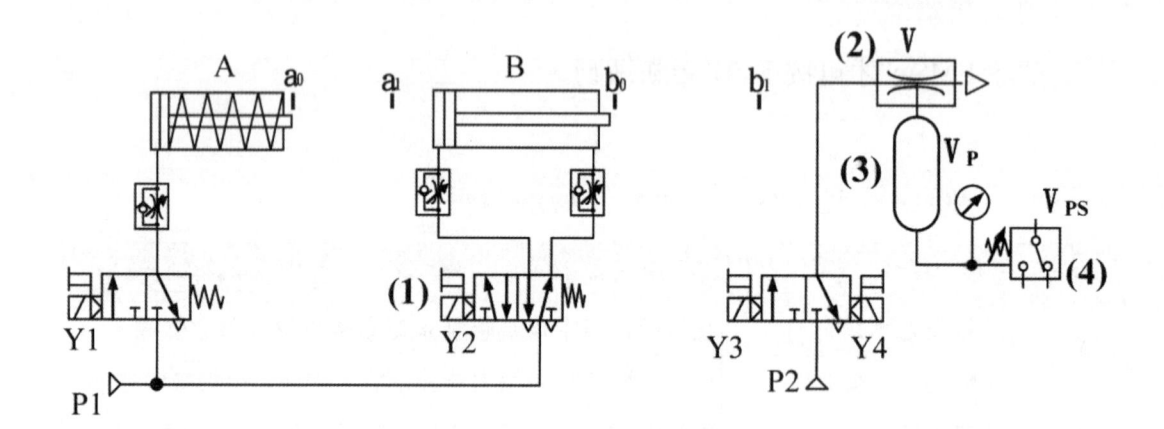

電氣控制迴路 A（機械式計數器使用）

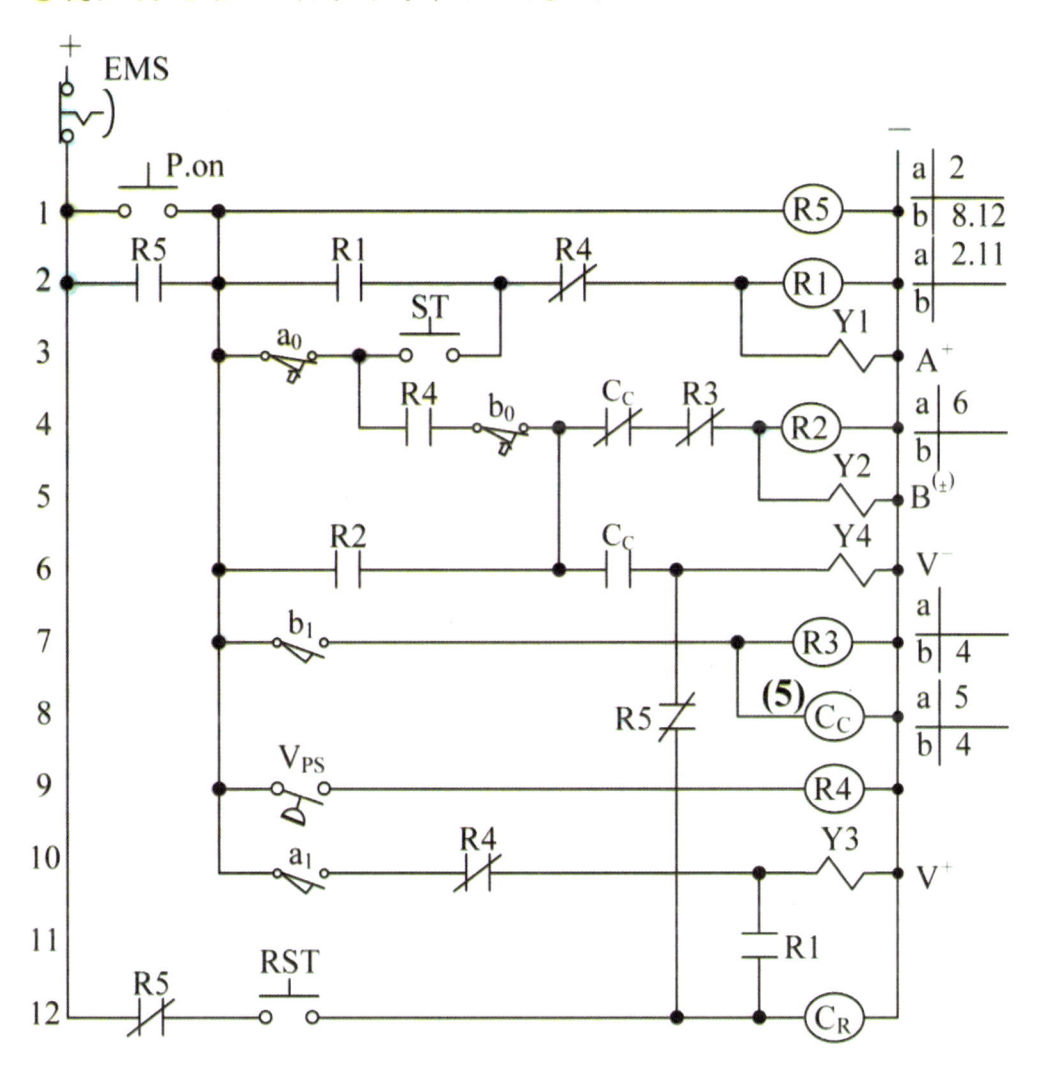

六、要求：

1. 調整壓力 P_1 與 P_2 於適當值，以利正確操作。（P_2 為調整真空度用）

2. 當真空壓力開關真空度達到＿＿＿＿％時才作動。

3. 氣壓缸 B 前進，由 b_0 到 b_1 需＿＿＿＿秒完成。計數器計數為＿＿＿＿次。

4. 如本題為第一站時請繪出位移-時間圖（須標明特定步驟的時間）；若為第二站試題請將指定（ ）編號之元件的名稱及功能，在第三站時填入答案卷《迴路中氣壓元件、電氣元件識別》中。

電氣控制迴路 B（電子式計數器使用）

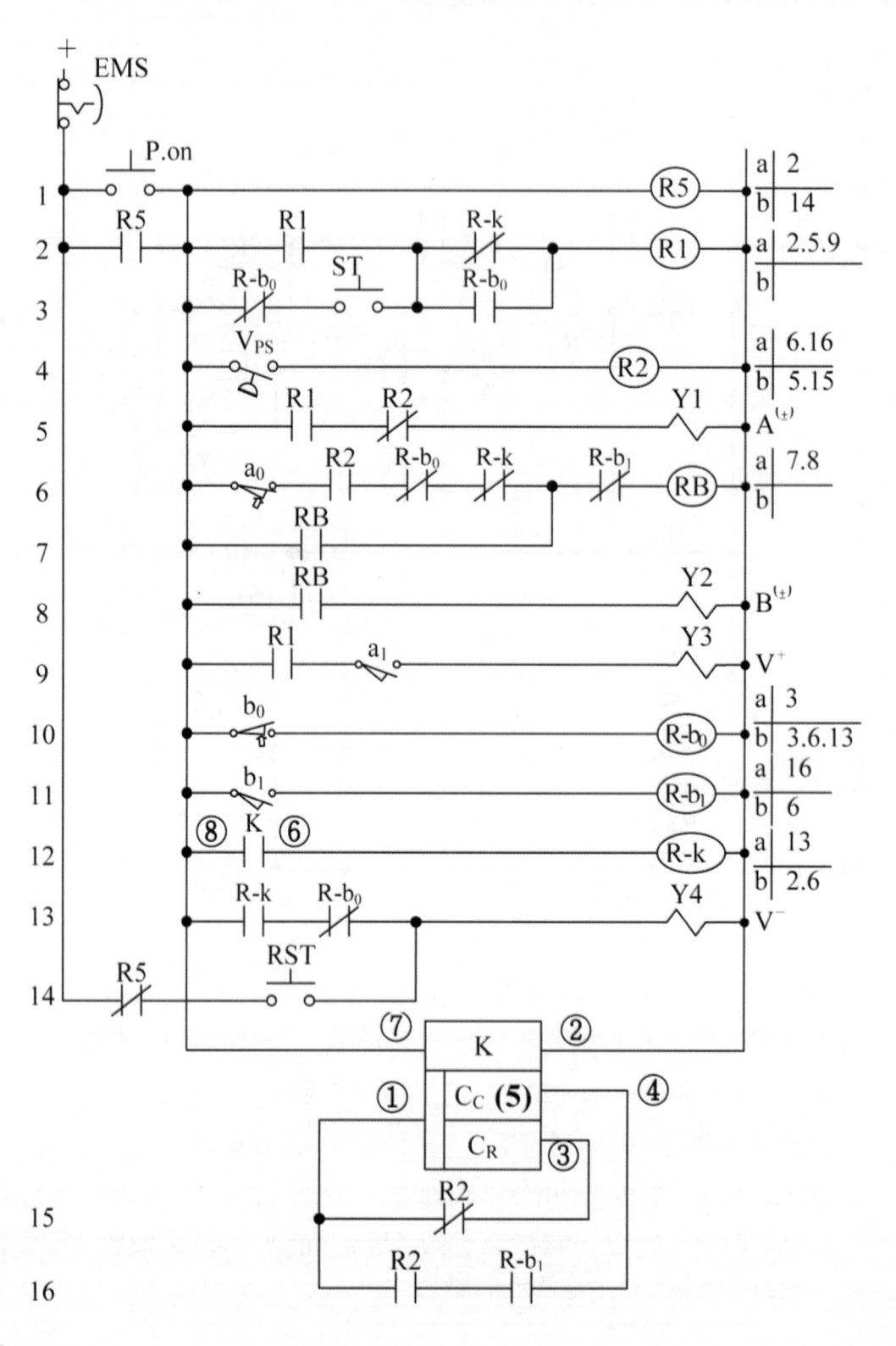

電氣控制迴路 C（電子式計數器改換機械式接線方式使用）

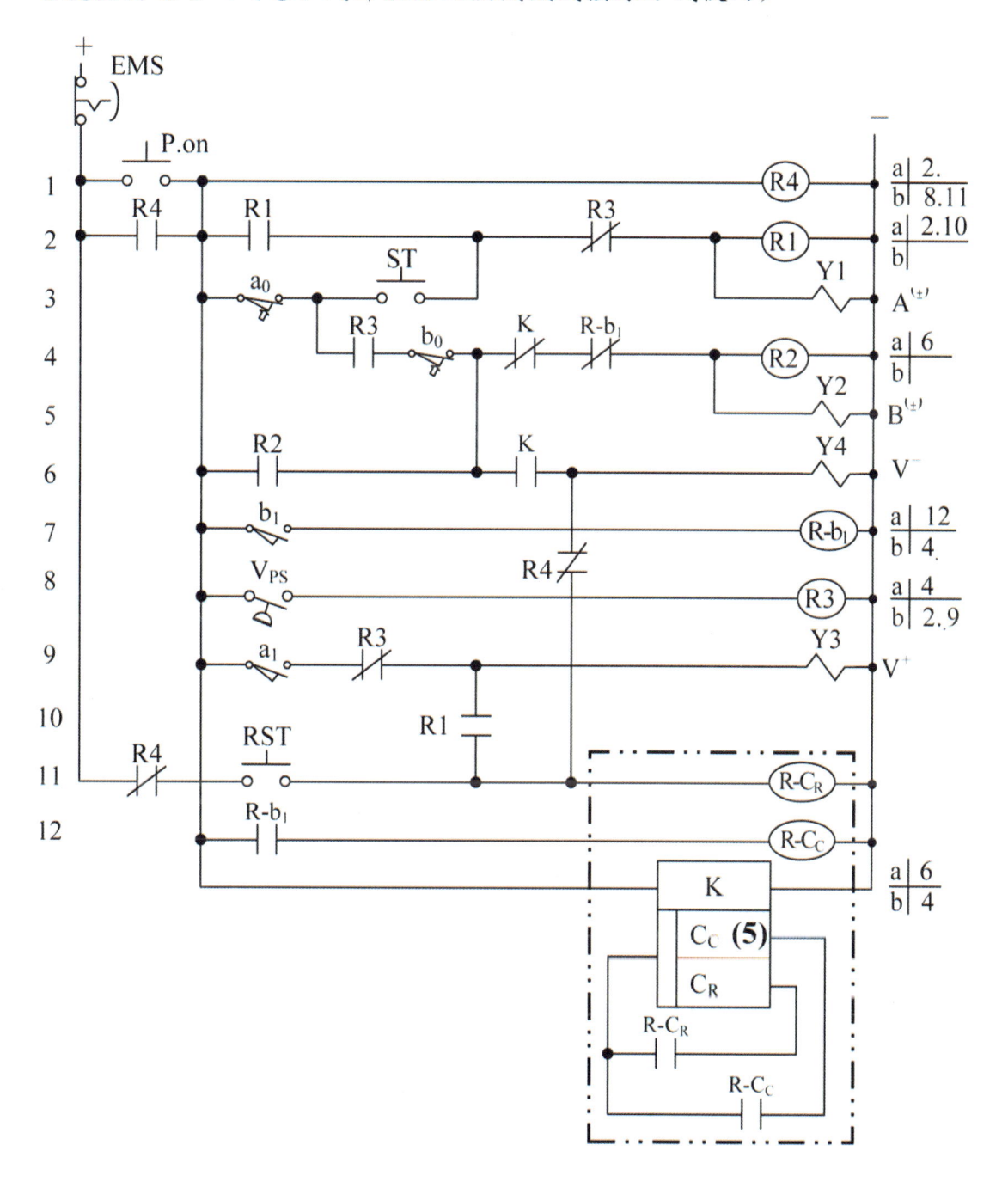

第六題　迴路裝配解析

解析（電氣控制迴路 A）

1. 動作說明

    (1) 按下 P.on，繼電器 R5 線圈激磁，R5 的 b 接點打開，a 接點閉合，形成自保迴路，提供系統正常操作所需之電源。

    (2) 按下啟動開關 ST，繼電器 R1 線圈激磁，R1 的 a 接點閉合，形成自保，電磁閥線圈 Y1 激磁，方向閥換位，A 缸前進，極限開關 a_0 的 a 接點打開。

    (3) 當 A 缸前進至前頂點，觸碰極限開關 a_1，a_1 的 a 接點閉合，電磁閥線圈 Y3 激磁，真空產生器 V 啟動，開始將氣瓶內的空氣抽至真空。

    (4) 當氣瓶內真空度抽至設定值，負壓力開關 V_{PS} 的 a 接點閉合，繼電器 R4 線圈激磁，R4 的 a 接點閉合，b 接點打開，電磁閥線圈 Y1 失磁，方向閥換位，A 缸後退。

    (5) 當 A 缸回到後頂點，觸碰極限開關 a_0，a_0 的 a 接點閉合，繼電器 R2 線圈激磁，R2 的 a 接點閉合，形成自保；電磁閥線圈 Y2 激磁，方向閥換位，B 缸前進。

    (6) 當 B 缸前進至前頂點，觸碰極限開關 b_1，b_1 的 a 接點閉合，計數器 C_C 的現在值加 1；繼電器 R3 線圈激磁，R3 的 b 接點打開，繼電器 R2 線圈失磁，R2 的 a 接點打開；電磁閥線圈 Y2 失磁，方向閥換位，B 缸後退，極限開關 b_1 的 a 接點打開，繼電器 R3 線圈失磁，R3 的 b 接點恢復閉合狀態。

    (7) 當 B 缸回到後頂點，觸碰極限開關 b_0，b_0 的 a 接點再次閉合，電磁閥線圈 Y2 激磁，B 缸再次前進。接著重復執行(6)～(7)的動作，使 B 缸不斷地往復作動。

    (8) 當計數達 C_C 的設定值，則 C_C 的 a 接點閉合，b 接點打開，電磁閥線圈 Y2 失磁，B 缸後退；在此同時，電磁閥線圈 Y4 激磁，真空產生器 V 停止作動，負壓力開關 V_{PS} 的 a 接點打開，繼電器 R4 線圈失磁。另此同時，因 C_C 的 a 接點閉合，計數器的重置線圈 C_R 激磁，計數值歸零。

(9) 當 B 缸回到後頂點，觸碰極限開關 b_0，b_0 的 a 接點閉合；此時因 R4 的 a 接點已經打開；所有電磁閥線圈失磁，A 缸及 B 缸均停在後頂點，不再有任何動作，等待下一次的啟動命令。

(10) 動作中按下急停開關 EMS，則繼電器 R5 線圈失磁，R5 的 a 接點打開，b 接點閉合，電磁閥線圈 Y1～Y4 均失磁，A 缸及 B 缸均回到起始位置，真空產生器 V 保持 EMS 按下前的狀態。

(11) 急停解除後，按一下復歸按鈕 RST，計數器的重置線圈 C_R 激磁，計數值歸零；真空產生器 V 停止作動，負壓力開關 V_{PS} 的 a 接點打開，完成復歸動作。

2. 迴路配接要領與注意事項

(1) A 缸為單動缸，應採用進器節流方式配接節流閥；

(2) 配接真空迴路時，應仔細觀察負壓力表的變化情形，並依題意調整負壓開關的設定值。

(3) 3/2 單邊電磁閥，可以 5/2 單邊電磁閥取代，但須堵住其中一個出氣口，並注意其閥位與氣缸運動方向。

(4) 其他迴路配接要領及注意事項，請參考術科第四題試題解析。

解析（電氣控制迴路 B）

1. 動作說明

    (1) 按下 P.on，繼電器 R5 線圈激磁，R5 的 b 接點打開，a 接點閉合，形成自保迴路，提供系統正常操作所需之電源。

    (2) 按下啟動開關 ST，繼電器 R1 線圈激磁，R1 的 a 接點閉合，形成自保，電磁閥線圈 Y1 激磁，方向閥換位，A 缸前進，極限開關 a_0 的 a 接點打開。

    (3) 當 A 缸前進至前頂點，觸碰極限開關 a_1，a_1 的 a 接點閉合，電磁閥線圈 Y3 激磁，真空產生器 V 啟動，開始將氣瓶內的空氣抽至真空。

    (4) 當氣瓶內真空度抽至設定值，負壓力開關 V_{PS} 的 a 接點閉合，繼電器 R2 線圈激磁，R2 的 a 接點閉合，b 接點打開，電磁閥線圈 Y1 失磁，方向閥換位，A 缸後退。

    (5) 當 A 缸回到後頂點，觸碰極限開關 a_0，a_0 的 a 接點閉合，繼電器 RB 線圈激磁，RB 的 a 接點閉合，形成自保；電磁閥線圈 Y2 激磁，方向閥換位，B 缸前進。此時，b_0 的 b 接點閉合，繼電器 R-b_0 線圈激磁，R-b_0 的 a 接點閉合，b 接點打開。

    (6) 當 B 缸前進至前頂點，觸碰極限開關 b_1，b_1 的 a 接點閉合，繼電器 R-b_1 線圈激磁，R-b_1 的 a 接點閉合，計數器 C_C 的現在值加 1；在此同時，R-b_1 的 b 接點打開，繼電器 RB 線圈失磁，RB 的 a 接點打開；電磁閥線圈 Y2 失磁，方向閥換位，B 缸後退，b_1 的 a 接點打開，繼電器 R-b_1 線圈失磁，R-b_1 的 a 接點打開，R-b_1 的 b 接點閉合。

    (7) 當 B 缸回到後頂點，觸碰極限開關 b_0，b_0 的 b 接點打開，繼電器 R-b_0 線圈失磁，R-b_0 的 b 接點閉合，繼電器 RB 線圈再次激磁，RB 的 a 接點閉合，形成自保，電磁閥線圈 Y2 激磁，B 缸再次前進。接著重復執行(6)～(7)的動作，使 B 缸不斷地往復作動。

(8) 當計數達 C_C 的設定值，則 C_C 的 a 接點閉合，繼電器 R-C_C 線圈激磁，R-C_C 的 b 接點打開，B 缸不再前進；在此同時，電磁閥線圈 Y4 激磁，真空產生器 V 停止作動，負壓力開關 V_{PS} 的 a 接點打開，繼電器 R2 線圈失磁，R2 的 b 接點閉合，計數器的重置線圈 C_R 激磁，計數值歸零；此時因 R2 的 a 接點已經打開；所有電磁閥線圈失磁，A 缸及 B 缸均停在後頂點，不再有任何動作，等待下一次的啟動命令。

(9) 動作中按下急停開關 EMS，則繼電器 R5 線圈失磁，R5 的 a 接點打開，b 接點閉合，電磁閥線圈 Y1～Y4 均失磁，A 缸及 B 缸均回到起始位置，真空產生器 V 保持 EMS 按下前的狀態。

(10) 急停解除後，按一下復歸按鈕 RST，確保真空產生器 V 停止作動，完成復歸動作。

2. 迴路配接要領與注意事項

(1) A 缸為單動缸，應採用進器節流方式配接節流閥；

(2) 配接真空迴路時，應仔細觀察負壓力表的變化情形，並依題意調整負壓開關的設定值。

(3) 3/2 單邊電磁閥，可以 5/2 單邊電磁閥取代，但須堵住其中一個出氣口，並注意其閥位與氣缸運動方向。

(4) 其他迴路配接要領及注意事項，請參考術科第四題試題解析。

解析（電氣控制迴路 C）

1. 動作說明

   (1) 按下 P.on，繼電器 **R4** 線圈激磁，**R4** 的 b 接點打開，a 接點閉合，形成自保迴路，提供系統正常操作所需之電源。

   (2) 按下啟動開關 ST，繼電器 R1 線圈激磁，R1 的 a 接點閉合，形成自保，計數器的重置線圈 C_R 激磁，計數值歸零；電磁閥線圈 Y1 激磁，方向閥換位，A 缸前進，極限開關 a_0 的 a 接點打開。

   (3) 當 A 缸前進至前頂點，觸碰極限開關 a_1，a_1 的 a 接點閉合，電磁閥線圈 Y3 激磁，真空產生器 V 啟動，開始將氣瓶內的空氣抽至真空。

   (4) 當氣瓶內真空度抽至設定值，負壓力開關 V_{PS} 的 a 接點閉合，繼電器 R3 線圈激磁，R3 的 a 接點閉合，b 接點打開，R1 繼電器線圈失磁，R1 繼電器的 a 接點打開，計數器復歸線圈失磁；電磁閥線圈 Y1 失磁，方向閥換位，A 缸後退。

   (5) 當 A 缸回到後頂點，觸碰極限開關 a_0，a_0 的 a 接點閉合，繼電器 R2 線圈激磁，R2 的 a 接點閉合，形成自保；電磁閥線圈 Y2 激磁，方向閥換位，B 缸前進。此時，b_0 的 a 接點打開。

   (6) 當 B 缸前進至前頂點，觸碰極限開關 b_1，b_1 的 a 接點閉合，**繼電器 R-b_1 線圈激磁**，**R-b_1 的 a 接點閉合**，計數器 C_C 的現在值加 1；在此同時，**R-b_1 的 b 接點打開**，繼電器 R2 線圈失磁，R2 的 a 接點打開；電磁閥線圈 Y2 失磁，方向閥換位，B 缸後退，b_1 的 a 接點打開，**繼電器 R-b_1 線圈失磁**，**R-b_1 的 a 接點打開**，**R-b_1 的 b 接點閉合**。

   (7) 當 B 缸回到後頂點，觸碰極限開關 b_0，b_0 的 b 接點閉合，繼電器 RB 線圈再次激磁，R2 的 a 接點閉合，形成自保，電磁閥線圈 Y2 激磁，B 缸再次前進。接著重複執行(6)～(7)的動作，使 B 缸不斷地往復作動。

(8) 當計數達設定值，則計數器的輸出線圈 K 激磁，線圈 K 的 a 接點閉合，b 接點打開，B 缸不再前進；在此同時，電磁閥線圈 Y4 激磁，真空產生器 V 停止作動，負壓力開關 V_{PS} 的 a 接點打開，繼電器 R3 線圈失磁，R3 的 b 接點閉合；此時因 R2 的 a 接點已經打開；所有電磁閥線圈失磁，A 缸及 B 缸均停在後頂點，不再有任何動作，等待下一次的啟動命令。

(9) 動作中按下急停開關 EM，則繼電器 **R4** 線圈失磁，**R4** 的 a 接點打開，b 接點閉合，電磁閥線圈 Y1～Y4 均失磁，A 缸及 B 缸均回到起始位置，真空產生器 V 保持 EM 按下前的狀態。

(10) 急停解除後，按一下復歸按鈕 **RST**，確保真空產生器 V 停止作動，計數器復歸，完成復歸動作。

2. 迴路配接要領與注意事項

(1) A 缸為單動缸，應採用進氣節流方式配接節流閥。

(2) 配接真空迴路時，應仔細觀察負壓力表的變化情形，並依題意調整負壓開關的設定值。

(3) 3/2 單邊電磁閥，可以 5/2 單邊電磁閥取代，但須堵住其中一個出氣口，並注意其閥位與氣缸運動方向。

(4) 其他迴路配接要領及注意事項，請參考術科第四題試題解析。

迴路配接後之操作步驟

1. 設定適當的壓力源 P_1（約 4～5bar）。
2. 設定適當的壓力源 P_2，換算測試題目所要求的百分比（％）真空度為 kgf/cm^2 的單位值，並將真空壓力開關設定為該值。

    例：要求設定為真空順序閥真空度達到＿＿50＿＿％時才作動。

    ①若真空壓力表單位為 kgf/cm^2，則需將真空順序閥設定至
    ＿＿－0.5＿＿ kgf/cm^2。（$-1 \times 50\% = -0.5\ kgf/cm^2$）

    ②若真空壓力表單位為 mmHg，則需將真空順序閥設定至
    ＿＿380＿＿ mmHg。（$760\ mmHg \times 50\% = 380\ mmHg$）

3. 調整控制氣壓缸 B 之單向節流閥，使 b_0 到 b_1 的時間為測試題目所要求的秒數。
4. 調整計數器的次數為測試題目所要求的次數。
5. 動作中按下 EMS，氣壓缸 A 與氣壓缸 B 回到起始位置，而真空產生器 V 停滯在該狀態。
6. 解除 EMS，再按下 RT 則真空產生器 V 回到起始位置。
7. 解除 EMS，才可按下 ST 重新啟動。

第六題　迴路中氣壓元件、電氣元件識別解析

項次	名　　稱	主　要　功　能
1	5/2 單邊引導式電磁閥	作為控制氣壓缸前進、後退之用。當左側有電氣訊號時，可使該閥切換至左側位置，可使 B 缸前進；若無電氣訊號時，可使該閥復歸至右側位置，可使 B 缸後退。
2	真空產生器	利用文式管原理將常壓壓力轉換為負壓壓力，而得到真空吸力。
3	真空蓄氣筒	利用內部空間儲存真空，可延長真空到達設定壓力之時間。
4	真空壓力開關（氣壓迴路符號）	在氣壓迴路中感測真空壓力高低，當真空壓力到達時會使該元件內部 a 接點導通。
5	電氣計數器計數線圈	B 缸的反覆次數由本元件控制，以 b_1 訊號作為計數、真空壓力開關復原後，計數器就復歸。

9-2-3 術科測試材料表

（第三站 零組件判別及指定零組件拆卸與組裝）

項次	名　　稱	規　　　格	單位	數量	備　　　註	
1	5/2 雙邊氣導閥	雙邊氣導操作、彈簧回位。	只	3	以第二站的試題編號第 1、2、3 題之元件拆裝用	
2	5/2 雙邊電磁閥	24VDC、雙邊電磁操作、記憶型。	只	3	以第二站的試題編號第 4、5、6 題之元件拆裝用	
3	擺動氣壓缸	任一規格	只	1	第 1 類	零組件判別用
	無桿氣壓缸	任一規格	只	1		
4	管路接頭	任一規格	個	1	第 2 類	
	軟管管件	任一規格	段	1		
5	鋼管管件	任一規格	段	1		
	快速接頭	任一規格	個	1		
	栓　塞	任一規格	個	1		
6	消音器	任一規格	個	1	第 3 類	
	濾　芯	任一規格	個	1		
	O 型環	任一規格	個	1		
	U 型環	任一規格	個	1		
7	電氣按鈕開關	任一規格	個	1	第 4 類	
	電氣掀動開關	任一規格	個	1		
	電氣緊急開關	任一規格	個	1		
	電氣選擇開關	任一規格	個	1		
	電　線	任一規格之絞線	段	1		
	電　線	任一規格之單心線	段	1		

9-2-4 零組件判別及指定零組件拆卸與組裝

一、零組件判別

項次	名稱	主要規格	主要功能	實體圖片	規格判別說明
1	擺動氣壓缸	$\phi 12 \times 180°$	產生迴轉運動180°		
2	無桿氣壓缸	$\phi 16 \times 200mm$	產生直線運動		
3	接頭	PT 1/8" 或 PS 1/8"	連接兩端管路		PT 1/8"（螺紋有錐度）、PS 1/8"（右圖）
4	軟管管件	PU$\phi 4$	氣壓迴路連接		以游標卡尺量軟管外徑
5	鋼管管件	3/4" 或 1/2"	氣壓管路連接		以游標卡尺量鋼管外徑
6	快速接頭	PU$\phi 4 \times$PS 1/8" & PU$\phi 4 \times$PT 1/8"	可快速插拔的管路連接		以游標卡尺量螺紋外徑與連接軟管之規格。PS 1/8"（管螺紋）、PT 1/8"（錐度）

項次	名　稱	主要規格	主要功能	實　體　圖　片	規格判別說明
7	栓　塞	PT 1/8"	堵塞氣壓元件接口		以游標卡尺量螺紋外徑
8	消音器	1/8"	降低噪音		銅消音器（上圖）、樹脂消音器（下圖），以游標卡尺量螺紋外徑
9	濾　芯	樹脂式材質 & 燒結金屬材質	阻隔空氣中大於濾芯密度的雜質		過濾器的過濾度以 μm 表示
10	O 型環	P18	密封材料		
11	U 型環	U21	密封材料		
12	電氣按鈕開關	φ22，1a1b	開啟或關閉電氣迴路（不具自保功能）		

項次	名　稱	主要規格	主要功能	實　體　圖　片	規格判別說明
13	電氣掀動開關	φ30，2段式，1a1b	開啟或關閉電氣迴路（具自保功能）		
14	電氣壓扣式按鈕開關	φ30，1a1b	緊急切斷電氣迴路		
15	電氣選擇開關	φ30，3段式，1a1b	電氣迴路功能選擇		
16	電線（絞線）	絞線 0.75mm^2	導　電		視電線之端面形狀與其橡膠外皮所記錄之尺寸
17	電線（單心線）	單心線φ2.0	導　電		視電線之端面形狀與其橡膠外皮所記錄之尺寸

二、指定元件拆裝

◎第 1、2、3 題之指定元件拆裝

拆裝元件名稱	主　要　功　能
5/2 雙邊氣導閥	可作為氣壓缸前進、後退之用。當左側有氣壓訊號時，可使該閥切換至左側位置，可使 A 缸前進；若右側有氣壓訊號時，可使該閥切換至右側位置，可使 A 缸後退。

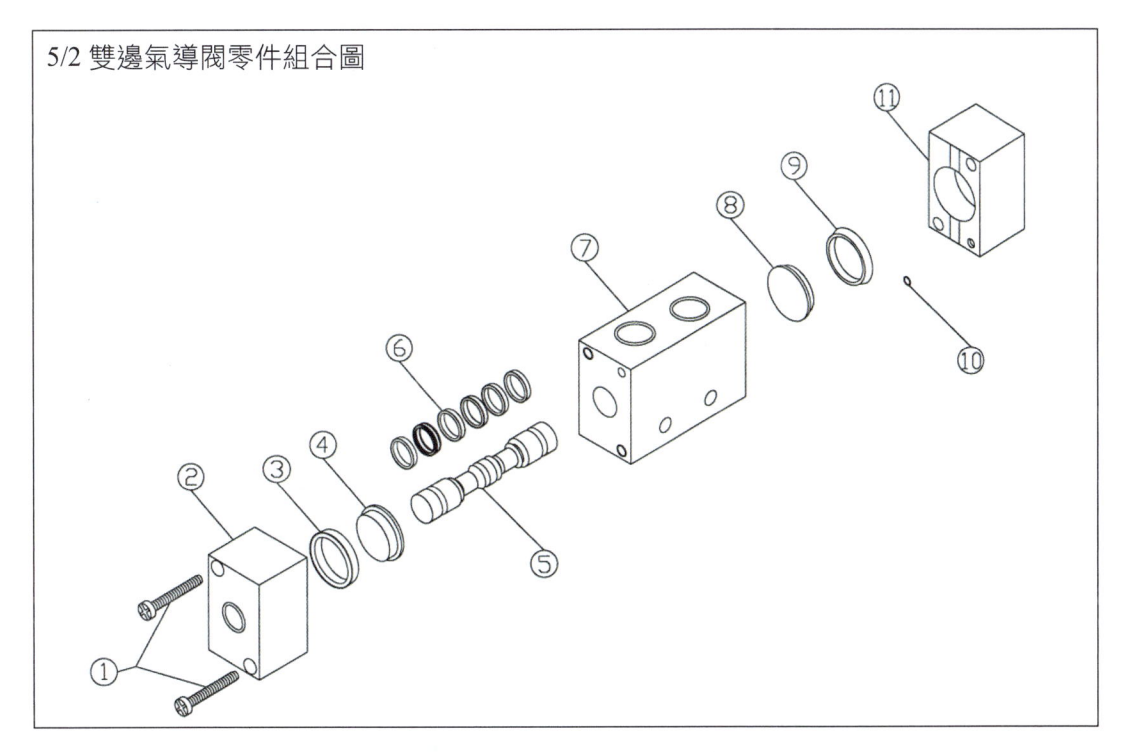

5/2 雙邊氣導閥零件組合圖

件號	名　稱	件號	名　稱
\multicolumn{4}{c}{5/2 雙邊氣導閥的零件表}
1	固定螺絲	7	閥　體
2	蓋　板	8	活　塞
3	密封環	9	密封環
4	活　塞	10	密封環
5	滑　軸	11	蓋　板
6	密封環		

291

◎ 第4、5、6題之元件拆裝

拆裝元件名稱	主　　要　　功　　能
5/2 雙邊電磁閥	可控制氣壓缸前進、後退，當任一邊電磁線圈短暫激磁，閥位即會切換且自保住，可使氣壓缸連續前進或後退，直到對邊有切換信號，才會改變閥位。

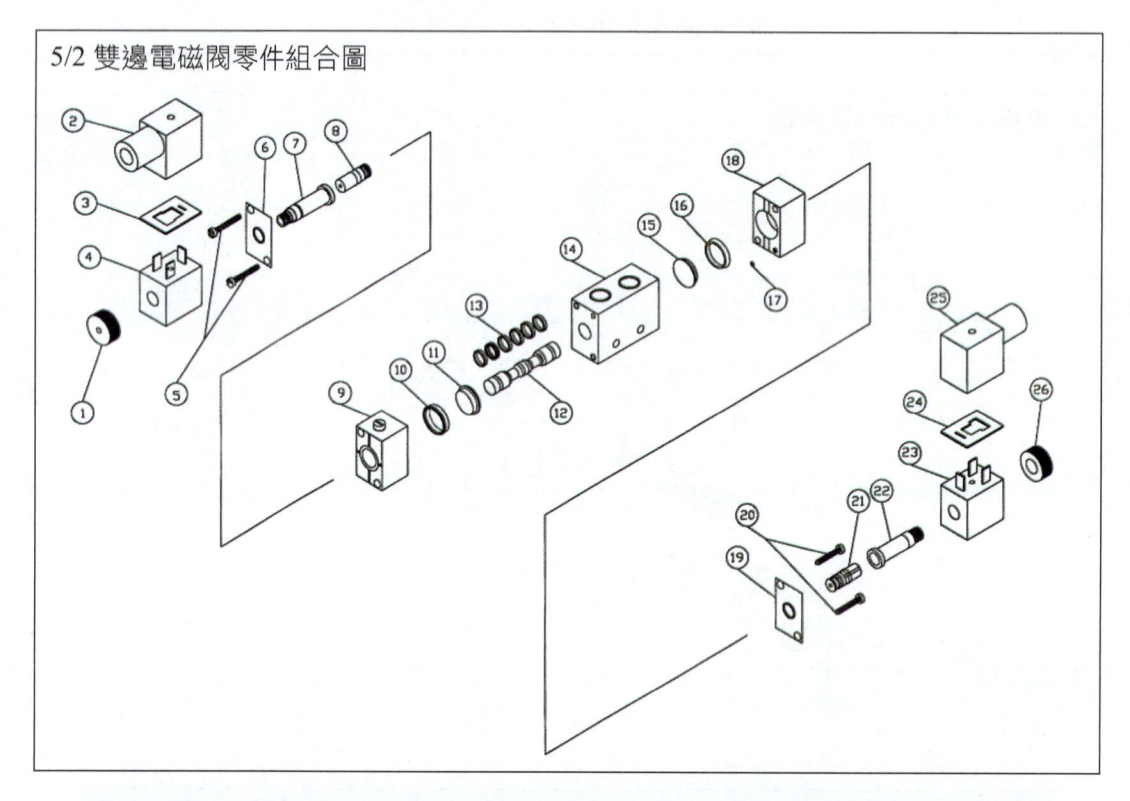

5/2 雙邊電磁閥零件組合圖

5/2 雙邊電磁閥的零件表

件號	名　稱	件號	名　稱	件號	名　稱
1	固定螺帽	10	密封環	19	墊　片
2	接線盒	11	活　塞	20	固定螺絲
3	墊　片	12	滑　軸	21	電　樞
4	線　圈	13	密封環	22	電樞管
5	固定螺絲	14	閥　體	23	線　圈
6	墊　片	15	活　塞	24	墊　片
7	電樞管	16	密封環	25	接線盒
8	電　樞	17	密封環	26	固定螺帽
9	蓋　板	18	蓋　板		

9-2-5 術科各試題參考答案

檢定日期	年　月　日	准考證號碼	
題　號　籤	1	應檢人姓名	

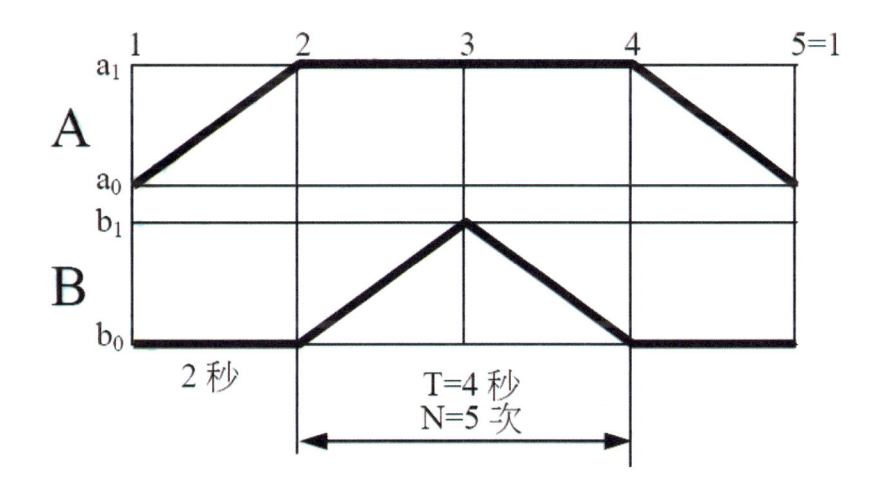

第一站： 請繪出位移-時間圖。（須標明特定步驟的時間）

```
       1      2        3       4      5=1
   a₁ ┌───────────────────────────┐
  A   │   ╱                    ╲  │
   a₀ ├──────────────────────────╲┤
   b₁ │              ╱╲           │
  B   │            ╱   ╲          │
   b₀ └───────────────────────────┘
       2秒    │      T=4秒      │
              │      N=5次      │
              ←─────────────────→
```

第三站：

<迴路中氣壓元件、電氣元件識別>

項次	名　稱	主　要　功　能
1	5/2 雙邊氣導閥	作為氣壓缸前進、後退之用。當左側有氣壓訊號時，可使該閥切換至左側位置，可使 A 缸前進；若右側有氣壓訊號時，可使該閥切換至右側位置，可使 A 缸後退。
2	3/2 雙邊氣導閥	作為氣壓訊號切換之用，氣壓延時閥所輸出訊號，可使該閥切換至左側位置，無法導通 b_0 訊號；若啟動閥被壓按而輸出訊號，可使該閥切換至右側位置，則可傳送 b_0 訊號使 B 缸前進。
3	3/2 雙向輥輪作動閥	安裝於 A 缸前限位置，感測 A 缸到前限時，可使 B 缸前進。
4	3/2 氣壓延時閥	作為 B 缸反覆動作次數計時之用。當 B 缸第 1 次碰觸 b_1 閥件時即開始計時，計時到切斷 3/2 雙邊氣動方向閥，使 B 缸不再前進。
5	5/2 鎖固式按鈕閥	作為緊急停止之用，沒有壓按時，其輸出訊號供給系統使用；若壓按該閥輸出訊號可使 5/2 雙邊氣動方向閥復位，氣壓缸全部縮回。

<零組件判別>

項次	名　稱	主　要　規　格
1	管路接頭	PT 1/8"
2	栓塞	PT 1/4"
3	電氣按鈕開關	$\phi 22$，1a1b

檢定日期	年　月　日	准考證號碼	
題　號　籤	2	應檢人姓名	

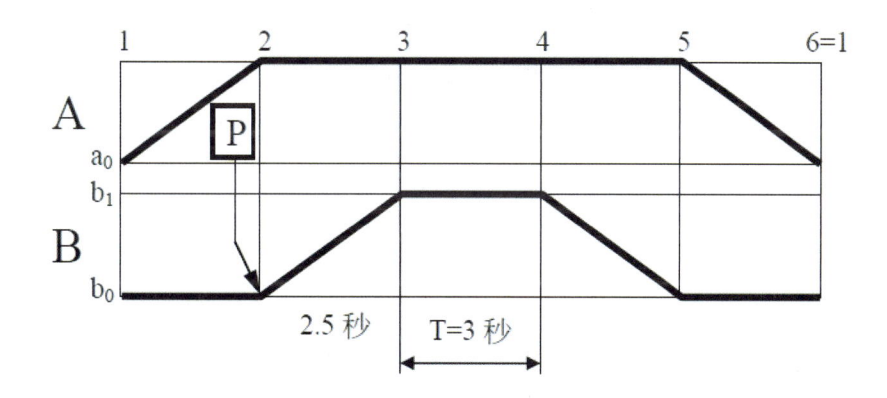

第一站：請繪出位移-時間圖。（須標明特定步驟的時間）

第三站：

<迴路中氣壓元件、電氣元件識別>

項次	名　　稱	主　要　功　能
1	5/3 中閉型氣導閥	作為 B 缸前進、後退控制之用，當 A 缸到前位且引導口壓力達設定值，打開常壓順序閥可將 5/3 雙邊氣動中閉型方向閥切換至左側位置，使 B 缸前進；若氣壓延時閥計時到達，可將 5/3 雙邊氣動中閉型方向閥切換至右側位置，使 B 缸後退。而該閥係屬單穩態特性之元件，控制訊號需有持續保持之功能。
2	梭動閥	作為並聯控制 B 缸回行的訊號用。
3	常壓順序閥	作為 A 缸前進到達定位之用，以感測 A 缸進氣側壓力高低，做為該順序閥控制訊號。
4	3/2 單向輥輪閥	作為 B 缸後限位置控制之用，需由後退方向碰觸該閥件才可啟動該 3/2 單向輥輪閥。
5	3/2 單邊氣導閥（常開型）	區分出機械原點與非機械原點之用：當 A 缸退回後限時，a_0 輸出訊號，可復歸 3/2 單邊氣導閥至左側，及供給循環啟動訊號；若 a_0 沒輸出訊號，會使 3/2 單邊氣導閥復歸至右邊位置，供給 b_0、b_1 及 B 缸後退等氣壓訊號。

<零組件判別>

項次	名　　稱	主　要　規　格
1	管路接頭	PS 1/8"
2	消音器	1/8"
3	電氣壓扣式按鈕開關	$\phi 4$，1a1b

檢定日期	年　月　日	准考證號碼	
題　號　籤	3	應檢人姓名	

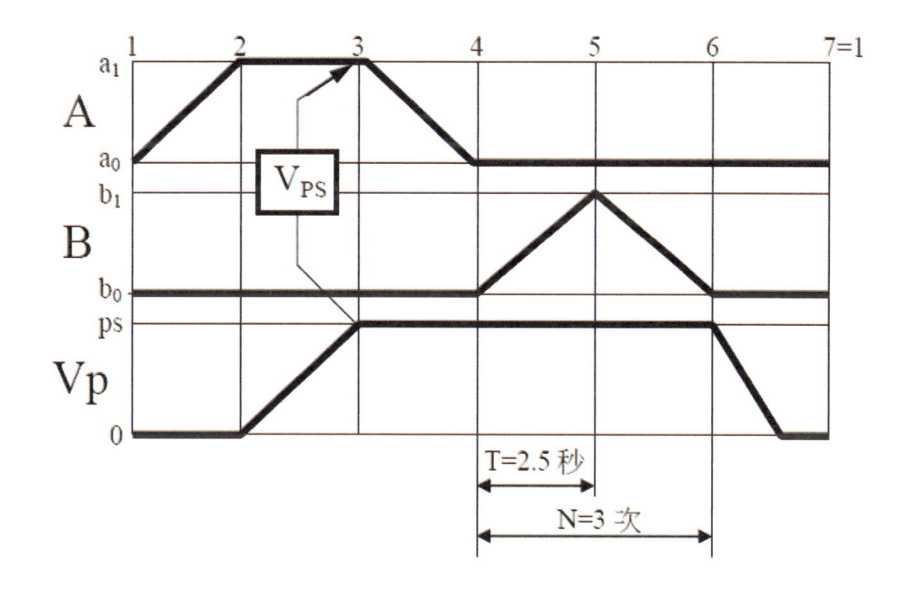

第一站： 請繪出位移-時間圖。（須標明特定步驟的時間）

第三站：

<迴路中氣壓元件、電氣元件識別>

項次	名　稱	主　要　功　能
1	單動氣壓缸	為一種能源轉換之工作元件，可將壓縮空氣之壓力能轉換為工作之機械能，並透過活塞桿將其移動傳遞至外部帶動機械元件。單動氣壓缸僅前進時需供氣，若將氣源排放氣壓缸即後退。
2	蓄氣筒	作為儲存真空壓力能之用。
3	3/2 常閉型按鈕閥	作為啟動循環動作之用。
4	雙壓閥	作為串聯 a_0 與真空順序閥兩者訊號之用。
5	氣壓計數器	可計 a_0 數 B 缸反覆次數控制之用，可將 b_1 被碰觸的次數計算。

<零組件判別>

項次	名　稱	主　要　規　格
1	軟管管件	PUϕ6
2	濾芯	燒結金屬材料
3	電氣選擇開關	ϕ22，2 段式，1a1b

檢定日期	年　月　日	准考證號碼	
題　號　籤	4	應檢人姓名	

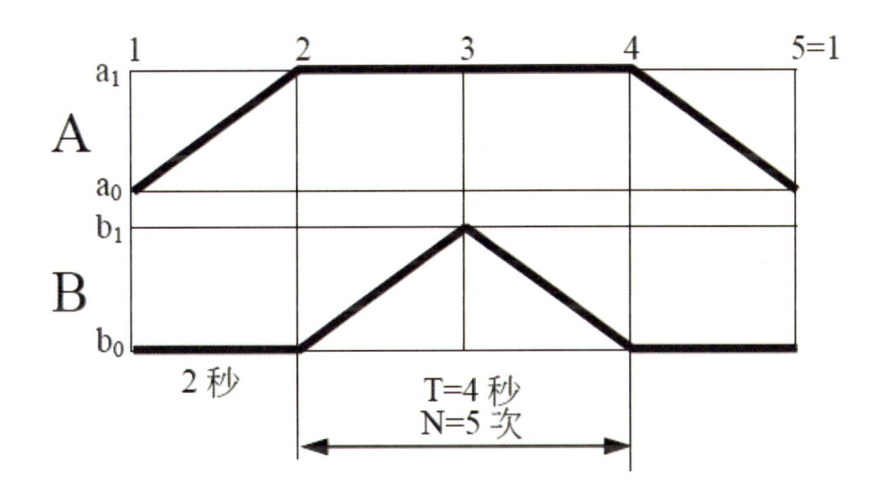

第一站： 請繪出位移-時間圖。（須標明特定步驟的時間）

第三站：

<迴路中氣壓元件、電氣元件識別>

項次	名　　　稱	主　要　規　格
1	單向流量控制閥	作為 A 缸前進速度控制之用，調整旋鈕可改變流道面積大小，即控制通過該閥之氣體流量。
2	5/2 雙邊引導式電磁閥	作為氣壓缸前進、後退之用。當左側有電氣訊號時，可使該閥切換至左側位置，可使 A 缸前進；若右側有電氣訊號時，可使該閥切換至右側位置，可使 A 缸後退。
3	壓扣式按鈕開關	作為電氣源有無控制之用，一般使用其"b"接點把電源傳送給控制系統，當緊急時按下該鈕，會把系統電源切斷。
4	極限開關	感測 B 缸後退位置，當碰觸該元件即表示 B 缸到達後限，可進行下一步動作，如：B 缸再前進或 A 缸後退。
5	計時器接點組	作為 B 缸前進或 A 缸後退的控制接點。接點導通時，B 缸可前進；當 a 接點導通時，A 缸即可後退。

<零組件判別>

項次	名　　　稱	主　要　功　能
1	軟管管件	PUϕ6
2	濾芯	樹脂式材質
3	電線（絞線）	0.5mm^2

檢定日期	年　月　日	准考證號碼	
題 號 籤	5	應檢人姓名	

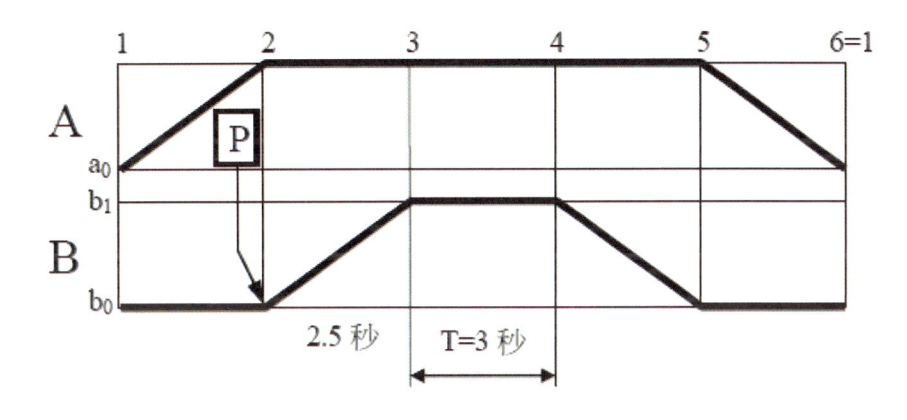

第一站：請繪出位移-時間圖。（須標明特定步驟的時間）

```
        1      2      3      4      5     6=1
A   ────╱──────────────────────────╲────
    a₀       ┃P
             ┃
             ┃
B   ─────────▼──────╱──────────╲────────
    b₀              
              2.5秒  │←  T=3秒  →│
```

第三站：

<迴路中氣壓元件、電氣元件識別>

項次	名　　稱	主　要　功　能
1	常壓壓力開關 (氣壓迴路符號)	在氣壓迴路中作為感測 A 缸是否到達前限之依據。A 缸到達前限且壓力達設定值，內部 a 接點會導通。
2	繼電器線圈	作為繼電器接點切換之用，有分 AC、DC 電源區別。
3	5/3 中閉型引導式電磁閥線圈	作為電磁閥切換之用，有分 AC、DC 電源區別。
4	極限開關 c 接點	作為 A 缸後限 a₀ 使用，其 a 接點串接啟動鈕，作為 A 缸前進訊號；其 b 接點作為 R2 繼電器及計時器消磁使用。
5	電氣計時器接點	作為 B 缸前進或 A 缸後退的控制接點。當 a 接點導通時，B 缸先後退，碰觸後限 b₀ 時，換 A 缸後退。

<零組件判別>

項次	名　　稱	主　要　規　格
1	快速接頭	PUϕ4×PS 1/8"
2	O 型環	P18
3	電線（絞線）	0.75mm^2

檢定日期	年　月　日	准考證號碼	
題　號　籤	6	應檢人姓名	

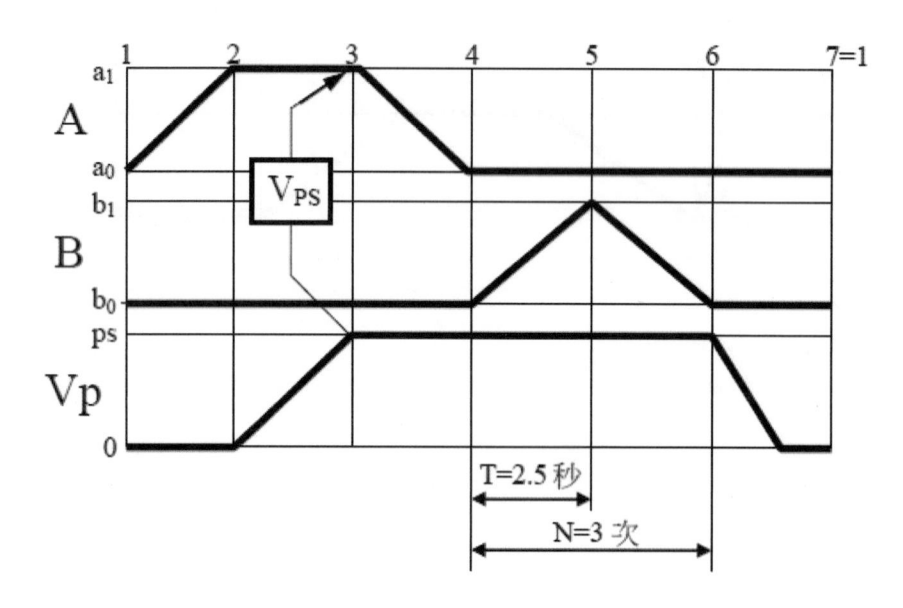

第一站：請繪出位移-時間圖。（須標明特定步驟的時間）

第三站：

<迴路中氣壓元件、電氣元件識別>

項次	名　　　稱	主　要　功　能
1	5/2 單邊引導式電磁 閥	作為控制氣壓缸前進、後退之用。當左側有電氣訊號時，可使該閥切換至左側位置，可使 B 缸前進；若無電氣訊號時，可使該閥復歸至右側位置，可使 B 缸後退。
2	真空產生器	利用文式管原理將常壓壓力轉換為負壓壓力，而得到真空吸力。
3	真空蓄氣筒	利用內部空間儲存真空，可延長真空到達設定壓力之時間。
4	真空壓力開關（氣壓迴路符號）	在氣壓迴路中感測真空壓力高低，當真空壓力到達時會使該元件內部 a 接點導通。
5	電氣計數器計數線圈	B 缸的反覆次數由本元件控制，以 b_1 訊號作為計數、真空壓力開關復原後，計數器就復歸。

<零組件判別>

項次	名　　　稱	主　要　規　格
1	快速接頭	PUϕ4×PT 1/8"
2	O 型環	P25
3	單心電線	ϕ1.6mm

書　　　名	**氣壓原理與實務含氣壓丙級術科解析** 附贈線上氣壓虛擬實習工場教學與MOSME學科題庫
書　　　號	BB02005
版　　　次	2011年6月初版 2025年1月六版
編 著 者	汪冠宏．黃啟彰
責 任 編 輯	連兆淵
校 對 次 數	8次
版 面 構 成	楊蕙慈
封 面 設 計	楊蕙慈

國家圖書館出版品預行編目資料

氣壓原理與實務含氣壓丙級術科解析 /
汪冠宏、黃啟彰編著. -- 六版. --
新北市 : 台科大圖書股份有限公司, 2025.01
　　　　面；　公分
ISBN 978-626-391-388-2(平裝)

1.CST：氣壓控制　2.CST：氣壓機械

448.919　　　　　　　　　　114000166

出 版 者	台科大圖書股份有限公司
門 市 地 址	24257新北市新莊區中正路649-8號8樓
電　　　話	02-2908-0313
傳　　　真	02-2908-0112
網　　　址	tkdbook.jyic.net
電 子 郵 件	service@jyic.net
版 權 宣 告	**有著作權　侵害必究** 本書受著作權法保護。未經本公司事前書面授權，不得以任何方式（包括儲存於資料庫或任何存取系統內）作全部或局部之翻印、仿製或轉載。 書內圖片、資料的來源已盡查明之責，若有疏漏致著作權遭侵犯，我們在此致歉，並請有關人士致函本公司，我們將作出適當的修訂和安排。
郵 購 帳 號	19133960
戶　　　名	台科大圖書股份有限公司 ※郵撥訂購未滿1500元者，請付郵資，本島地區100元 / 外島地區200元
客 服 專 線	0800-000-599
網 路 購 書	勁園科教旗艦店　博客來網路書店　勁園商城 蝦皮商城　　　　台科大圖書專區
各 服 務 中 心	總　公　司　02-2908-5945　　台中服務中心　04-2263-5882 台北服務中心　02-2908-5945　　高雄服務中心　07-555-7947

線上讀者回函
歡迎給予鼓勵及建議
tkdbook.jyic.net/BB02005